U0276242

核与辐射安全系列

核电厂流出物与辐射环境监测

主编◎吴晓飞　陈　凌　刘晗晗

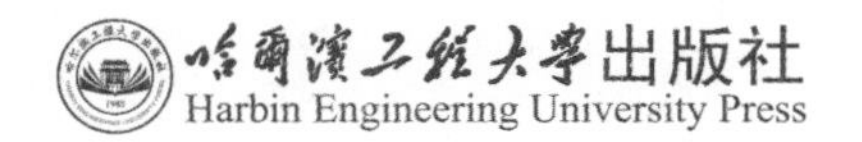

内容简介

本书较为全面地介绍了核电厂流出物的管理，以及流出物和辐射环境监测的原理、方法。主要内容包括：核电厂放射性源项、流出物排放管理要求、环境中的放射性、在线辐射监测、流出物和环境样品的制备及测量、应急监测、监测数据处理和实验室分析的质量保证。

本书可供从事放射性废物的管理人员、流出物和环境监测的专业技术人员阅读，也可供高等院校相关专业的学生参考使用。

图书在版编目(CIP)数据

核电厂流出物与辐射环境监测 / 吴晓飞，陈凌，刘晗晗主编. -- 哈尔滨 ：哈尔滨工程大学出版社，2024.12. -- ISBN 978-7-5661-3105-8

Ⅰ. TM623.7

核电厂流出物与辐射环境监测

HEDIANCHANG LIUCHUWU YU FUSHE HUANJING JIANCE

选题策划 石 岭
责任编辑 张 昕
封面设计 李海波

出版发行 哈尔滨工程大学出版社
社　　址 哈尔滨市南岗区南通大街 145 号
邮政编码 150001
发行电话 0451-82519328
传　　真 0451-82519699
经　　销 新华书店
印　　刷 哈尔滨午阳印刷有限公司
开　　本 787 mm×1 092 mm 1/16
印　　张 14.25
字　　数 344 千字
版　　次 2024 年 12 月第 1 版
印　　次 2024 年 12 月第 1 次印刷
书　　号 ISBN 978-7-5661-3105-8
定　　价 68.00 元

http://www.hrbeupress.com
E-mail:heupress@hrbeu.edu.cn

《核电厂流出物与辐射环境监测》
编　委　会

主　编	吴晓飞	陈　凌	刘晗晗	
编　委	徐旭涛	沈照根	王绍林	范　晓
	熊纬佳	李玉芹	孙垭杰	丛日俐
	牛　鹏	涂兴明	傅逸宸	王路伟
	苗　丽	徐　玲	王　嘉	宋诗瑜
	苏　凯	朱月龙	李昊芃	徐　肖
主　审	王常明	骆志平	刘新华	肖雪夫
	夏益华	赵顺平		

序　言

在当今能源领域，核能作为一种高效、清洁的能源形式，为人类社会的发展提供了强大的动力支持。在核电厂运行中，流出物与辐射环境监测是一项重要的工作，是验证核电厂运行及排放是否满足国家和地方有关法规与标准要求，确保周围公众和环境得到足够保护的有效手段，也是我们必须高度重视和深入研究的重要课题。

对核电厂流出物的严格监测与控制是核电厂安全运行的重要保障，我们需要准确地了解流出物中放射性物质的种类、浓度、排放量等信息，以便及时采取有效措施来降低其对环境的影响。同时，辐射环境监测能够帮助我们全面掌握核电厂周边环境的辐射水平，为评估核电厂的环境影响提供科学依据。

近年来，随着我国核电事业的快速发展，核电厂流出物与辐射环境监测技术也取得了长足的进步。众多科研工作者和工程技术人员在这一领域进行了深入的研究和实践，积累了丰富的经验和成果。然而，我们也应该清醒地认识到，这一领域仍然面临着诸多的问题和挑战。例如，监测技术的准确性有待进一步提高，监测标准和规范需要不断完善，监测数据的分析和应用能力还需加强等。

本书系统地阐述了核电厂流出物与辐射环境监测的基本理论、技术方法，对监测能力、监测技术的发展和监测标准的制定及修订起到积极的推动作用。同时，也将为我国核电事业的健康可持续发展提供有力的技术支持。

特此作序，向《核电厂流出物与辐射环境监测》一书的出版表示热烈祝贺。

2024 年 10 月 24 日

前　　言

在当今世界，随着核技术在能源、医疗、科研等领域的广泛应用，放射性监测和分析已经成为一个不可或缺的领域。放射性监测不仅关系到人类健康和生态安全，更是衡量一个国家科技水平和环境保护能力的重要标志。因此，培养放射性监测与分析的专业人才并提高其技能，对于推动科技进步、保障公共安全和促进核技术的可持续发展具有重要意义。

本书的编写，旨在为相关专业的学生、研究人员，以及从业人员提供全面、系统的学习资源。通过深入解读和实践应用相关的国家标准和行业规范，本书将帮助读者掌握流出物与辐射环境监测的机理和关键技术，提升其分析问题和解决问题的能力。

本书内容涵盖了核电厂流出物源项、放射性监测的多个方面，具体如下。

流出物源项：介绍了裂变产物和活化产物、一回路源项、放射性处理技术和核电厂排放源项，以拓宽读者的知识面。

监测方法：详细阐述了流出物和环境的总 α、总 β、氚、^{14}C 和其他放射性核素（包括难测核素）的制备和测定方法，确保读者能够熟练掌握各种监测技术。

数据处理：介绍了测量不确定度评定、数据表示等数据处理方法，以提高监测结果的科学性和有效性。

质量保证：介绍了放射性监测的质量管理体系、测量过程的质量控制、质量保证核查、测量装置的性能检验等实验室管理知识，确保监测数据的准确性和可靠性。

随着核电技术的快速发展，核电厂流出物与辐射环境监测的重要性日益凸显。然而，由于该领域的专业性和技术性较强，相关人才的培养和技能提升面临着诸多挑战，同时，随着科技的进步和社会需求的变化，相关标准和规范也在不断更新。为此，我们组织了一批在该领域内具有丰富经验和深厚学识的专家学者，共同编写了本书。我们希望通过本书的出版，能够帮助读者提高专业技能，不断优化放射性流出物的管理，推动放射性监测的技术进步和知识传播，为环境保护和公众健康做出贡献。

本书第一章由沈照根、徐旭涛合编，吴晓飞、陈凌校核；第二章由李玉芹、孙垭杰、傅逸宸合编，沈照根校核；第三章由孙垭杰、丛日俐、傅逸宸合编，沈照根、徐旭涛校核；第四章由沈照根编写，徐旭涛校核；第五章由沈照根编写，范晓、徐旭涛校核；第六章由王绍林编写，熊纬佳校核；第七章由丛日俐、涂兴明合编，徐旭涛校核；第八章由牛鹏编写，刘晗晗校核。

王常明、骆志平、刘新华、肖雪夫、夏益华、赵顺平对本书进行了审校；苗丽、徐玲、王嘉、宋诗瑜、苏凯、朱月龙、李昊芃、徐肖、王路伟等承担了部分编务工作，在此一并表示感谢。

在编写本书的过程中，我们得到了许多同行和专家的支持与帮助，他们的宝贵意见和建议使本书更加完善和实用，在此表示衷心的感谢。同时，我们也期待读者在使用本书的过程中，能够提出宝贵的意见和建议，以便我们不断改进和提高。

编　者

2024 年 7 月

目　录

第一章　核电厂辐射监测概述 ······ 1

第一节　辐射监测的基本概念 ······ 1

第二节　环境中辐射本底 ······ 5

第三节　核电厂放射性排放源项 ······ 13

第四节　核电厂的辐射监测 ······ 44

第二章　核电厂辐射环境及流出物在线辐射监测 ······ 58

第一节　核电厂辐射环境在线监测 ······ 58

第二节　核电厂流出物在线监测 ······ 64

第三章　辐射环境样品采集及预处理 ······ 73

第一节　样品采集的一般原则 ······ 73

第二节　空气样品采集及预处理 ······ 77

第三节　表层土壤样品采集及预处理 ······ 86

第四节　水样品采集及预处理 ······ 90

第五节　水体沉积物样品采集及预处理 ······ 95

第六节　生物样品采集及预处理 ······ 96

第七节　样品管理 ······ 104

第四章　辐射环境监测分析及测量 ······ 106

第一节　分析方法的一般要求 ······ 106

第二节　空气样品中放射性核素活度浓度的测量 ······ 107

第三节　土壤样品中放射性核素活度浓度的测量 ······ 116

第四节　生物样品中放射性核素活度浓度的测量 ······ 121

第五节　水样品中放射性核素活度浓度的测量 ······ 127

第五章　核电厂流出物采样监测及排放管理 ······ 141

第一节　核电厂流出物监测管理要求 ······ 141

第二节　流出物的采样及预处理 ······ 144

第三节　流出物^{3}H和^{14}C的测量 ······ 149

第四节　流出物样品中 γ 核素的测量 ······ 151

第五节　流出物样品中其他核素的测量 ······ 156

第六节　国外核电厂流出物监测核素 ······ 168

第六章　应急监测 …… 171
　第一节　应急监测概述 …… 171
　第二节　应急监测特殊要求与实践 …… 174
第七章　数据处理 …… 180
　第一节　数据统计基础知识 …… 180
　第二节　异常数据判断 …… 184
　第三节　统计检验 …… 186
　第四节　不确定度的概念及评定方法 …… 190
　第五节　判断限和探测限 …… 196
第八章　质量保证 …… 200
　第一节　质量保证的一般规定及目的 …… 200
　第二节　质量保证内容及要求 …… 205
　第三节　实验室分析测量的质量控制 …… 207
参考文献 …… 213

第一章　核电厂辐射监测概述

核电厂辐射监测是确保核电厂安全运行和周围环境安全的重要监测手段。核电厂辐射监测能够及时发现辐射水平的细微变化，为技术人员提供关键线索，以便他们迅速排查释放源，并通过及时的维修和运行参数调整减少排放。这不仅保障了核电厂日常运行的稳定性和可靠性，为能源的持续稳定供应筑牢了安全防线，而且也为核事故应急情况下的重大决策提供了数据支撑。

对于广大社会公众而言，核电厂辐射监测是增强公众对核电信任与信心建设的重要桥梁。核能作为一种重要的能源形式，其发展与公众的支持和认可密切相关。通过透明、准确且及时公开的辐射监测数据，公众能够清晰地了解核电厂的辐射情况，消除不必要的恐慌和担忧。公众对核电厂辐射情况的了解，有助于其建立起对核电厂安全管理的信任，从而促进核能产业的健康有序发展，维护社会的和谐稳定。

第一节　辐射监测的基本概念

辐射监测是辐射安全管理的重要组成部分，它通过科学的方法和技术手段对环境中的放射性水平进行测量和评估，对人类核活动所引起辐射的长期变化趋势进行监视。这项工作不仅帮助我们了解辐射源的分布和强度，还为风险评价、政策制定和应急响应决策等提供了重要的数据支持。

一、辐射监测

辐射监测是指为评价和控制辐射照射而对辐射或放射性物质所进行的测量，以及对测量结果的解释。

为了评价辐射照射对人体的影响，必须估算人受到的当量剂量、有效剂量等度量辐射危害的量。而这些量往往不能直接测量，必须根据其他一些可直接或间接测定的量按一定模式来估算。辐射监测的结果是估算工作人员和公众受照剂量、确认工作场所和环境的安全程度，以及进行辐射安全评价和辐射防护最优化分析的基础，也是采取辐射防护和安全管理措施的依据。这些资料还可以用来鉴定操作上存在的问题或设施的缺陷，发现事故征兆，以便及时采取防范措施，防止重大事故的发生。

辐射监测是为了完成管理要求和核事故应急监测需求而实施的一系列测量与分析，狭义的辐射监测专指电离辐射监测，也称为放射性监测，广义的辐射监测还包含电磁辐射监测。我们通常所说的辐射监测一般指狭义的辐射监测。

《辐射环境监测技术规范》（HJ 61—2021）对辐射环境监测给出了定义：为了解环境中的放射性水平，对环境中的辐射水平（外照射剂量率）和环境介质中放射性核素含量进行测量，并对测量结果进行解释的活动，也称为环境辐射监测。

二、辐射监测可能用到的剂量单位

1. 吸收剂量

吸收剂量是剂量学中和辐射防护领域内一个重要的量。它适用于任何类型的电离辐射、任何被辐照的物质,以及内、外照射。

吸收剂量 D 是一个基本的剂量学量,定义为

$$D=\frac{\mathrm{d}\varepsilon}{\mathrm{d}m} \tag{1.1-1}$$

式中 $\mathrm{d}\varepsilon$——电离辐射授与某一体积元中物质的平均能量;

$\mathrm{d}m$——在这个体积元中的物质质量。

能量可以对任何确定的体积加以平均,平均能量等于授与该体积的总能量除以该体积的质量而得的商。吸收剂量的 SI 单位是焦耳每千克($\mathrm{J \cdot kg^{-1}}$),专用名称是戈瑞,符号为 Gy。

吸收剂量率 $\dot{D}$ 就是单位时间内的吸收剂量,定义为 $\mathrm{d}D$ 除以 $\mathrm{d}t$ 所得的商,即

$$\dot{D}=\frac{\mathrm{d}D}{\mathrm{d}t} \tag{1.1-2}$$

式中 $\mathrm{d}D$——时间间隔 $\mathrm{d}t$ 内吸收剂量的增量。

吸收剂量率的单位是 $\mathrm{J \cdot kg^{-1} \cdot s^{-1}}$,还可以用 $\mathrm{mGy \cdot min^{-1}}$、$\mathrm{mGy \cdot h^{-1}}$ 等;曾用单位 $\mathrm{rad \cdot s^{-1}}$,$1\ \mathrm{rad \cdot s^{-1}} = 10^{-2}\ \mathrm{J \cdot kg^{-1} \cdot s^{-1}}$。

2. 周围剂量当量

辐射场中某点处的周围剂量当量 $H^*(d)$ 定义为相应的扩展齐向场在 ICRU 球内逆齐向场半径上深度 d 处所产生的剂量当量。对于强贯穿辐射,推荐 $d=10$ mm。

由于 $H^*(d)$ 定义要求的扩展齐向场就是要把不同方向射来的辐射都代之以正对着指定半径方向射来的辐射,这实质上是要求 $H^*(d)$ 的值与各成分的入射方向无关,因此测量辐射场内 $H^*(d)$ 的仪器在尺寸范围内是均一的,应当具有 ICRU 球的反散射特性,同时对注量又是各向同性的。

3. 定向剂量当量

辐射场中某点处的定向剂量当量 $H'(d,\Omega)$ 定义为相应的扩展场在 ICRU 球体内、沿指定方向 Ω 的半径上深度 d 处所产生的剂量当量。对于弱贯穿辐射,对皮肤使用 0.07 mm 深度,对眼晶体使用 3 mm 深度。这些定向剂量当量分别记作 $H'(0.07,\Omega)$ 和 $H'(3,\Omega)$。

三、辐射监测分类

辐射监测的目的:利用辐射监测的结果评价和控制辐射危害,监管部门可根据辐射监测结果检验辐射水平是否符合国家和地方有关法规与标准要求,并对相关单位提出要求和措施。

(1)依据监测目的不同,辐射监测可分为常规监测、任务监测、特殊监测等。

①常规监测,它与连续操作有关,是按事先制定的时间表定期进行的监测,其目的是要论证当时的工作条件(包括个人所受的剂量水平)是令人满意的,并符合监管要求。

②任务监测，它可以为某种非常规性的特殊操作提供有关操作管理方面的决策依据，为辐射防护最优化提供支持。

③特殊监测，它通常是在缺乏足够的信息证明防护控制是充分的时候（已经或有迹象表明出现异常时）实施的，其目的是为了弄清楚某些问题，以及为确定今后的操作程序提供详细的信息。特殊监测通常应在新设施运行阶段、设施或程序做了重大变更后，以及在异常（如事故）情况下进行。

（2）按监测对象的不同，辐射监测又可分为个人剂量监测、工作场所监测、环境监测、流出物监测。

①个人剂量监测，即利用个人所佩带的仪器或者其他的测量设备，对人员受到的外照射剂量、内照射和皮肤污染所进行的监测。

②工作场所监测，即利用固定的或可移动的测量设备，对工作场所中的外照射水平、空气污染和地面、设备污染所进行的监测。

③环境监测，即利用直接测量、采样后实验室测量等各种方法，对设施周围环境中的辐射和放射性污染水平所进行的监测。

④流出物监测，即利用直接测量、采样后实验室测量等各种方法，对设施向环境释放（气、液态）的情况所进行的监测。

（3）针对核电厂的运行时间顺序，辐射监测可分为核电厂运行前本底调查、核电厂运行期间的监测、核电厂退役监测。

①核电厂运行前本底调查。核电厂运行前的本底调查是一项重要的技术工作，其目的是为核电厂在新厂址选址和运行前提供辐射环境的本底数据。根据《核动力厂运行前辐射环境本底调查技术规范》（HJ 969—2018），这项调查包括了对核电厂新厂址选址和核电厂运行前辐射环境本底调查的技术要求。这些要求涉及了调查任务和目的、基本要求、监测项目和要求，以及质量保证等方面。

调查任务包括新厂址选址的初步调查、首台机组运行前的本底调查以及同一厂址后续建造机组运行前的辐射环境现状调查。

调查的目的是评价厂址的适宜性、获取运行前的环境辐射水平和介质中放射性核素的本底水平，以及了解前期工程运行后辐射环境的变化情况。

基本要求包括收集相关资料、进行必要的现场监测、监测范围的确定，以及在特定情况下进行补充或重新调查。

监测项目和要求详细规定了监测对象、监测项目、监测次数、布点要求等。

质量保证，要求遵循《核电厂质量保证安全规定》（HAF 003—1991）的原则，编制工作大纲和质量保证大纲，并在调查过程中设置必要的节点进行回顾和问题整改。监测的质量保证措施应按照《电离辐射监测质量保证通用要求》（GB 8999—2021）、《辐射环境监测技术规范》（HJ 61—2021）的规定执行，同时要求保存原始记录、质量记录，以及调查结果和报告，以保证调查的可追溯性和永久性。

②核电厂运行期间的监测。核电厂运行期间的监测是确保环境安全和公众健康的关键措施。我国已建立了由国家、省级、部分地市级组成的三级监测组织体系，并构建了覆盖全国的监测网络。监测内容包括环境 γ 辐射水平，空气、水体、生物样品及土壤和沉积物中

的放射性核素，特别关注与核设施运行密切相关的关键核素。监测方式包括连续测量和定期测量，并通过信息公开确保公众对辐射环境质量的了解。

此外，环保部门对核设施实施监督性监测，以确保其运行符合安全标准。所有的运行核电厂都配备了实时监测系统，对周边大气辐射环境进行全天候监控。在应急情况下，还有专门的监测技术规范指导，以快速响应可能的辐射风险。

③核电厂退役监测。核电厂退役监测是确保退役过程安全性和环境保护的关键环节。这一过程遵循严格的技术规范和安全标准，包括在设施选址、设计、建造和运行阶段就考虑便于退役的措施，以及在退役实施前进行详尽的源项调查和环境影响评价。监测活动覆盖了从去污、拆除到废物管理的各个阶段，重点评估放射性物质的存量和分布，确保所有活动符合辐射防护最优化和废物最小化原则。

退役监测的最终目标是实现设施的无限制开放或安全处置，这要求对退役过程中产生的放射性废物进行严格管理，记录并追踪其去向。同时，通过终态监测来验证厂址是否达到安全标准，确保退役后的场所对公众和环境无害。此外，应急预案的制定和执行也是退役监测的重要组成部分，其用于应对可能出现的放射性事件和事故，保障人员安全和环境不受污染。

(4)针对核电厂监测的主体，辐射监测可分为由核电厂组织的监测、由政府组织的监督性监测。

①由核电厂组织的监测。由核电厂组织的监测是确保核电厂活动不会导致放射性污染、保障工作人员健康和公共安全的重要环节。这种监测通常针对可能产生或使用放射性物质的工业、医疗、科研等领域，包括对工作场所、排放物和周边环境的辐射水平进行定期检测。监测活动严格遵循国家标准和行业规范，确保辐射暴露在可接受的安全范围内，同时评估和控制放射性物质的潜在风险。

此外，核电厂组织的监测还涉及对监测数据的记录、分析和报告，以及在必要时采取的防护和缓解措施。这些活动有助于核电厂及时发现和响应辐射异常情况，防止环境和人员受到不必要的辐射危害。通过公开透明的监测结果，核电厂可以增强公众对其运营管理的信任，并满足安全监管部门的要求。

②由政府组织的监督性监测。由政府组织的监督性监测是一项关键的公共安全措施，旨在确保辐射源的安全性并保护环境免受污染。这项监测工作通常由环保或核安全监管机构执行，涵盖对核设施、医疗放射源、工业用放射源，以及其他可能产生辐射的场所进行定期检测。监测内容包括对辐射水平的测定、对辐射剂量率的评估，以及对环境介质中放射性物质的分析。通过这些数据，监管机构能够评估辐射风险，确保所有辐射活动符合安全标准。

此外，由政府组组的监督性监测还包括建立应急响应机制，确保在发生辐射事件时能够迅速有效地采取相应的措施。政府还需负责数据管理和信息公开，定期向公众报告监测结果，提高透明度，促进公众对辐射安全的信任。政府还应通过教育和沟通，提升公众对辐射及其监测重要性的认识，从而构建一个更加安全、健康的社会环境。

第二节 环境中辐射本底

对环境中的辐射本底进行有效的辐射环境监测至关重要，辐射本底通常有天然放射性核素和人工放射性核素两种来源。天然放射性核素在地壳中普遍存在，并且不断地衰变，释放出辐射。这些天然放射性核素的衰变产物是环境放射性本底的一部分。由于这些天然辐射源具有普遍性和持续性，因此构成了环境放射性水平的基础，其水平通常远高于人类活动所产生的人工放射性核素的水平。人工放射性核素的来源主要包括核能生产、医疗应用、科学研究和其他工业用途。与天然放射性核素相比，人工放射性核素在环境中的水平通常较低，但它们可能具有更高的能量和更具体的健康风险。因此，监测这些人工放射性核素的水平对于保护公共健康和环境安全至关重要。

一、天然放射性

天然放射性是自然界中固有的辐射源，它的存在远早于人类文明的形成。这种辐射主要来源于地球本身的放射性物质，这些物质在地球形成过程中就已经存在。除了地球内部的放射性元素，宇宙射线也是天然放射性的一个重要来源。

地球上的天然放射性核素主要包括铀、钍和钾等元素的某些同位素，这些核素通过自然衰变释放出 α 粒子、β 粒子和 γ 射线，构成了地球上的天然辐射背景。

1. 陆生放射性核素

地球诞生时就存在的放射性物质又称为陆生放射性物质。地球已经存在45 亿年了，经历这么长的时间仍然存在于地球上的放射性物质都属于长寿命放射性核素及其衰变子体。陆生放射性核素主要有^{232}Th 系、^{238}U 系、^{235}U 系等三个衰变系列。此外还有一些半衰期长的单个放射性核素。^{232}Th 和^{238}U 是地壳中主要的放射性核素，它们在地壳中的含量虽然不高，但由于其长寿命和放射性特性，对环境辐射背景有着显著的贡献。^{238}U 的衰变链（包括^{226}Ra 和^{222}Rn），以及^{232}Th 的衰变链（包括^{224}Ra 和^{220}Rn），都是重要的天然辐射源。特别是氡气，作为一种无色无味的惰性气体，可以从土壤和岩石中释放到空气中，进而进入室内环境，成为人们所受天然辐射剂量的主要来源之一。

①^{232}Th 系，又称 4n 系，^{232}Th 经过连续衰变最后形成稳定核素^{208}Pb。^{232}Th 的半衰期为 1.405×10^{10}a。^{232}Th 系的放射性衰变产物包括^{228}Ra、^{228}Ac、^{228}Th、^{224}Ra、^{220}Rn、^{216}Po、^{212}Pb、^{212}Bi、^{212}Po、^{208}Tl 等 10 个核素。

②^{238}U 系，又称 4n+2 系，^{238}U 经过连续衰变最后形成稳定核素^{206}Pb。^{238}U 的半衰期为 4.468×10^{9}a。^{238}U 系的放射性衰变产物包括^{234}Th、^{234}Pa、^{234}U、^{230}Th、^{226}Ra、^{222}Rn、^{218}Po、^{214}Pb、^{214}Bi、^{214}Po、^{210}Tl、^{210}Pb、^{210}Bi、^{210}Po 等 14 个核素。

③^{235}U 系，又称 4n+3 系。^{235}U 经过连续衰变最后形成稳定核素^{207}Pb。^{235}U 的半衰期为 7.04×10^{8}a。^{235}U 的放射性衰变产物包括^{231}Th、^{231}Pa、^{227}Ac、^{227}Th、^{223}Fr、^{223}Ra、^{219}Rn、^{215}Po、^{211}Pb、^{211}Bi、^{211}Po、^{207}Tl 等 12 个核素。

^{40}K 的半衰期为 1.28×10^{9}a，是环境介质中包括人体在内常见的陆生天然放射性核素，其作为一种在自然界广泛分布的元素，存在于土壤、水体、植物乃至人体中。^{40}K 的衰变会产

生 γ 射线,虽然其辐射能量相对较低,但由于其在自然界中普遍存在,对环境辐射背景的贡献也不容忽视。此外,^{40}K 的衰变产物,如^{40}Ca 和^{40}Ar,也具有一定的放射性,尽管它们的半衰期较短,但在特定条件下也可能对环境辐射水平产生影响。

其他几种单个的放射性核素的名称和半衰期如下。

^{87}Rb:4.75×10^{10} a;

^{138}La:1.05×10^{11} a;

^{147}Sm:1.06×10^{11} a;

^{176}Lu:3.73×10^{10} a。

半衰期大于 10^{11} a 的放射性核素在地球上还有几种,但因丰度不高,半衰期又特别长,实际的环境辐射水平影响完全可以忽略不计。

2. 宇生放射性

宇生放射性是天然放射性的重要组成部分,它主要来源于外层空间的宇宙射线,以及由这些射线与地球大气层相互作用产生的次级射线和放射性核素。这些宇宙射线由高能粒子组成,包括质子、原子核,以及其他亚原子粒子。

宇宙射线的强度和组成受到太阳活动和地球磁场的影响,因此在不同地理位置和不同时间会有所变化。在地球的两极地区,由于地球磁场的引导作用较弱,宇宙射线的强度相对较高。而在赤道地区,由于地球磁场的引导作用较强,宇宙射线的强度相对较低。此外,太阳活动周期也会影响宇宙射线的强度,太阳活动强烈时,太阳风会排斥更多的宇宙射线,使地球表面的宇宙射线强度降低。

宇宙射线剂量率随高度变化的估算公式如下:

$$\dot{E}_I(z)=\dot{E}_I(0)\left[0.21\mathrm{e}^{-1.649z}+0.79\mathrm{e}^{0.4528z}\right] \tag{1.2-1}$$

式中 $\dot{E}_I(0)$——海平面的剂量率,$\dot{E}_I(0)=240\ \mu\mathrm{Sv/h}$;

z——高度,km。

(1)来自外层空间的宇宙射线,以及由宇宙射线与大气层相互作用产生的次级射线

宇宙射线在进入地球大气层时,与大气分子(如氮、氧等)发生碰撞,产生一系列的次级粒子,这个过程被称为空气簇射。这些次级粒子包括 π 介子、μ 子、中子、质子、电子,以及其他类型的粒子。其中,π 介子会进一步衰变成 μ 子和中微子,而 μ 子本身也会衰变成电子、中微子和反中微子。这些次级射线在穿透大气层的过程中,会不断地产生更多的粒子,形成所谓的空气簇射级联反应。这些粒子能够到达地面,成为地面宇宙射线的一部分,对环境和生物体产生一定的辐射影响。

(2)宇宙射线与大气层相互作用产生的放射性核素

宇生放射性核素的产生和分布受到多种因素的影响,包括太阳活动、地磁场、大气层结构和海拔高度等。例如,太阳活动的变化会影响太阳风的强度,进而影响宇宙射线到达地球的通量。地磁场则可以偏转部分宇宙射线,影响其在地球不同纬度的分布。此外,大气层的厚度和组成也会影响次级射线和放射性核素的产生。宇生放射性核素主要包括 14 个核素(表 1.2-1),其中人们熟悉的有^{14}C 和^{3}H。^{14}C 尽管半衰期较长,但与地球的年龄 45 亿年相比仍是短的。因此在人工产生的放射性^{14}C 进入大气层之前,^{14}C 在全球的盘存量是恒

定的,这也是为什么科学家可通过测定古物的^{14}C含量来判定其所处的年代。20世纪进行的大气层核试验,以及核电厂的运行,使人工产生的^{3}H、^{14}C大量向环境中释放,导致环境中^{3}H、^{14}C等平衡的盘存量受到破坏,特别是在这些人工放射源产生地附近,局部环境中的^{3}H与^{14}C高出平衡状态下的数值,因此在环境监测中对^{14}C与^{3}H浓度的变化应予以关注。人们关心^{3}H和^{14}C的另一原因是,它们参与人类的新陈代谢过程,对公众产生长期辐射影响。

表1.2-1 14种主要的宇生放射性核素

核素	产生速率/[原子/($m^2 \cdot s^1$)]	$T_{1/2}$	全球盘存量/PBq
^{3}H	2 500	12.23 a	1 275
^{7}Be	810	53.29 d	413
^{10}Be	450	1.51×10^6 a	230
^{14}C	25 000	5 730 a	12 750
^{22}Na	0.86	2.602 a	0.44
^{26}Al	1.4	7.4×10^5 a	0.71
^{32}Si	1.6	172 a	0.82
^{32}P	8.1	14.26 d	4.1
^{33}P	6.8	25.36 d	3.5
^{35}S	14	87.51 d	7.1
^{36}Cl	11	3.01×10^5 a	5.6
^{37}Ar	8.3	35.04 d	4.2
^{39}Ar	56	269 a	28.6
^{81}Kr	0.01	2.29×10^5 a	0.005

资料来源:UNSCEAR,2000。

^{14}C是一种特别重要的放射性核素,它不仅在考古学中作为放射性碳定年法的基础,而且在地球化学和环境科学中具有重要的应用。^{14}C半衰期较长(约5 730年),可以在生物体内积累,并通过食物链传递。当生物体死亡后,体内的^{14}C开始衰变,人们通过测量生物体中的^{14}C含量,可以推算出生物的年龄。^{10}Be也是一种重要的环境示踪剂,它在地球科学研究中用于确定地表暴露年龄和侵蚀速率。

二、人工放射性

人工放射性核素的来源主要与人类活动紧密相关,它们在环境和生态系统中的分布是由特定的实践和事件所引起的。核武器的制造和试验是人工放射性核素产生的一个历史性来源,这些活动不仅在试验区域内对环境造成直接影响,而且通过大气和海洋传播,对全球环境产生间接影响。核武器试验释放的放射性物质,如钚、锶和铯同位素,可以在环境中长期存在,对人类健康构成潜在风险。

核能生产是人工放射性核素的另一个重要来源。核电厂的正常运行与核燃料循环的各个环节,包括铀矿的开采、燃料的富集、反应堆的运行、乏燃料的再处理及放射性废物的最终处置,都会产生放射性物质。这些物质必须通过严格的安全措施进行管理,防止它们进入环境以保护公共健康。此外,核事故(如切尔诺贝利和福岛核事故)的发生,也会导致大量放射性物质的释放,需要紧急和长期的应对措施。

此外,医疗、工业、农业和科研活动中使用放射性同位素和辐射源也可能导致人工放射性核素的产生。消费品中使用的含有放射性物质的材料,如某些类型的烟雾探测器和建筑材料,也可能成为人工放射性核素的来源。这些核素的管理和控制是辐射防护和环境保护的重要组成部分,需要通过法规、监测、风险评估和公众教育等手段,确保它们的使用和处置不会对人类健康和环境造成不利影响。国际合作和信息共享对于应对跨国界的放射性污染问题也至关重要。

1. 核试验

(1)大气层核试验

1945—1980 年,全球范围内进行的大气层核试验导致了大量裂变产物在大气中的广泛弥散和沉降,这些裂变产物包括多种放射性核素,它们对环境和人类健康产生了深远的影响。表 1.2-2 展示了这些核试验产生的放射性核素在全球范围内的扩散情况,揭示了核试验对全球环境的广泛影响。

表 1.2-2 大气层核试验产生的放射性核素及其在全球范围内的扩散情况

放射性核素	半衰期	裂变份额/%	归一化产生量①/(PBq · Mt^{-1})	全球释放量②/PBq
^{3}H	12.33 a		730③④	186 000⑥
^{14}C	5 730 a		0.85③⑤	213⑥
^{54}Mn	312.3 d		15.9③	3 980
^{55}Fe	2.73 a		6.1③	1 530
^{89}Sr	50.53 d	3.17	730	117 000
^{90}Sr	28.78 a	3.50	3.88	622
^{91}Y	58.51 d	3.76	748	120 000
^{95}Zr	64.02 d	5.07	921	148 000
^{103}Ru	39.26 d	5.20	1 540	247 000
^{106}Ru	373.6 d	2.44	76.0	1 200
^{125}Sb	2.76 a	0.40	4.62	741
^{131}I	8.02 d	2.90	4 210	675 000
^{140}Ba	12.75 d	5.18	4 730	759 000

表 1.2-2(续)

放射性核素	半衰期	裂变份额/%	归一化产生量①/(PBq·Mt^{-1})	全球释放量②/PBq
^{141}Ce	32.50 d	4.58	1 640	263 000
^{144}Ce	284.9 d	4.69	191	30 700
^{137}Cs	30.07 a	5.57	5.90	948
^{239}Pu	24 110 a			6.52⑦
^{240}Pu	6 563 a			4.35⑦
^{241}Pu	14.35 a			142⑦

注:①对于裂变产物,该数值由 1.45×10^{26} 裂变/Mt 乘以裂变当量和衰变常数($\ln2/T_{1/2}$)除以 $3.15\times10^{7}\ s^{-1}$ 得到。

②相当于大气层核试验总共释放的能量;裂变能量 160.5 Mt,聚变能量 260.6 Mt(不包括局部和区域沉积的当量)。

③Miskel 的估计值。

④大气层核试验单位聚变能的放射性产生量。

⑤根据 1972 年以前和目前聚变当量数据的总放射性产生量估计值。

⑥鉴于 ^{3}H 和 ^{14}C 的流动性和半衰期,释放量相对应的总的聚变当量是 251 Mt。

⑦根据 ^{90}Sr 在总的沉积量中的份额估算。

在 1963 年左右,大气层核试验产生的人工放射性核素对公众健康的潜在影响达到了高峰。随着时间的推移,尽管核试验已经停止,但一些长寿命的放射性核素,如锶-90(^{90}Sr)和铯-137(^{137}Cs)仍然在环境中残留。尽管当前核试验落下灰的沉降速率已接近于零,但这些残留的放射性核素仍然需要被监测和评估。

(2)地下核试验

据公开报道,截至 20 世纪 90 年代,全球范围内地下核试验的总次数已接近两千次。其中,美国进行了最多的地下核试验,约占总数的一半,苏联也有数百次的地下核试验记录,英国、法国、中国、印度、巴基斯坦和朝鲜等国家也分别进行了次数不等的地下核试验。这些试验不仅展示了各个国家的核能力,也引起了国际社会对核试验环境影响的关注。

地下核试验的爆炸当量通常较小,且试验多在地下深层进行,旨在将放射性物质密封在地质结构中。即便如此,在地下核试验后,仍可能有少量的裂变产物,如 ^{3}H 和 ^{85}Kr,通过排气系统进入环境。这些裂变气体的释放可能对核试验场地周围的局部区域造成一定程度的附加辐射照射影响。

尽管地下核试验相较于大气层核试验对环境的辐射影响小,但它们仍然给局部地区带来了一定的辐射风险。核试验后释放的放射性气体,如 ^{3}H 和 ^{85}Kr,可以通过大气传播并向环境中扩散,可能对人类和生态系统产生长期影响。

(3)核武器生产

在核武器的生命周期中,其不仅在试验阶段对环境构成威胁,而且在生产制造过程中同样可能释放放射性物质,对环境造成污染。核武器生产涉及多个环节,包括铀的浓缩、钚的提取、^{3}H 的制备,以及武器的加工和制造等。这些活动在提取和加工核材料时,不可避免地会产生放射性副产品和废物。

历史上,美国和苏联在核武器研发和生产过程中产生了大量放射性废物,并发生过严重的放射性污染事故。例如,1957 年 9 月 29 日苏联车里亚宾斯克州的五一镇(现名克什特姆)发生了一起严重的放射性废物贮存罐爆炸事故,导致约 74 PBq 的放射性物质泄漏,包括铈-144(^{144}Ce)、锆-95(^{95}Zr)、锶-90(^{90}Sr)和铯-137(^{137}Cs)等核素,造成了 23 000 km^2 区域的放射性污染。

2. 核燃料循环

核燃料循环包含多个环节,涵盖了从铀矿石的开采到最终放射性废物处理与处置的整个核燃料循环的复杂过程。这一过程的每个阶段都伴随着放射性物质的使用和产生,因此,其对环境的潜在影响需要通过严格的辐射监测来评估和管理。

首先,铀矿石的开采是核燃料循环的起点。在开采过程中,矿石中的天然放射性元素,如铀、钍及其衰变产物,可能会释放到周围环境中。随后,在冶炼和纯化精制过程中,这些放射性元素被进一步提炼和浓缩,同时产生含有放射性物质的副产品和废物。放射性废物需要妥善处理和处置,以防止它们对环境造成污染。

在核燃料的转化、浓缩和加工环节,铀矿石被转化为适合反应堆使用的燃料形式或燃料棒,这个过程可能产生一些放射性气体,需要通过专门的系统进行收集和处理。

核电厂运行是核能生产的中心环节,核电机组运行过程中也会产生放射性裂变产物和活化产物。这些裂变产物与活化产物可能受人因失误、设备故障、自然灾害等因素影响,非计划排放到环境中。

乏燃料后处理阶段涉及的放射性物质量巨大,这一过程包括燃料元件的剪切、溶解、化学分离,以及铀和钚的回收等多个步骤。在溶解过程中,原本被核燃料包壳所包容的放射性物质有可能释放到环境中。相比于核燃料循环的其他环节,乏燃料后处理阶段放射性物质释放的风险更高。然而,随着环境保护意识的加强和安全标准的提升,后处理设施向环境排放的气载和液态流出物中的放射性物质量正在逐步减少。

后处理过程中释放出的某些放射性核素可能对环境产生长期影响,其中包括^{3}H、^{14}C、^{85}Kr 和碘-129(^{129}I)。在这些核素中,^{14}C 由于其较长的半衰期和生物化学行为,可能对人类和环境造成的累积剂量最大,因此受到特别的关注。

三、核电厂周围环境中^{3}H 和^{14}C

1. ^{3}H 的来源

^{3}H 是氢的三种同位素之一,^{1}H、^{2}H 和^{3}H 在环境中所占的比例分别为 99.985 2%、0.014 8%、10^{-18}%,三者物理化学性质十分类似。^{3}H 为氢元素中唯一的放射性核素,原子核中较氢多了两个中子,^{3}H 的 β 衰变,释放出一个电子和一个反中微子,转变为稳定的^{3}He,β 粒子最大能量约 18.7 keV,平均能量约 5.7 keV,属于低能 β 发射体。^{3}H 的 β 衰变只会放出高速移动的电子,在空气中的最大射程约 5 mm,在人体组织、水中的穿透性仅 5 μm,不会穿透人体皮肤。国际原子能机构(IAEA)、国际放射防护委员会(ICPR)等机构根据放射性核

素衰变能量的大小将^{3}H的毒性列为毒性最低的级别。氚水的危害比氚气大得多,其在人体内2~3 h就可以均匀分布全身,^{3}H相对氚气的放射学危害是2 500:1。世界卫生组织(WHO)规定饮用水标准中^{3}H的限值为10 000 Bq/L。

环境中^{3}H的来源有天然形成和人工形成两种途径。天然^{3}H大部分是由宇宙射线与大气发生核反应形成的,年产率约7.4×10^{16} Bq/a,小部分是通过发生$^{6}Li(n,\alpha)T$反应,在水和地壳内生成,其产量远低于大气中发生核反应的产量。还有部分^{3}H来自太阳核聚变,在外层空间形成后进入大气层。大气中的^{3}H浓度远高于地表水中的^{3}H浓度,大部分天然^{3}H被氧化,以半超重水(HTO)形态存在于海水与地表水中。天然^{3}H的总储量为3.6 kg,其中海水中的储量就占了2.5 kg,大陆地表水中的储量约占1.0 kg,这说明^{3}H在大气中形成后作为大气沉降物成分降落到地球表面,然后参与水的自然循环。

由人工产生的^{3}H总量远远超过了天然^{3}H储量,其主要来源是核武器试验和核反应堆。其中核武器试验中由核聚变反应形成的^{3}H量最大,达到7.4×10^{17} Bq/Mt。

压水堆核电厂一回路冷却剂中的^{3}H主要以HTO的形式存在,HT形态的占比很小。目前废液、废气处理系统都没有除^{3}H的功能,因此压水堆核电厂产生的^{3}H几乎全部经气态和液态途径排放到外环境中。冷却剂中^{3}H的活度浓度一般为$1\times10^{7}\sim5\times10^{7}$ Bq/L,硼回系统蒸馏产生的冷凝水中^{3}H的活度浓度平均值约为1×10^{7} Bq/L,而工艺疏水和化学疏水中^{3}H的活度浓度要低得多。重水堆核电厂的^{3}H主要由重水中^{3}H的活化产生,由于运行过程中很少向系统中补水,重水装量不会改变,因而冷却剂和慢化剂系统中^{3}H的活度浓度不断增加,比压水堆核电厂冷却剂系统中的^{3}H活度浓度高数个量级。

2. ^{14}C的来源

^{14}C作为一种放射性同位素,能够通过放射性衰变放出β粒子,β射线的能量范围为0~156 keV,平均能量49.47 keV,峰值80.6 keV,^{14}C在空气中的最大射程约22 cm,半衰期长达5 730 a。以CO_2形态存在的^{14}C与空气中的非放射性CO_2混合,参与植物的光合作用,进入人类的食物链。IAEA、ICRP等机构将^{14}C定义为影响人体健康的8个主要放射性核素之一。

压水堆核电厂功率运行期间,一回路冷却剂中的^{14}C主要以$^{14}C_nH_m$形态存在,占比94%~96%,其次为甲醇、乙醇、甲醛、丙酮形态,占比4%~6%。$^{14}C_nH_m$形态的^{14}C进入废气处理系统后,通过烟囱全部排放到环境中;甲醇、乙醇、甲醛、丙酮形态的^{14}C经过废液处理系统后,部分经过蒸发单元处理后进入浓缩液中,不经过蒸发单元处理的废液,^{14}C全部进入废液贮槽中,监测后排放。在大修的热停堆阶段,对一回路冷却剂进行物理和化学除氢,堆芯中的γ射线导致冷却剂辐射分解产生羟基自由基(·OH),冷却剂中的^{14}C逐渐被氧化成甲酸、乙酸,直至无机碳HCO_3^-,与化容、乏池净化床、硼回系统阴树脂进行离子交换,装换料期间部分CO_2形态的^{14}C通过堆芯池和乏燃料池释放到环境中。

因此压水堆核电厂除了有10%左右的^{14}C滞留在树脂和浓缩液固化体中外,其余的^{14}C几乎全部作为气载和液态流出物排放到外环境中,其中通过液态流出物排放的^{14}C占比2%~8%。

四、环境中辐射水平

天然放射性的水平是一个多维度的概念,它不仅描述了放射性核素在环境中的存在状态,还涵盖了这些核素对人类和环境产生的实际影响。这个概念包含两个核心层面的意义,每一层面都对环境放射性监测和辐射防护具有重要的指导意义。

第一,天然放射性的水平可以从源项特征的角度来理解,即天然放射性核素在各种环境介质中的活度浓度。这涉及对土壤、水体、空气,以及建筑材料等介质中放射性核素的含量进行定量分析。例如,铀和钍系列中的核素在土壤和岩石中的分布,或者^{40}K在食品和生物组织中的浓度。这些活度浓度是评估辐射源强度和分布特征的基础数据,对制定环境辐射标准、进行辐射风险评估和指导辐射防护措施至关重要。在环境中,这些放射性核素衰变产生的贯穿辐射,如γ射线可以穿透物体并在一定范围内传播,其照射量率是衡量辐射场强度的直接指标。

第二,天然放射性的水平还体现在它对公众产生的效应特征上,即照射剂量水平。这是指人们由于生活在含有天然放射性核素的环境中,通过外部照射(如γ射线)和内部照射(如吸入或摄入放射性核素)所接受的辐射剂量。照射剂量水平对于评估辐射对健康的潜在影响至关重要。例如,氡气作为铀和钍衰变链中的产物,在室内积聚可能导致较高的内照射剂量水平,因此成为住宅和工作场所辐射防护的重点。全球范围内,氡暴露是导致肺癌的第二大原因,仅次于吸烟。

关于天然放射性的源项特征,各国不同,各地亦不同。根据《中国辐射水平》一书中的统计结果,我国^{238}U、^{226}Ra、^{232}Th和^{40}K的平均值都高于世界平均值。其中^{226}Ra和^{232}Th明显地高于世界平均值。在各省市中,广东和福建^{238}U、^{226}Ra和^{232}Th均明显偏高。^{232}Th的测量结果差异较明显。我国各类水体中铀、钍的活度浓度咸水湖中最高,水库中最低;^{226}Ra的活度浓度温泉中最高,其次是海水中和咸水湖中,水库中最低;^{40}K的活度浓度最高是海水中,其次是咸水湖中,水库中最低。

总之,准确评估天然放射性所致剂量水平对于制定有效的辐射防护措施至关重要。这不仅需要科学的方法和准确的数据,还需要考虑不同人群的敏感性差异,如儿童和老年人可能对辐射更为敏感。通过这些综合措施,我们可以更好地理解天然放射性对人类健康的潜在影响,并采取适当的防护措施来降低这些影响,保护公共健康和环境安全。

联合国原子辐射效应科学委员会(UNSCEAR)的统计数据揭示了一个重要现象:全球范围内,人们每年因天然放射性而接受的平均有效剂量大约为3.1 mSv,这个数值在不同地区有所变化,典型范围是1~10 mSv。这一数据与辐射防护标准对公众照射所规定的年剂量限值相比较,突显了天然放射性问题的重要性。例如,根据国家标准《电离辐射防护与辐射源安全基本标准》(GB 18871—2002),公众照射的年剂量限值设定为1 mSv,这个数值仅仅是全球人均所受天然辐射剂量的一小部分。

在核能领域,对核电厂等核设施的剂量约束值有着更为严格的要求。我国规定,每座核电厂通过气体和液体流出物产生的公众照射年有效剂量应控制在0.25 mSv以下。这一标准反映了对辐射防护的严格要求，即在确保安全的前提下，进一步减少公众可能接受的照射剂量。此外，根据最优化原则，核电厂被要求在现实可行的条件下，尽可能降低对公众的辐射剂量。由于这些严格的防护措施，核电厂实际对周围公众产生的照射年有效剂量通常只有几微希沃特，相较于天然辐射源的贡献，这是一个非常小的数值。

综上所述，天然放射性是一个不容忽视的辐射源，它在全球范围内对人类产生的年有效剂量具有显著的影响。与此同时，我们也需要认识到，与核设施相关的剂量限值和约束值是基于严格的辐射防护标准的，旨在确保公众健康和环境安全。在评估和管理辐射风险时，我们应综合考虑天然和人工辐射源，采取适当的措施来保护公众，避免不必要的辐射暴露。

第三节　核电厂放射性排放源项

核电厂周围环境中的放射性来源除天然本底外，就是核电厂运行过程中依照国家和地方相关法规标准排放到环境中的人工放射性核素。其放射性物质多产生于堆芯的活性区域，放射性源项主要有裂变产物、活化产物，其中活化产物又包括冷却剂自身活化产物和活化腐蚀产物。

一、压水堆堆芯裂变产物

压水堆核电厂主要由核反应堆、一回路系统、二回路系统及其他辅助系统等组成。采用^{235}U 富集度为 3%~5%的燃料组件，堆芯既是一个发热源，也是一个辐射源，易裂变核素($^{235}_{92}$U、$^{239}_{94}$Pu)在裂变时及裂变后产物所发射的辐射为初级辐射，初级辐射与物质相互作用所引起的辐射称为次级辐射。$^{235}_{92}$U 每次裂变大约有 6.65 MeV 的 γ 能量在 1 s 后由裂变产物放出；$^{235}_{92}$U 每次裂变平均释放出 8.1 个光子，这些光子带走的总能量为 7.25 MeV，光子的能量为 10 keV~10 MeV，其瞬发 γ 辐射源的强度约为 5.84×10^{20} MeV/s。对于堆芯核功率为 2 895 MWth 的 M310 堆芯核电厂，燃料内包含有约 2×10^{8} TBq 的放射性物质。裂变产物主要有：惰性气体 Kr、Xe；卤素 I、Br；碲组 Te、Sb、Se；碱金属 Rb、Cs；碱土金属 Sr、Ba；惰性金属(贵金属)Ru、Rh、Pd、Mo、Tc、Co；镧系元素 La、Zr、Nd、Eu、Nb、Pm、Pr、Sm、Y、Cm、Am；铈组 Ce、Pu、Np。根据挥发的难易程度，裂变产物分为三类：易挥发性、半挥发性和难挥发性裂变产物。气体裂变产物主要有 Xe、Kr 和 I 的同位素，除^{85}Kr 寿命较长(半衰期 10 a)，其他多为短寿命核素；固体裂变产物^{137}Cs 和^{90}Sr 的半衰期分别为 30 a 和 28 a。

核电厂常用的燃料管理方案主要有 18 个月换料方案和 12 个月换料方案。换料方案受燃料富集度、发电需求和经济性等多种因素影响。以 M310 系列压水堆为例，利用如下的输入：堆芯核功率 2 895 MWth，堆芯内燃料组件 157 组，组件所含重金属质量 0.461 t，新燃料中^{235}U 富集度为 4.45%。基于三区装载的燃料管理方案，18 个月换料周期且不考虑大修时间，其堆芯燃料中 42 种裂变产物的积存量如表 1.3-1 所示。

表 1.3-1　堆芯中 42 种裂变产物的积存量　　单位:10^8 GBq

序号	核素	堆芯最大积存量	序号	核素	堆芯最大积存量	序号	核素	堆芯最大积存量
1	^{85m}Kr	10.8	15	^{134}Cs	7.95	29	^{103}Ru	49
2	^{85}Kr	0.366	16	^{136}Cs	2.31	30	^{106}Rh	23.6
3	^{87}Kr	22.4	17	^{137}Cs	4.6	31	^{131m}Te	59.9
4	^{88}Kr	31.6	18	^{138}Cs	60.1	32	^{131}Te	24.1
5	^{133m}Xe	1.86	19	^{89}Sr	37.2	33	^{132}Te	41
6	^{133}Xe	60.4	20	^{90}Sr	3.18	34	^{134}Te	63.3
7	^{135}Xe	19.3	21	^{90}Y	3.33	35	^{140}Ba	56.1
8	^{138}Xe	57.6	22	^{91}Y	45.3	36	^{140}La	56.4
9	^{129}I	1.34×10^{-6}	23	^{91}Sr	53	37	^{141}Ce	50.8
10	^{131}I	28.7	24	^{92}Sr	53	38	^{143}Ce	53
11	^{132}I	41.8	25	^{95}Zr	53.3	39	^{143}Pr	50.1
12	^{133}I	60.9	26	^{95}Nb	53	40	^{144}Ce	38.5
13	^{134}I	70.5	27	^{99}Mo	55.5	41	^{144}Pr	38.8
14	^{135}I	57.6	28	^{99m}Tc	49	42	^{239}Np	510

在不同运行时间和不同衰变时间下,裂变产物的积存量是有变化的。对于一定富集度的燃料,一些裂变产物的积存量最大值与对应燃耗的差异很大。这主要与核素的半衰期和产生-衰变链有关:对于半衰期较短的核素,其积存量的最大值出现在燃耗较小处,对于半衰期较长的核素,其积存量出现在燃耗较大处。也有部分裂变产物积存量的最大值出现在中等燃耗区。部分裂变产物积存量随燃耗变化曲线如图 1.3-1 所示。

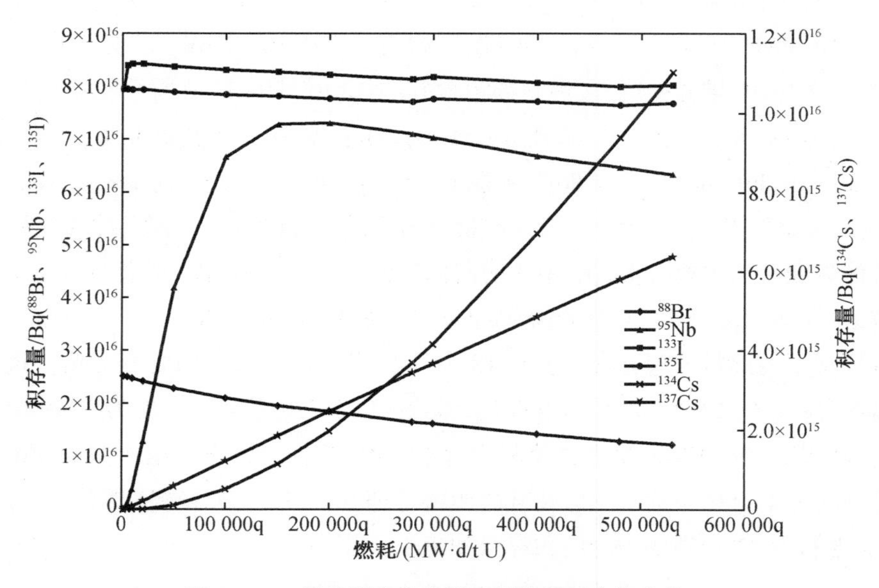

图 1.3-1　部分裂变产物积存量随燃耗变化曲线

裂变产物是一回路冷却剂中放射性的重要来源。作为核电厂第一道屏障的燃料包壳，如果气密性丧失，将影响机组的安全运行。如果发生燃料破损，部分裂变产物将直接进入冷却剂中，成为一回路的放射性源项。

在核电厂设计和运行中，燃料包壳的缺陷和沾污铀释放的特征主要与三类放射性核素密切相关，包括：惰性气体，^{133}Xe、^{133m}Xe、^{135}Xe、^{138}Xe、^{133}X、^{85m}Kr、^{85}Kr、^{87}Kr、^{88}Kr；碘，^{131}I、^{132}I、^{133}I、^{134}I、^{135}I；铯，^{134}Cs、^{137}Cs。这些核素不会大量沉积在一回路设备的内表面，因此可以很容易地建立起破损燃料棒释放的核素量和放射性活度的关系。由于惰性气体的化学性质不活泼，其逃逸速率只与一些物理特性有关，如扩散因子和破损尺寸，其他裂变产物的逃逸速率则与其化学和物理特性都有关系，如溶解性、挥发性、化学亲和力等。挥发性较强的碘很容易进入燃料和包壳之间的间隙，如果水或水蒸气进入间隙，碘就会进入冷却剂中。其他裂变产物，如碱土金属、惰性金属、稀土元素及锕系元素，不具备挥发性且在铀氧化物芯块中的扩散能力非常低，在正常运行条件下不会大量释放到冷却剂中。

我国目前建设和运行的压水堆核电厂堆型有 M310、CPR1000、WWER、ERP、AP1000、华龙一号、CAP1400 等，尽管堆芯活性区体积、中子通量、燃料元件设计和燃料富集度有所不同，但是折算到相同的热功率，堆芯中裂变产物的积存量差别不大。CANDU 反应堆利用重水作为冷却剂和慢化剂，以天然铀作为燃料，其年裂变产物产生总量与相同热功率的轻水压水堆核电厂相近。

二、高温气冷堆裂变产物

高温气冷堆核电厂采用氦气作为一回路冷却剂，以全陶瓷型包覆颗粒为燃料元件，用石墨作为慢化剂和堆芯结构材料，与压水堆核电厂的冷却剂、燃料元件和堆芯结构材料等都不同。

球床模块式高温气冷堆（HTR-PM）燃料元件为全陶瓷型包覆颗粒球形燃料元件，元件直径为 60 mm，元件中心为直径 50 mm 石墨基体燃料区，均匀地弥散着包覆燃料颗粒，元件外区为不含燃料的石墨球壳。包覆燃料颗粒由直径约 0.5 mm 的 UO_2 燃料核芯和包覆层组成，包覆层由内向外依次是疏松热解碳层、内致密热解碳层、碳化硅层和外致密热解碳层，这些包覆层既为核燃料裂变产生的气体和固体产物提供贮存的空间，又是阻挡裂变产物逸出和放射性物质外泄的屏障。包覆颗粒燃料的破损率较低，为阻挡放射性物质外泄提供了良好条件。

高温气冷堆一回路放射性物质最根本的来源是燃料的链式裂变反应，生成大量的放射性裂变产物，这跟压水堆核电厂是一致的。

高温气冷堆中不同能量的中子对应的核素反应截面是不同的，新核素的产额也有所差别。裂变释放的部分快中子在堆芯内部会被石墨慢化，中子能量不断下降，变成共振中子和热中子，其中低能热中子最容易引发^{235}U 的裂变，而只有快中子才能引发^{238}U 的裂变。HTR-PM 平衡堆芯中放射性积存量约为 5.12×10^{19} Bq，其中裂变产物的积存量约为 3.97×10^{19} Bq，重同位素约为 1.15×10^{19} Bq，惰性气体 Kr、Xe 的积存量约为 1.12×10^{18} Bq，碘的积存量约为 2.05×10^{18} Bq，金属裂变产物（^{89}Sr、^{90}Sr、^{134}Cs）的积存量约为 3.05×10^{17} Bq。

三、压水堆核电厂冷却剂活化产物

压水堆核电厂用轻水作为冷却剂，为降低冷却水对材料的腐蚀，对冷却剂水化学进行控制，调整硼浓度控制反应性，添加氢氧化锂提高 pH 值，同时加入氢气维持冷却剂的还原性环境，机组启动期间添加联铵进行除氧。另外，冷却剂补水中不可避免地含有一些杂质，如含有 ppb(10^{-9})级的钠、氟和氯离子，空气的溶解导致冷却剂中含有少量的氮气、氩气和二氧化碳。

在电厂功率运行期间，冷却剂及化学添加剂、杂质在流经堆芯时，在堆芯活性区发生中子核反应而被活化，主要活化产物有 ^{16}N、^{17}N、^{19}O、^{18}F、^{41}Ar、^{24}Na、^{3}H 和 ^{14}C 等，核反应过程见表 1.3-2。在这些活化产物中，短寿命核素 ^{16}N、^{17}F、^{19}O 等仅在功率运行时存在，而长寿命核素 ^{3}H、^{14}C 是核电厂放射性流出物排放需要关注的两个重要核素。

表 1.3-2　核反应过程

核素	核反应	半衰期
^{17}F	$^{16}O(d,n)^{17}F$, $^{14}N(\alpha,pn)^{17}F$	64.5 s
^{18}F	$^{18}O(p,n)^{18}F$, $^{16}O(d,n)^{18}F$, $^{19}F(n,2n)^{18}F$, $^{19}F(d,t)^{18}F$, $^{20}Ne(d,\alpha)^{18}F$	109.7 min
^{13}N	$^{10}B(\alpha,n)^{13}N$, $^{12}C(d,n)^{13}N$, $^{13}C(p,n)^{13}N$, $^{12}C(p,\gamma)^{13}N$	9.96 min
^{16}N	$^{16}O(n,p)^{16}N$, $^{15}N(d,p)^{16}N$, $^{19}F(n,\alpha)^{16}N$, $^{15}N(n,\gamma)^{16}N$	7.13 s
^{41}Ar	$^{40}Ar(n,\gamma)^{41}Ar$	1.83 h
^{19}O	$^{18}O(n,\gamma)^{19}O$	27.1 s
^{17}N	$^{17}O(n,p)^{17}N$	4.17 s
^{24}Na	$^{23}Na(n,\gamma)^{24}Na$	15 h
^{41}K	$^{40}K(n,\gamma)^{41}K$	12.3 h
^{38}Cl	$^{37}Cl(n,\gamma)^{38}Cl$	37.3 min
^{14}C	$^{17}O(n,a)^{14}C$, $^{14}N(n,p)^{14}C$	5 730 a
^{3}H	$^{10}B(n,2\alpha)^{3}H$, $^{7}Li(n,n'\alpha)^{3}H$	12.3 a

1. 压水堆核电厂活化腐蚀产物的产生过程

一回路活化腐蚀产物产生于两个途径：一是燃料包壳及堆内构件在堆芯内活化，通过腐蚀/冲刷进入冷却剂中和沉积在堆芯外设备的内表面；二是堆芯外与冷却剂接触的设备材料中铁、镍、钴等易活化核素通过腐蚀、冲刷、磨损等方式进入冷却剂，这些腐蚀产物以“溶解-沉积”动态平衡的方式进入冷却剂中，一旦在堆芯设备的表面沉积就会被中子活化，活化产物再次进入冷却剂，形成一回路冷却剂的活化腐蚀产物源项，沉积在堆芯外设备的内表面就成为沉积源项。活化腐蚀产物的形成及迁移主要包括如下几个步骤：

(1)设备基体材料的腐蚀，生成腐蚀产物；

(2)腐蚀产物通过冷却剂进入堆芯，并沉积到燃料包壳和堆内构件表面；

(3)沉积于堆芯活性区的腐蚀产物被中子活化,产生活化腐蚀产物;

(4)活化腐蚀产物溶解到冷却剂中,成为一回路源项;

(5)活化腐蚀产物沉积在堆芯外设备的内表面,形成辐射场。

图 1.3-2 简要表示了压水堆核电厂活化腐蚀产物的产生、迁移和沉积过程。

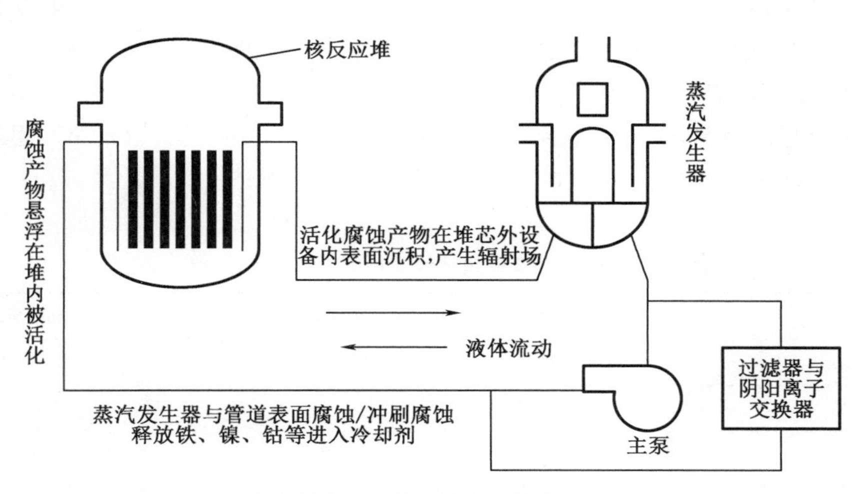

图 1.3-2 压水堆核电厂活化腐蚀产物的产生、迁移和沉积过程

核电厂运行过程中,一回路设备材料表面受到冷却剂的不断腐蚀,虽然随着材料科学的快速发展,结构材料的耐腐蚀性能与早期核电厂相比大为改进,但由于一回路设备材料的浸润面积相当大,即使腐蚀速率大幅度降低,腐蚀产物的产量仍然相当大。这些腐蚀产物以可溶、胶体或不溶性颗粒形式在主冷却剂中转移,在堆芯中被中子活化而变成放射性核素,继而在一回路中迁移和沉积。冷却剂活化腐蚀产物种类、放射性核素的活度浓度同一回路相关系统设备材料的成分、冷却剂的接触面积、腐蚀率和腐蚀产物的转移和沉积特性等密切相关。

设备材料与冷却剂的接触面积越大,腐蚀产物的产生量越大,不同堆型压水堆核电厂主要设备使用的材料及其与冷却剂接触的湿面积如表 1.3-3 所示。

表 1.3-3 不同堆型压水堆核电厂主要设备使用的材料及其与冷却剂接触的湿面积

堆型	设备	材料	湿面积
WWER	蒸汽发生器	不锈钢	72%~77%
	燃料包壳	锆 1%铌合金	20%~21%
	环路管道、压力容器、稳压器、主泵	不锈钢	3%~7%
其他压水堆	蒸汽发生器	Inconel690 和 Incoloy800 镍基合金	70%~75%
	燃料包壳	锆-4、锆洛(ZIRLO™)、M5	20%~25%
	环路管道、压力容器、稳压器、主泵	不锈钢	5%

2. 冷却剂中放射性核素的类型

压水堆核电厂一回路大量采用镍基合金和不锈钢材料，腐蚀产物主要来源于蒸发器传热管和主管道表面，与冷却剂接触的设备表面存在保护性氧化膜，具有一定的耐腐蚀性能。但由于蒸发器传热管与冷却剂接触的湿面积大，传热管材料对冷却剂源项的影响特别大。蒸发器传热管常用 Inconel600/690 及 Incoloy800 等镍基合金材料，化学成分如表 1.3-4 所示，核电厂普遍采用的不锈钢主管道的化学成分如表 1.3-5 所示。由于镍基合金和不锈钢的主要成分是镍、铬、铁、锰等，钴作为一种杂质普遍存在于各种合金材料中，如蒸发器传热管中钴的含量通常为 500～1 000ppm，所以 ^{58}Co、^{51}Cr、^{59}Fe、^{54}Mn、^{63}Ni、^{55}Fe、^{60}Co 是所有压水堆核电厂典型的放射性核素，可称为基体合金活化腐蚀产物。

表 1.3-4　蒸发器传热管常用材料的化学成分　　单位：%

元素	Inconel600	Inconel690	Incoloy800
Fe	6.0～10.0	7.0～11.0	平衡
Ni	>72.0	>58.0	32.0～35.0
Cr	14.0～17.0	28.0～31.0	20～23
Mn	≤1.0	≤0.50	0.4～1.0
Cu	≤0.50	≤0.50	≤0.75
Co	0.015～0.10	0.015～0.10	<0.10
C	0.01～0.05	0.015～0.025	≤0.03

表 1.3-5　主管道常用不锈钢材料的化学成分

奥氏体不锈钢（ATST）型号	C 含量（最高）/%	Cr 含量 /%	Ni 含量 /%	其他元素
304	0.08	18.0～20.0	8.0～11.0	—
304L	0.03	18.0～20.0	8.0～11.0	—
309S Nb	0.08	22.0～26.0	12.0～15.0	Nb（最小 8 倍 C 含量）
316	0.10	16.0～18.0	10.0～14.0	Mo（2.0%～3.0%）
316L	0.03	16.0～18.0	10.0～14.0	Mo（1.75%～2.5%）
317	0.08	17.0～19.0	9.0～12.0	Nb（最小 10 倍 C 含量）

参照美国压水堆核电厂的经验，在 18～24 个月的循环周期内，蒸发器传热管上产生的氧化镍腐蚀产物总量 30～50 kg，冷却剂中铁是浓度最高的元素，通常在 3～6ppb①，钴和铜最少，一般在 1～10ppt② 的范围。堆芯外设备材料腐蚀产物在堆芯活性区，特别是在燃料包壳

① 1ppb = 10^{-9}。

② 1ppt = 10^{-13}。

上沉积，就会与中子发生核反应而产生活化腐蚀产物，这是压水堆核电厂一回路源项的主要来源，根据美国电力研究院(EPRI)的统计，燃料包壳沉积层的平均厚度约 32 μm。

有些核电厂为了提高设备的材料性能，使用了含钴、银和锑等金属的材料，腐蚀产物中也就会存在钴、银、锑的同位素，活化所产生的放射性核素^{60}Co、^{110m}Ag、^{122}Sb/^{124}Sb 称为特种材料活化腐蚀产物。如为增加一回路阀门的耐磨性能而在密封面上大量使用司太立(Stellite)合金，其含钴量约 60%，与冷却剂的接触面为 2~50 m^2。弹性加强密封含银垫片(Helicoflex)、银-铟-镉合金(AIC)控制棒(80%Ag-15%In-5%Cd)中银的活化腐蚀引起冷却剂中^{110m}Ag 浓度升高。锑有两个主要来源：一是锑-铍(Sb-Be)二次中子源，一旦包壳的完整性破坏，冷却剂中可以观察到高浓度的^{122}Sb/^{124}Sb；二是在泵的轴承和支座中渗入锑以提高转动部件的刚性，磨损产生的锑粉末在堆芯内活化成为放射性的锑，另外每年大约从补水中也会引入 1~1.5 g 的锑。

堆内的锆合金、不锈钢(压力容器和格架)，由于一直存在于高中子注量率的堆芯中，也是放射性核素的重要来源。锆合金比较耐腐蚀，活化产生^{95}Zr，^{95}Zr 衰变产生^{95}Nb，由于^{95}Nb 的半衰期短，因此冷却剂或沉积层中^{95}Nb 的浓度约为^{95}Zr 的 2 倍。在 ZIRLO™ 包壳中含有约 1%的 Sn(^{124}Sn 丰度约 5.8%)，发生的核反应为^{124}Sn(n,γ)^{125}Sn ⟶ ^{125}Sb+β$^-$，^{125}Sn 的半衰期为 9.64 d，^{125}Sb 的半衰期为 2.8 a。^{95}Zr、^{95}Ni 等称为锆合金放射性核素，通过腐蚀/冲刷而进入冷却剂中；堆内构件主要使用奥氏体不锈钢，虽然只贡献了很一小部分的腐蚀产物，但由于其长期处于高中子注量率的照射下，也是一回路放射性核素的重要来源。1970—1980 年初，西门子压水堆 Inconel718 格架的镍板腐蚀引起一回路较高的^{58}Co 污染。

3. 活化腐蚀产物的产生量

腐蚀产物在堆芯活性区被中子活化，因此一回路中活化腐蚀源项除了与材料中的元素组成和腐蚀率有关外，还与核素的自然丰度、中子反应截面大小、半衰期有关，一回路设备和结构材料中主要靶核元素的中子活化反应截面和生成核活度的数据可参考表 1.3-6、表 1.3-7。

表 1.3-6 热中子活化反应截面和生成核活度的数据

生成核	靶核	丰度/%	半衰期	截面/b	反应	主要反应能区	照射一年后生成核活度①/MBq
^{51}Cr	^{50}Cr	4.35	27.7 d	15.9	n,γ	热	2.5×10^2
^{55}Fe	^{54}Fe	5.8	2.737 a	2.25	n,γ	热	9.78
^{59}Fe	^{58}Fe	0.31	44.5 d	1.28	n,γ	热	1.24
^{60}Co	^{59}Co	100	5.271 a	37.45	n,γ	热	1.41×10^3
^{63}Ni	^{62}Ni	3.71	100.1 a	14.5	n,γ	热	1.08
^{65}Zn	^{64}Zn	48.6	245.8 d	0.106	n,γ	热	69.9
^{95}Zr	^{94}Zr	17.5	64.03 d	0.05	n,γ	热	1.64
^{110m}Ag	^{109}Ag	48.17	249.76 m	4.7	n,γ	热	2.39×10^2

表 1.3-6(续)

生成核	靶核	丰度/%	半衰期	截面/b	反应	主要反应能区	照射一年后生成核活度①/MBq
^{122}Sb	^{121}Sb	57.3	3.722 d	5.9	n,γ	热	4.98×10^{2}
^{124}Sb	^{123}Sb	42.7	60.2 d	4.145	n,γ	热	2.56×10^{2}
^{125}Sb	^{124}Sn	5.8	2.759 a		②		0.252

注:①计算条件为 1 g 天然丰度的样品,等效热中子注量率 3.0×10^{13} 中子/(cm² · s),未考虑中子照射过程中靶核数目减少引起的修正;

②为^{124}Sn 活化产物^{125}Sn 的衰变子体。

表 1.3-7　快中子活化反应截面和生成核活度的数据

生成核	靶核	丰度/%	半衰期	截面/b	反应	主要反应能区	照射一年后生成核活度/MBq
^{54}Mn	^{55}Mn	100	312.1 d	3.00×10^{-4}	n,2n	快	0.314
^{54}Mn	^{54}Fe	5.8	312.1 d	0.082	n,p	快	5.88
^{51}Cr	^{54}Fe	5.8	27.7 d	6.00×10^{-4}	n,α	快	7.78×10^{-2}
^{59}Fe	^{59}Co	100	44.5 d	0.001	n,p	快	0.792
^{55}Fe	^{58}Ni	67.76	2.737 a	0.003	n,α	快	0.942
^{58}Co	^{58}Ni	67.76	70.86 d	0.111	n,p	快	1.52×10^{2}
^{60}Co	^{60}Ni	26.1	5.271 a	0.002	n,p	快	0.149
^{60}Co	^{63}Cu	69.1	5.271 a	6.00×10^{-4}	n,α	快	9.76×10^{-2}
^{90}Y	^{90}Zr	51.45	64.1 h	2.00×10^{-4}	n,p	快	0.124
^{95}Nb	^{95}Mo	15.92	34.99 d	1.00×10^{-4}	n,p	快	2.82×10^{-2}

注:计算条件为 1 g 天然丰度的样品,等效快中子注量率 2.000×10^{14} 中子/(cm² · s),未考虑中子照射过程中靶核数目减少引起的修正。

例如:燃料包壳沉积物中 20 kg 镍在 12 个月的周期内约产生 3.04 TBq 的^{58}Co、21.6 GBq 的^{63}Ni;燃料包壳沉积物中 200 g 的^{59}Co 在 12 个月的周期内约产生 282 GBq 的^{60}Co。

上述核素的大部分都包含于各压水堆核电厂现有的一回路活化腐蚀产物源项中,唯独^{63}Ni 没有得到应有的重视,由于其相对较长的半衰期,在反应堆的整个寿命周期一回路结构材料中^{63}Ni 的总量呈线性增加,如图 1.3-3 所示。一台百万千瓦的机组运行 40 年,^{63}Ni 的总量达到 10^{6}Ci(3.7×10^{16} Bq),这也使得^{63}Ni 成为核电厂退役过程中导致职业照射的主要核素之一。

活化腐蚀产物在设备表面与冷却剂之间建立"溶解-沉积"的动态平衡,如图 1.3-4 所示。活化腐蚀产物溶解到冷却剂中,成为一回路冷却剂的活化腐蚀产物源项,表 1.3-8 为稳态运行时压水堆核电厂主冷却剂中活化腐蚀产物的典型数据。

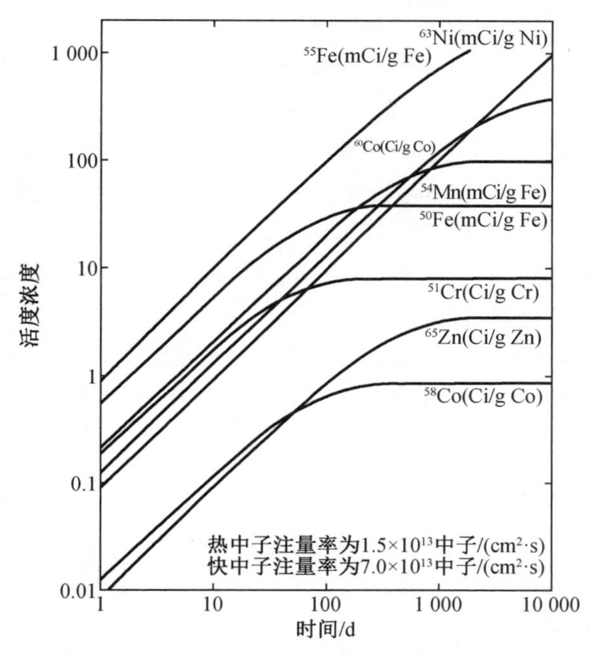

图 1.3-3　核电厂主要活化腐蚀产物源项累积量

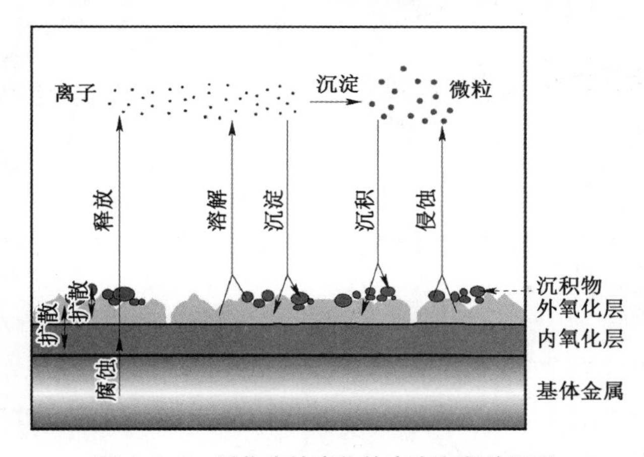

图 1.3-4　活化腐蚀产物的产生和释放机理

表 1.3-8　稳态运行时压水堆核电厂主冷却剂中活化腐蚀产物的典型数据

核素	^{58}Co	^{60}CO	^{59}Fe	^{51}CR	^{110m}Ag
实测中位数/(kBq/kg)	9.2	8.5	1.5	18	2.7
核素	^{124}Sb	^{122}Sb	^{54}Mn	^{95}Nb	^{95}Zr
实测中位数/(kBq/kg)	2.1	2.9	2.9	1.3	0.7

4. 活化腐蚀产物的特性

(1)活化腐蚀产物的颗粒特性

在放射化学中,冷却剂中的可溶性和不溶性与一般意义上的概念不同。基于能否通过或截留在 0.45 μm 的滤膜上,将活化腐蚀产物区分为“可溶性”和“不溶性”。可溶性核素包括离子、胶体,不溶性核素属于悬浮物的范畴。可溶性核素主要是活化腐蚀产物的离子与羟基结合形成的络合物;不溶性核素主要是金属氧化物与金属粒子的聚合体。

测量活化腐蚀产物的直径是一项非常困难的工作,其原因是采样过程中的压力变化、温度降低、流速变化、接触氧气,以及样品与采样管线内壁及积垢反应等因素都会导致颗粒物形态的改变。综合大量的测量数据和研究报告,冷却剂中^{60}Co/^{58}Co粒径为0.3~0.6 μm,^{95}Zr、^{95}Nb的形式为ZrO_2和NbO_2,直径为0.2 μm;^{110m}Ag的颗粒直径为0.02~0.06 μm,^{122}Sb和^{124}Sb的直径约0.08 μm。在停堆后的氧化性环境下,银和锑才会从管道内壁溶解到冷却剂中。在核电厂正常运行时^{55}Fe、^{59}Fe、^{54}Mn、^{56}Mn、^{187}W和^{65}Zn的胶体颗粒直径小于0.45 μm。

(2)活化腐蚀产物的化学特性

EPRI通过在实验室内的模拟试验,同时结合压水堆核电厂冷却剂的实际测量和研究试验,精心制作了Co、Fe、Ni、Cr等核素pH-电位图(图1.3-5),可作为了解冷却剂中各种核素化学形态的参考。

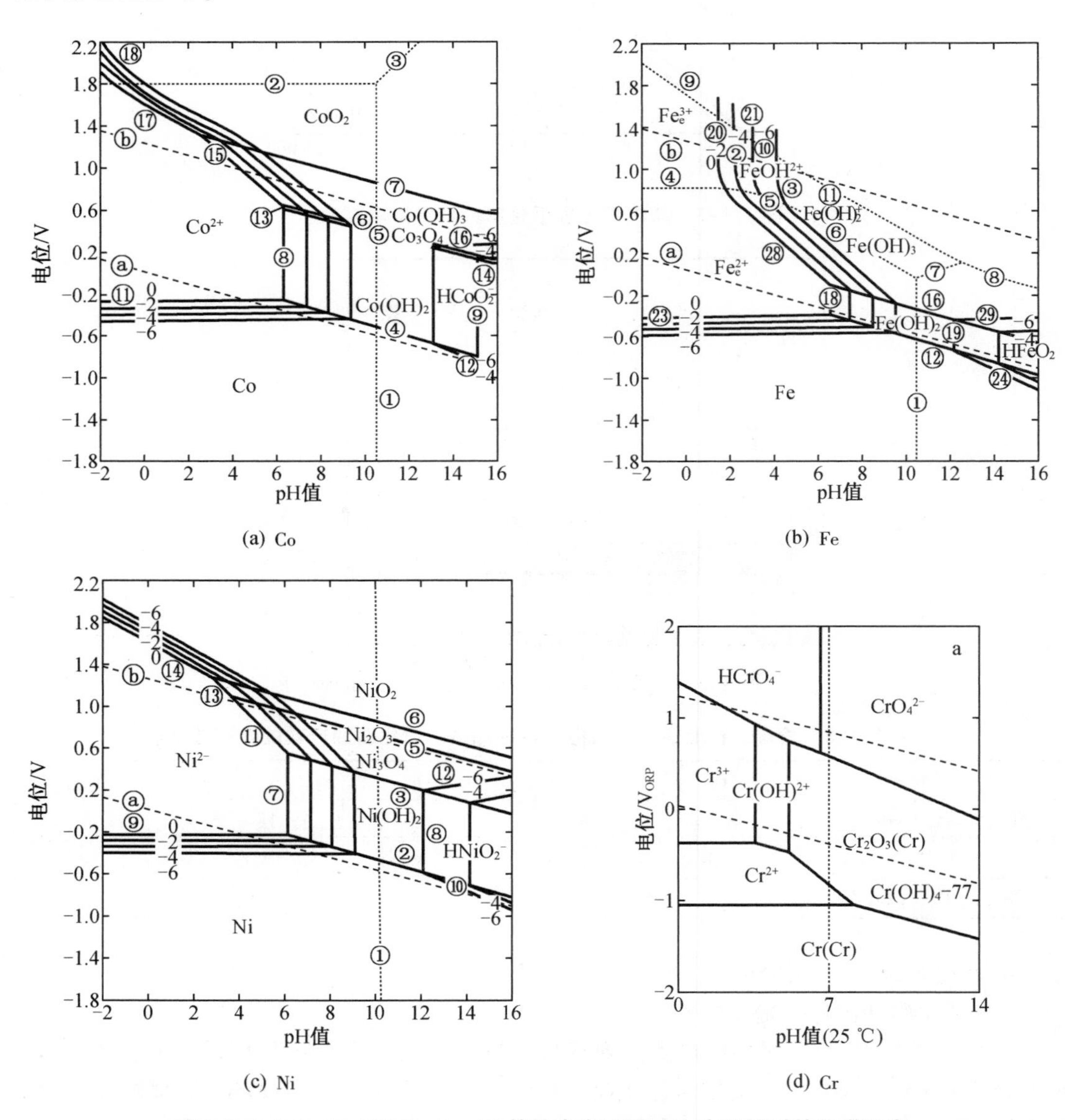

图1.3-5 Co、Fe、Ni、Cr、Ag、Sb等核素在不同pH-电位图时的化学形态

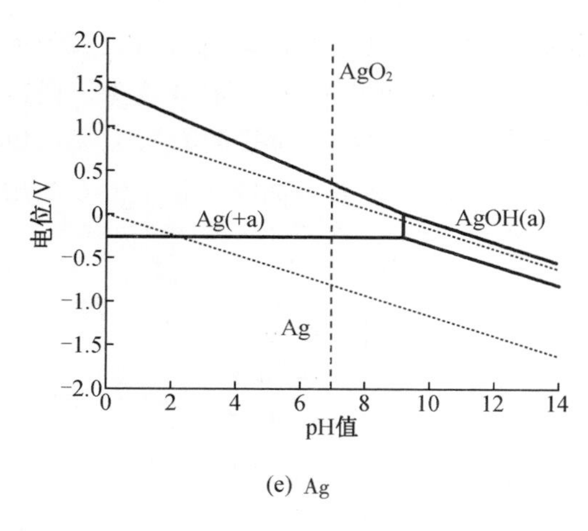

(e) Ag

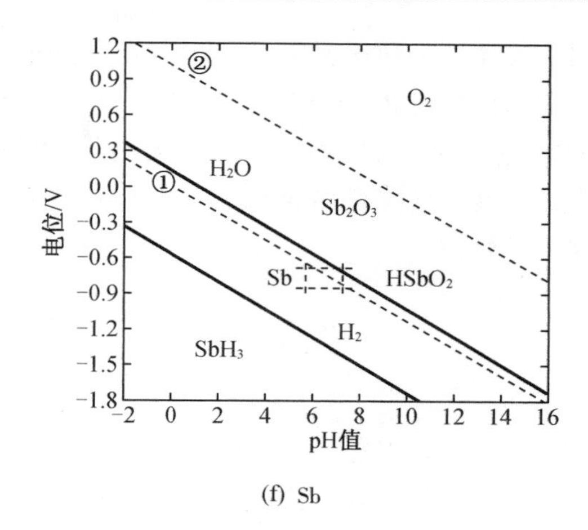

(f) Sb

图 1.3-5(续)

5. 冷却剂中活化腐蚀产物源项的控制措施

一回路活化腐蚀产物是放射性流出物排放源项最重要的来源。影响活化产物产生量的主要因素包括材料选择、材料表面处理、水化学控制和净化方式优化等。降低活化腐蚀产物的产生量,核心是减少易活化核素进入一回路,尽量降低腐蚀产物沉积到堆芯活性区和燃料包壳上。材料选择、材料表面处理在电厂设计、建造和调试阶段已经定型;对于运行中的核电厂,降低腐蚀和减少腐蚀产物转移到堆芯活性区是降低一回路活化腐蚀产物源项的核心,下面简单介绍运行中的核电厂降低一回路活化腐蚀产物源项的主要途径。

(1)减少易活化材料的使用:如减少钴基合金的使用,将一回路阀门的 Stellite 合金密封面用铁基合金(AntinitDUR300)替代;更换含锑的水导轴承;使用石墨材质垫片替代 Helicoflex 含银垫片;改进控制棒设计以降低 AIC 控制棒的含 Ag 量,增加 AIC 控制棒不锈钢包壳的厚度和提高包壳的强度,以降低因磨损而导致的 ^{110m}Ag 泄漏;采用表面离子渗氮工艺提高燃料包壳的抗腐蚀能力;采用冷加工的 316 型渗氮不锈钢降低腐蚀。

(2)核清洁去污:大修期间对换料水箱、堆芯池、构件池、转运舱进行内部冲洗和去污,提高去污标准以去除更多积聚和沉积的活化腐蚀产物,从而降低下一循环堆芯活性区腐蚀产物的活化;开展乏燃料池水下吸尘工作,清除燃料脱落的活化腐蚀产物,不使其进入一回路系统。

Stellite 合金密封面研磨控制。在典型的阀门检修中,Stellite 合金密封面研磨掉的厚度为 25~250 μm,在阀门内漏的缺陷维修中研磨厚度可达到 500 μm,对于 24 in① 阀门可能要研磨掉 50 g 左右。如果这些碎屑进入堆芯,活化后会产生放射性的 ^{60}Co,因此应尽量避免碎屑进入一回路冷却剂中。EPRI 建议核岛阀门检修要控制好每一个细节。

燃料超声波去污是用于去除燃料组件上的活化腐蚀产物,降低 CIPS 的敏感性,减少燃料包壳沉积物在下一循环活化的新技术。

(3)冷却剂高 pH 值运行:功率运行期间,高 pH_T 促进致密保护膜 Me_3O_4 的生成,pH_T 从 7.0 增加到 7.4,镍基合金的腐蚀降低 7%。

根据 Fe、Ni 等腐蚀产物在冷却剂的溶解特性(图 1.3-6、图 1.3-7),pH_T>7.0 时铁、镍

① 1 in=2.54 cm。

等在高温区的溶解度高，在低温区的溶解度低。因此一回路系统高 pH_T 运行时，铁、镍等更容易沉积在温度较低的设备上，即蒸发器传热管的冷端，燃料包壳上沉积量减少。根据 EPRI 的统计数据，pH_T 从 Li-B 协调化学控制的 6.9 升高到高 pH_T 化学控制的 7.4，燃料包壳沉积物厚度降低约 35%。图 1.3-8 为高 pH_T 运行后 ^{58}Co、^{60}Co 在一回路设备上的表面污染变化情况。

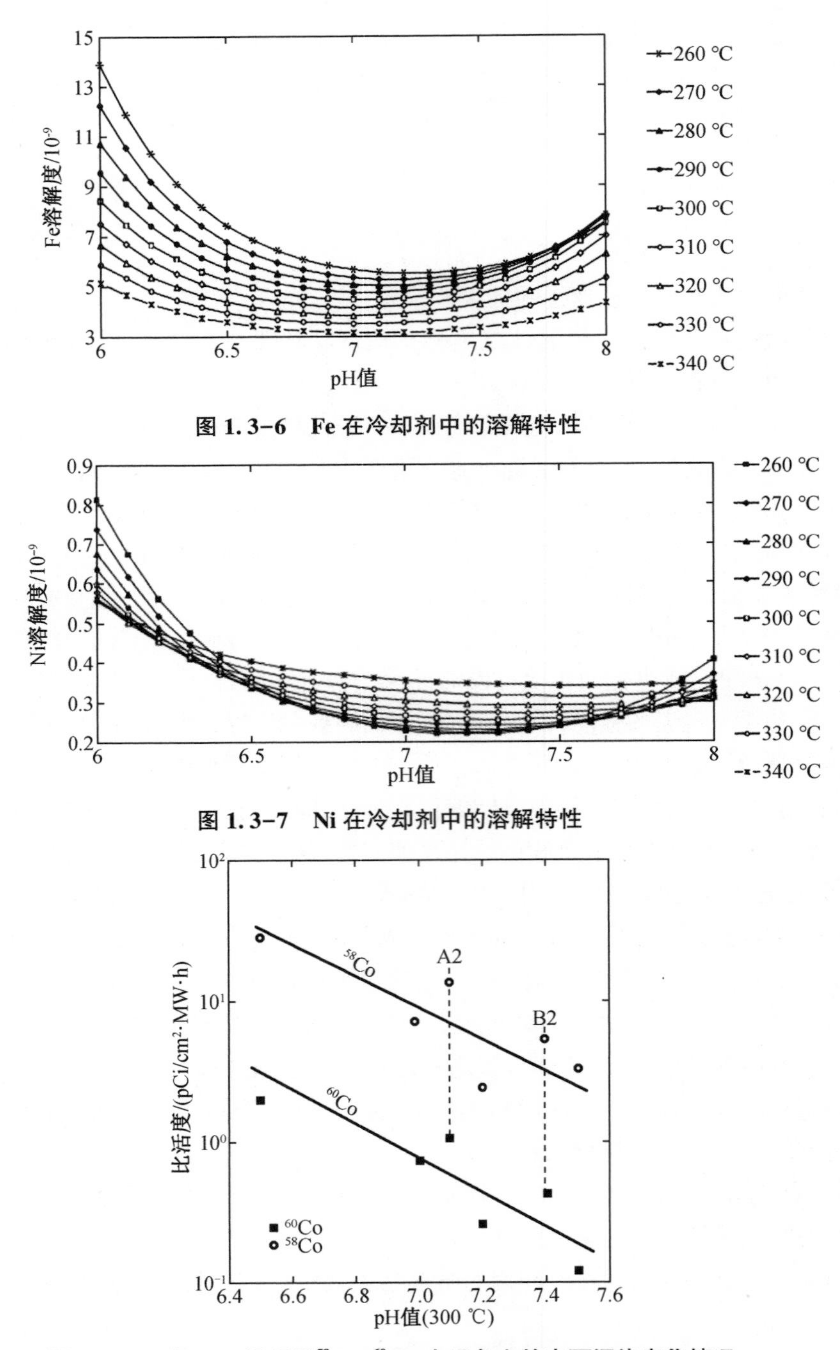

图 1.3-6　Fe 在冷却剂中的溶解特性

图 1.3-7　Ni 在冷却剂中的溶解特性

图 1.3-8　高 pH_T 运行后 ^{58}Co、^{60}Co 在设备上的表面污染变化情况

(4)冷却剂加锌:加锌的核心思想是,在所有其他阳离子中,锌对尖晶石结构四面体位点二价阳离子(如 Fe^{2+}、Ni^{2+}、Co^{2+}及放射性钴)具有最高的择位能,而铬对八面体位点三价阳离子(如 Fe^{3+})具有最高的择位能。因此锌离子会将镍基合金和不锈钢内层氧化膜中的钴(^{58}Co、^{60}Co)等二价阳离子置换出来,同时在氧化膜内层形成含锌保护层,锌从镍基合金氧化物膜中取代和占据四面体尖晶石位置的阳离子后,形成非常稳定的氧化膜,从而改善钝化层的保护行为。更重要的是冷却剂中的锌可以使 Stellite 合金的腐蚀速率降低 90%以上。

注锌运行可减少燃料包壳上的沉积物,当锌浓度从 0 μg/L 增加至 100 μg/L 时,燃料包壳沉积层的平均厚度从 32 μm 降低至 21 μm(图 1.3-9)。

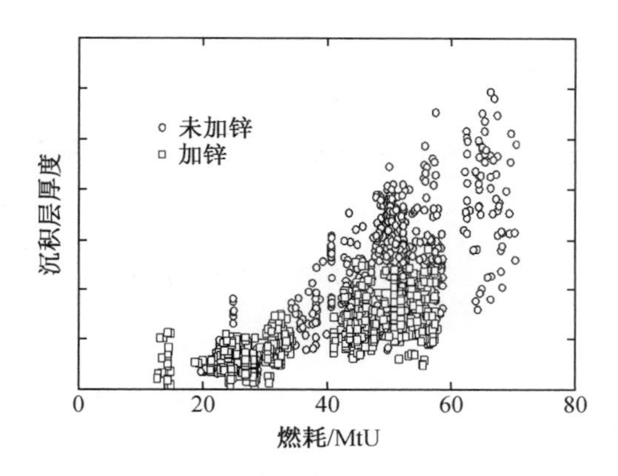

图 1.3-9　冷却剂加锌对燃料包壳沉积层的影响

(5)冷却剂净化:提高一回路冷却剂净化系统的净化效率,能降低腐蚀/活化产物的浓度,减少其在燃料包壳上的沉积量。冷却剂中的活化腐蚀产物 Co、Fe、Ni、Cr、Sb、Ag 等多以胶体形式存在,尽管胶体带有电荷,但是选择性系数远低于各种阴、阳离子,因而离子交换树脂对活化腐蚀产物的吸附能力是很弱的。凝胶型树脂的孔道约 1 nm,而大孔树脂的孔道约 100 nm,胶体形态的活化腐蚀产物能够自由地进入大孔树脂的内部,碰到活性基团的距离短得多,因此交换速度在大孔树脂内更快。另外,利用净化系统对换料水箱、乏燃料池水质进行充分的净化,可避免腐蚀和活化产物在大修期间进入换料水池。

四、CANDU6 重水堆核电厂活化腐蚀产物

CANDU6 机组有五个系统的流体经过堆芯,分别为一回路冷却剂系统、慢化剂系统、液体区域控制系统、环隙气体系统和端屏蔽冷却系统,腐蚀产物在堆芯中通过中子核反应产生活化腐蚀产物。

一回路冷却剂系统的活化腐蚀产物产生机理和核素种类与压水堆核电厂相似,主要区别是堆芯体积只有 6 m^3,因而燃料包壳上的沉积物很少,但热中子注量率约为压水堆核电厂的 3 倍。其他四个系统的流体不直接接触燃料包壳,因而不会在堆芯内产生大量沉积物,活化腐蚀产物产生量也相应减少。

CANDU6 重水堆核电厂的特点是工艺系统中的冷却剂不需要进行置换,除了缺陷设备

的少量泄漏外,冷却剂中的活化腐蚀产物在核电厂寿期内不直接向废液处理系统排放。

五、HTR-PM 活化腐蚀产物

HTR-PM 采用氦气作为一回路冷却剂,以全陶瓷型包覆颗粒为燃料元件,用石墨作为慢化剂和堆芯结构材料。一回路氦气中的活化产物分为两种情况:一种是氦气自身的活化,主要是$^{3}He(n,p)^{3}H$反应,以及氦气中杂质元素的活化,如$^{14}N(n,p)^{14}C$,$^{17}O(n,\alpha)^{14}C$等反应;另一种是燃料元件石墨基体材料及其杂质的活化,如$^{13}C(n,\gamma)^{14}C$,$^{6}Li(n,n)^{3}H$等反应。包覆颗粒磨损导致活化腐蚀产物进入一回路氦气中。

六、核电厂^{3}H源项

1. 压水堆核电厂^{3}H源项

压水堆核电厂主系统中^{3}H主要产生途径如下:

(1)燃料三元裂变产生并积存在燃料中的^{3}H通过燃料包壳扩散或从破损处泄漏进入主冷却剂中;

(2)主冷却剂可溶性硼与中子的反应,$^{10}B(n,2\alpha)^{3}H$是重要的来源;

(3)主冷却剂中加入富集 LiOH(^{7}Li)调节 pH 值,少量的^{6}Li通过$^{6}Li(n,\alpha)^{3}H$反应产生^{3}H;

(4)可燃中子吸收体中$^{10}B(n,2\alpha)^{3}H$反应产生的^{3}H通过扩散或包壳破损进入主冷却剂中;

(5)次级源棒的^{9}Be经中子辐照产生的^{3}H渗透过包壳扩散或从包壳破损处进入主冷却剂中。

综合国内各运行核电厂的数据,上述各途径^{3}H的产生量估算如下。

(1)对于 18 个月换料周期的百万千瓦级的压水堆核电厂,堆芯燃料中的重核经三元裂变,^{3}H的积存量平均值约 1 000 TBq。氢原子容易进入包壳合金的晶格中并形成金属氢化物,高温下又会释放而进入主冷却剂系统。根据经验,每年通过完好燃料包壳扩散到冷却剂中的^{3}H约占积存量的 0.5%,即每年 5 TBq。

(2)核电厂 18 个月平衡循环堆芯,主冷却剂平均硼浓度约 800ppm,通过$^{10}B(n,2\alpha)^{3}H$反应每年产生的^{3}H约 8 TBq。

(3)主冷却剂中加入富集 LiOH(^{7}Li)调节 pH 值,^{6}Li热中子吸收截面很大(950 b),^{7}Li的中子吸收截面约 0.039 b。根据同位素分离工厂的经验,^{6}Li的丰度可以控制在 0.02(atm)%以内,因而通过^{6}Li活化的途径每年产生约 0.8 TBq 的^{3}H。

(4)富集 LiOH 中的^{7}Li,以及$^{10}B(n,\alpha)^{7}Li$反应产生的^{7}Li,两项通过$^{7}Li(n,n\alpha)^{3}H$反应每年产^{3}H量约 0.34 TBq。

(5)可燃毒物棒中$^{10}B(n,2\alpha)$和$^{10}B(n,\alpha)^{7}Li(n,n\alpha)^{3}H$反应每年进入一回路中的$^{3}H$量为 0.4 TBq。

(6)次级源棒^{9}Be经中子辐照产^{3}H的贡献应根据其布置(位置、数目等)确定,根据国内一些单位的研究成果和运行核电厂的实际数据,通过包壳扩散或包壳破损而进入主冷却剂的^{3}H总量为每年 6～10 TBq。

(7)冷却剂中天然存在的^{3}H的浓度为 150ppm,通过$^{2}H(n,\gamma)^{3}H$反应生成的^{3}H量每年约 0.006 TBq,可忽略不计。

因此,对于 18 个月长循环的不同堆型的压水堆核电厂,归一化至 3 000 MW 热功率并且在燃料包壳完好的情形下,在一个统计年度内进入压水堆核电厂冷却剂的^{3}H总量为 22.5～25 TBq。

核反应产生的核素属“热原子”,尤其在(n,α)和(n,p)反应中产生的核素均因有较大的反冲动能而具有较大的活性,极易和其他元素形成各种化合物。所以压水堆核电厂产生的^{3}H多以 HTO 的形式存在,不能被三废处理系统去除,除了浓缩液和树脂的固化体中含有少量的^{3}H外(约占 0.2%),一回路中的^{3}H都通过液体或气载流出物排放,其中气态^{3}H的排放占比 2%～8%,主要来自乏燃料池冷却水的自然蒸发,排放量与乏燃料池冷却水温度成正比。

2. CANDU6 重水堆核电厂^{3}H源项

CANDU6 重水堆采用重水作为冷却剂和慢化剂,^{3}H主要通过$^{2}H(n,\gamma)^{3}H$反应产生。

主热传输系统重水装量约 207 t,^{3}H的年产生额约为 1.04×10^{3} TBq,氚的年平均活度浓度增加值约为 5.02×10^{9} Bq/kg,预期机组寿期末重水中^{3}H活度浓度为 62 GBq/kg;慢化剂重水装量约为 262 t,^{3}H的年产额约为 5.4×10^{4} TBq,^{3}H的年平均活度浓度增加值约为 2.06×10^{11} Bq/kg,预期机组寿期末重水中^{3}H活度浓度为 3.24×10^{12} Bq/kg。

CANDU6 重水堆核电厂^{3}H的产生量,以及重水系统中^{3}H的活度浓度均远高于压水堆核电厂,但是不同于压水堆核电厂通过稀释冷却剂硼浓度来控制反应性而产生排放,重水堆核电厂在全寿期内不需要进行疏水和排放,运行和维修期间只产生极其少量的外泄漏,但这些少量的泄漏可通过核电厂配备的重水蒸汽回收系统回收后复用。

重水蒸汽回收系统(图 1.3-10)包括 8 台单床干燥器和 2 台双床干燥器,分布在 4 个区域,包括反应堆端面、蒸汽发生器间、慢化剂系统、正常运行期间可进入区域。每台干燥器主要包括干燥器系统、冷凝器、风机、加热器。干燥器中填装分子筛,回收可能存在的气态和/或液态重水泄漏,使重水损失降低到最低程度,因而降低了^{3}H向环境的排放。

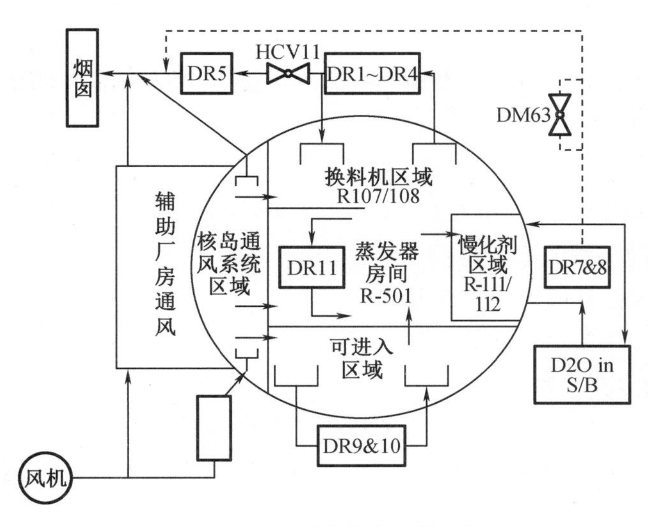

图 1.3-10 重水蒸汽回收系统

3. HTR-PM 的^{3}H 源项

HTR-PM 燃料的三元裂变导致燃料中^{3}H 的积聚量约 1.23×10^{14} Bq，但穿过包覆层扩散到一回路而产生的贡献很小。

一回路冷却剂中^{3}H 的来源有：氦气自身的活化反应^{3}He(n，p)^{3}H，燃料元件石墨基体杂质锂的活化反应^{6}Li(n，n)^{3}H。根据计算，一回路氦气中^{3}H 的总量为 8.5×10^{10} Bq，主要来自^{6}Li(n，n)^{3}H 活化反应，占比 99%以上。

七、核电厂^{14}C 源项

1. 压水堆核电厂的^{14}C 源项

放射性^{14}C 是纯 β 衰变的核素，半衰期长达 5 730 a，1985—1989 年，由压水堆核电厂排放的^{14}C 的集体有效剂量占压水堆全部排出物集体有效剂量的 75%。因此^{14}C 成为核电厂环境影响评价中最受关注的几个核素(^{3}H、^{14}C 和^{131}I 等)之一。

核电厂^{14}C 主要由^{14}N、^{17}O 在堆芯中的中子活化反应产生，产生量主要取决于反应堆的类型、装机容量、燃料及冷却剂中杂质^{14}N 含量等因素。压水堆核电厂^{14}C 主要来自堆芯^{235}U 三元裂变和中子活化反应两部分的贡献。

(1)三元裂变

三元裂变反应^{235}U $\longrightarrow$ ^{14}C+X+Y，约每 10^{6} 次裂变产生 1.7 个^{14}C 原子，压水堆核电厂三元裂变反应的^{14}C 年产额约 0.368 TBq/GWe。

(2)中子活化反应

中子与燃料、堆芯构件和冷却剂中^{14}N、^{17}O、^{13}C、^{15}N、^{16}O 等的核反应产生^{14}C，热中子的反应截面要比其他能量中子的反应截面大得多，因此产生^{14}C 的核反应主要由热中子所贡献。

压水堆核电厂^{14}C 产生率的简化计算公式如下：

$$A=\frac{\mathrm{d}N}{\mathrm{d}t}=N\sigma\varphi\cdot(1-\mathrm{e}^{-\lambda t})=\frac{fmL}{M}\sigma\varphi\cdot(1-\mathrm{e}^{-\lambda t}) \tag{1.3-1}$$

式中 A——^{14}C 的活度值，Bq；

N——单位质量辐照材料中受辐照后能够生成^{14}C 的靶核同位素的核子数；

f——靶核同位素的丰度；

M——靶核元素的质量；

L——阿伏加德罗常数，$L=6.022\times10^{23}$ 个/mol；

M——靶核同位素的原子量；

σ——靶核同位素的热中子反应截面；

Φ——热中子注量率；

λ——^{14}C 的衰变常数。

表 1.3-9 为产生^{14}C 的主要核反应和热中子吸收截面，由于^{13}C、^{15}N、^{16}O 的浓度与反应截面的乘积比^{17}O、^{14}N 途径要小几个量级，因此核电厂中^{14}C 主要通过^{17}O(n，α)^{14}C 和^{14}N(n，p)^{14}C 反应产生。

表 1.3-9 产生^{14}C的主要核反应和热中子吸收截面

母核	反应类型	反应截面/b	母核丰度/%
^{17}O	$^{17}O(n,\alpha)^{14}C$	0.24	0.038 3
^{14}N	$^{14}N(n,p)^{14}C$	1.81	99.634 9
^{13}C	$^{13}C(n,\gamma)^{14}C$	9.0×10^{-4}	1.103
^{15}N	$^{15}N(n,d)^{14}C$	2.5×10^{-7}	0.365
^{16}O	$^{16}O(n,^{4}He)^{14}C$	5.0×10^{-8}	99.756

^{17}O是冷却剂(H_2O)和核燃料(UO_2)的固有元素,其在天然氧元素中的丰度为0.038 3%;^{14}N的来源有两个:一个是冷却剂中的溶解氮和NH_4^+离子,另一个是核燃料/燃料包壳和堆芯构件中的杂质氮,根据制造商的资料,这些材料的含氮量约4ppm。

对于3 000 MW热功率的M310堆型压水堆核电厂,其堆芯活性区慢化剂质量约14 300 kg,热中子注量率3.093 2×10^{13} cm^{-2}·s^{-1}。热功率相同的其他类型压水堆核电厂堆芯活性区体积与热中子注量率的乘积也基本相同,即通过$^{17}O(n,\alpha)^{14}C$反应途径所产生的^{14}C基本一致。但是,各种堆型的压水堆核电厂冷却剂中氮含量有所差别,因而冷却剂中^{14}C产生量随氮含量的变化而变化。

表1.3-10为3 000 MW热功率压水堆核电厂在冷却剂中氮浓度1ppm时,100%FP运行工况下^{14}C的产生量。

表 1.3-10 3 000 MW 热功率压水堆核电厂^{14}C产生量(冷却剂中氮浓度1ppm,100%FP运行工况)

项目		产生量	
燃料	^{17}O(UO_2芯块中)	0.63×10^9 Bq/d	0.23×10^{12} Bq/a
	^{14}N(UO_2芯块杂质,4ppm)	0.51×10^9 Bq/d	0.186×10^{12} Bq/a
	^{14}N(锆合金包壳和堆内构件杂质,4ppm)	0.34×10^9 Bq/d	0.12×10^{12} Bq/a
冷却剂	^{17}O(冷却剂中)	1.00×10^9 Bq/d	0.36×10^{12} Bq/a
	^{14}N(冷却剂中,1ppm)	0.02×10^9 Bq/d	0.002×10^{12} Bq/a
总计1(冷却剂中)		1.055×10^9 Bq/d	0.38×10^{12} Bq/a
总计2(全部)		5.935×10^9 Bq/d	2.16×10^{12} Bq/a

(3)不同类型压水堆核电厂$^{14}N(n,p)^{14}C$反应途径的^{14}C产生量

在燃料包壳无破损的情况下,核燃料/燃料包壳和堆芯构件中的绝大部分^{14}C被禁锢在材料中,难以扩散到主冷却剂中。冷却剂中的氮浓度每增加1ppm,^{14}C的产生量约增加2 GBq/ GW·a。冷却剂中^{14}N有以下五个来源:

①大修期间空气中的N_2溶入;

②机组启动时添加联铵除氧而生成的N_2和NH_4^+;

③冷却剂补水未经热力除气而引入N_2(如AP1000);

④容控箱覆盖 N_2(如 EPR);

⑤冷却剂添加氨水以维持溶解氢浓度(如 WWER)。

压水堆核电厂冷却剂中产生的^{14}C 最终都会通过气态和液态流出物排放到环境,或转移到固体废物中被送至最终处置场。^{14}C 排放和转移途径取决于其在冷却剂中的化学形态、核电厂运行工况和废物的处理整备工艺。

(4)压水堆核电厂^{14}C 的形态

核反应产生的核素属“热原子”,尤其在(n,α)和(n,p)反应中产生的核素均因有较大的反冲动能而具有较大的活性,极易和其他元素形成各种化合物。当水分子中的^{17}O 发生核反应生成^{14}C 原子时很自然地会形成 $={}^{14}CH_2$ 基,溶解氢较高时形成$^{14}CH_4$,甚至聚合成$^{14}C_nH_m$。另外,压水堆核电厂运行期间冷却剂中含有 25~35 mL(std)/kg 的溶解氢以抑制辐射分解,一回路总体上呈还原性气氛,因此机组运行期间冷却剂中的^{14}C 的化学形态主要为还原性物质。尽管冷却剂中由$^{17}O(n,\alpha)^{14}C$ 反应产生的^{14}C 热原子嵌入 H_2O 分子形成 CO_2 的可能性比形成 C_nH_m 要小,但反冲^{14}C 核与氧化性物质形成$^{14}CO_2$ 的可能性却很大,特别是在溶解氢较低的情况下冷却剂中含有少量羟基自由基·OH,而 CO、甲醇、乙醇、甲醛、丙酮、甲酸、乙酸等形态的^{14}C 是上述两种情况之外的中间态。根据试验数据,压水堆核电厂运行期间冷却剂中^{14}C 的化学形态,烷烃形态的^{14}C 比例最高,占 94%~96%,甲醇、乙醇、甲醛、丙酮等不能电离的低分子有机物占 4%~6%。

压水堆核电厂在大修热停堆阶段,对冷却剂进行物理和化学除氢,堆芯中的 γ 射线(停堆初期堆芯 γ 剂量率约为运行期间的 10%)作用导致冷却剂辐射分解产生羟基自由基·OH,电极电位 $\phi_0=+2.8$ V,氧化能力非常强,冷却剂中残存的^{14}C 逐渐被氧化成甲酸、乙酸,直至无机碳 HCO_3^-,这些形态的^{14}C 与化容或硼回净化床阴树脂进行离子交换,或者在装卸料过程中通过堆芯池和乏燃料池释放到环境中。

各国对^{14}C 的检测和研究从未停止过,大量研究表明压水堆核电厂产生的^{14}C 主要是烷烃,国际原子能机构对国际上 207 座压水堆核电厂排放的统计数据显示,^{14}C 平均每年释放量为 185 GBq/堆,其中$^{14}CO_2$ 占比为 5%~25%,$^{14}C_nH_m$ 占比为 75%~95%。

2. CANDU6 重水堆核电厂^{14}C 源项

CANDU6 重水堆核电厂有五个系统的流体经过堆芯,^{13}C、^{15}N、^{16}O 与中子发生核反应而产生^{14}C,各工艺系统流体中^{14}C 的总产额约 19 TBq/a,主要来自慢化剂系统(占比约为 97.5%)。

关于 CANDU 堆^{14}C 产额,加拿大原子能公司曾报道过数种计算方法,其中 WIMS-AECL 法和 MCNP4B 法得到了大部分堆物理专家的认可。WIMS-AECL 法基于以下假设:燃料组件以方形栅格排列(实际情况是圆形),热中子(能量<0.625 eV)注量率符合麦克斯韦能量分布,中能中子的能量符合麦克斯韦 1/e 分布规律。

^{14}C 原子的产生速率计算公式如下:

$$RR=\Phi_{th}\delta_{2\,200}(\pi T_0/4T)^{0.5}+\Phi_{int}RI[\ln(0.821/0.625\times10^{-6})] \tag{1.3-2}$$

式中 RR——反应速率,每秒产生的^{14}C 原子数;

Φ_{th}——符合麦克斯韦能量分布的热中子注量率,中子数/(cm^2·s);

$\delta_{2\,200}$——在 2 200 m/s 时的吸收截面，b/cm² · 10^{-24}；

Φ_{int}——符合麦克斯韦 1/e 分布规律变化的 0.821 MeV 以下至热中子能量区间的中子注量率，中子数/(cm² · s)；

RI——0.5 eV 以上的中子共振积分；

T——符合麦克斯韦规律的热中子温度，通常以慢化剂的温度表示。

将各系统数据代入 WIMS-AECL 的 ^{14}C 产率公式，计算出 CANDU6 重水堆核电厂各系统 ^{14}C 年产额，见表 1.3-11。

表 1.3-11 CANDU6 重水堆核电厂各系统 ^{14}C 年产额

项目	^{14}N、^{17}O、^{13}C 的质量/g	分项产量/(TBq/a)	总产量/(TBq/a)
燃料组件(质量 97.3 t)			
$^{14}N(n,p)^{14}C$: 40ppm	3 868.6	3.448	3.89
$^{13}C(n,\gamma)^{14}C$	397	2.9×10^{-4}	
$^{17}O(n,\alpha)^{14}C$	4 912	4.42×10^{-1}	
主热传输(质量 6.02 t)			
$^{14}N(n,p)^{14}C$: 20ppm	120	1.095×10^{-1}	0.421 5
$^{13}C(n,\gamma)^{14}C$: 3ppm	0.212	1.708×10^{-7}	
$^{17}O(n,\alpha)^{14}C$	3 167	3.12×10^{-1}	
环隙气体(CO_2 11 m³)			
$^{14}N(n,p)^{14}C$(0.25%)	43.24	5.35×10^{-2}	5.42×10^{-2}
$^{13}C(n,\gamma)^{14}C$	56.56	6.34×10^{-5}	
$^{17}O(n,\alpha)^{14}C$	5.392	7.17×10^{-4}	
慢化剂(质量 167 t)			
$^{14}N(n,p)^{14}C$: 0.2ppm	33.20	5.52×10^{-2}	15.86
$^{13}C(n,\gamma)^{14}C$: 2ppm	3.98	5.58×10^{-6}	
$^{17}O(n,\alpha)^{14}C$	87 795	1.58	
慢化剂反射层(质量 71.9 t)			
$^{14}N(n,p)^{14}C$: 0.2ppm	14.32	9.33×10^{-3}	2.66
$^{13}C(n,\gamma)^{14}C$: 2ppm	1.714	9.20×10^{-7}	
$^{17}O(n,\alpha)^{14}C$	37 828	2.65	
液体区域控制系统			
$^{14}N(n,p)^{14}C$	5	8.57×10^{-3}	1.92×10^{-2}
$^{17}O(n,\alpha)^{14}C$	57	1.06×10^{-2}	
端屏蔽冷却系统			
$^{14}N(n,p)^{14}C$	136	9.43×10^{-5}	3.51×10^{-4}
$^{17}O(n,\alpha)^{14}C$	3 430	2.57×10^{-4}	

工艺系统的化学环境不同，^{14}C 的存在形式也不同。在氧化性环境下，^{14}C 主要以无机碳的形式存在（包括$^{14}CO_2$、$H^{14}CO_3^-$、$H^{14}CO_3^{2-}$）；而对于还原性系统，^{14}C 主要以$^{14}CH_4$ 等低分子有机物形式存在。

主冷却剂系统在机组运行期间，溶解氢含量 3~7 mL(atm)/kg，呈强还原性，^{14}C 以 CH_4 等有机碳形式存在；在停堆大修期间，由于重水的辐射分解，H_2O_2 浓度达到 10 mg/kg，呈强氧化性，冷却剂系统中^{14}C 由低分子有机物转化成碳酸根形式。由于机组运行期间主冷却剂系统重水不进行疏水或置换，所以该系统产生的^{14}C 只有 1/20 在运行期间扫气时排放，其余^{14}C 在机组停堆后转化为碳酸根形态，被冷却剂净化系统阴树脂交换吸附。

慢化剂系统重水在 γ 和中子的辐照下，分解产生 D_2O_2 和 H_2，其中 D_2O_2 溶解在重水中，而 H_2 通过复合装置除去，因此慢化剂重水中的 H_2O_2 浓度达到 2 mg/kg，呈强氧化性，^{14}C 以 HCO_3^- 形式存在，通过慢化剂净化床交换除去，重水中的^{14}C 活度浓度约 105 kBq/kg，慢化剂覆盖气的^{14}C 活度浓度约 160 kBq/kg，对环境的排放非常低。

液体区域控制系统 H_2O_2 浓度约 2 mg/kg，呈强氧化性，^{14}C 以 $H^{14}CO_3^-$ 形式存在，被净化床吸附。

端屏蔽冷却系统辐射分解产生的 H_2O_2 与碳钢反应而被消耗掉，H_2 溶解于水中，因而呈还原性环境，^{14}C 以 CH_4 等有机碳形式存在，由氮气吹扫到环境中。

环隙气体系统加 1%~2%的氧气，呈氧化性，^{14}C 以 CO_2 形式存在，露点高于-10 ℃时由于气体的吹扫而释放到环境中。

CANDU6 重水堆核电厂排放的^{14}C 主要来自废树脂贮存箱气空间的释放。

3. HTR-PM ^{14}C 源项

HTR-PM 用氦气作冷却剂，通过^{17}O 途径产生的 ^{14}C 可忽略不计，^{14}C 主要由燃料元件中石墨吸附的氮杂质和氦气中杂质元素活化反应产生，包括$^{14}N(n,p)^{14}C$ 和$^{17}O(n,\alpha)^{14}C$ 等。根据计算，HTR-PM 满功率稳态运行时每个反应堆一回路氦气冷却剂中^{14}C 的活度浓度约 1.9×10^3 Bq/L，总活度约 1.3×10^9 Bq。

八、核电厂放射性物质释放到环境中的途径

1. 正常运行情况下的释放途径

(1) 放射性流出物排放

综上所述，压水堆核电厂一回路冷却剂中放射性物质有三个来源：一是因燃料组件包壳破损或泄漏而引入裂变产物；二是一回路系统活化腐蚀产物；三是冷却剂受辐照后产生的^3H 和^{14}C。一回路冷却剂系统的疏水、设备泄漏和扫气是核电厂放射性废液/废气处理系统的源项。经过净化处理后的废液和废气成为放射性流出物的源项，分别进入废液贮槽，或作为气载流出物通过烟囱监测排放。

重水堆核电厂放射性废液/废气处理系统源项除了来自一回路冷却剂系统外，还分别来自慢化剂系统、液体区域控制系统、端屏蔽冷却系统和环隙气体系统，为方便起见，统称为一回路源项。

HTP-PM 一回路冷却剂氦气中主要有活度浓度很低的裂变气体、^3H 和^{14}C。

(2)气载流出物处理系统

压水堆核电厂废气处理系统所处理的废气,根据成分可分为含氢废气和含氧废气;根据来源可分为工艺废气(包括含氢废气和含氧废气)和厂房废气。

①含氢废气:含氢废气来自核电厂运行期间一回路设备的排气或扫气,包括一回路系统稳压器卸压箱、化容系统容控箱、核岛排气和疏水系统(RPE)的反应堆冷却剂疏水箱及硼回收系统净化段的脱气塔,含有裂变气体(如 Xe、Kr 等)、氢气和氮气等。AP1000 没有硼回收系统,含氢废气主要来自废液处理系统的脱气单元,真空脱气器用于除去含硼冷却剂及废液中的氢气和其他裂变气体。

②含氧废气:含氧废气来自一回路系统容器的呼排气体,主要为空气并可能含有少量放射性物质。大修期间各系统和容器的排气也都进入含氧废气处理系统。

③厂房废气:厂房废气来自安全壳换气产生的气体、辅助厂房排风气体、放射性废液槽等排出的气体、凝汽器排出的气体、蒸汽发生器排污扩容器排出的气体,以及汽轮机厂房的通风产生的气体。这些废气通过废气处理系统处理后,在核辅助厂房通风系统(DVN)中经空气稀释后排放。

(3)核电厂废气处理技术

对放射性气溶胶和惰性气体的处理,一般采用的技术有高效粒子空气过滤器去除气溶胶、活性炭过滤器滞留放射性惰性气体,以及废气衰变箱加压贮存衰变。

为了改善和维持高效粒子空气过滤器、活性炭过滤器的性能及延长使用周期,通常安装除湿器和预过滤器,以降低气体湿度和滤去颗粒较大的杂质。利用冷却、干燥剂干燥或低温析出等方法控制废气湿度,活性炭吸附可作为滞留衰变的主要方法,同时采用高效粒子空气过滤器过滤放射性气溶胶,通过闭路系统将废气送往气载流出物排放口监测排放,在干燥器再生时不向环境排气。

高效粒子空气过滤器简称高效过滤器,对 0.3 μm 粒径气溶胶的最低过滤效率为 99.97%。活性炭对惰性气体的吸附是基于其物理性能的,由于活性炭对有机碘的吸附能力较差,通常用碘化物浸渍活性炭来改善其对有机碘的吸附性能,浸渍在活性炭上的稳定碘与空气中待吸附的放射性有机碘发生同位素交换,从而提高了活性炭对有机碘的吸附能力。一般情况下活性炭不会失效,保持干燥的活性炭滞留床可以在核电厂废气处理系统一直运行下去,不必再生和更换。

加压贮存衰变是将放射性含氢废气加压贮存到衰变箱中,进行长时间衰变。除秦山重水堆和 AP1000 以外,其他核电厂都采用此方法。六个衰变箱的连接方式是一个衰变箱进行充气,第二个作衰变贮存,第三个进行排放,其余三个备用。充气的衰变箱压力达到 0.65 MPa 时压缩机自动停止;贮存衰变 60~100 d,排气的衰变箱的压力降至 0.02 MPa 时自动停止排放。基本负荷运行时含氢废气贮存 60 d,超过 ^{133}Xe 10 个半衰期,放射性已衰变到 1/1 000;^{85}Kr 半衰期长达 10 a,无法通过衰变而减少排放量。图 1.3-11 为典型的废气衰变流程图。

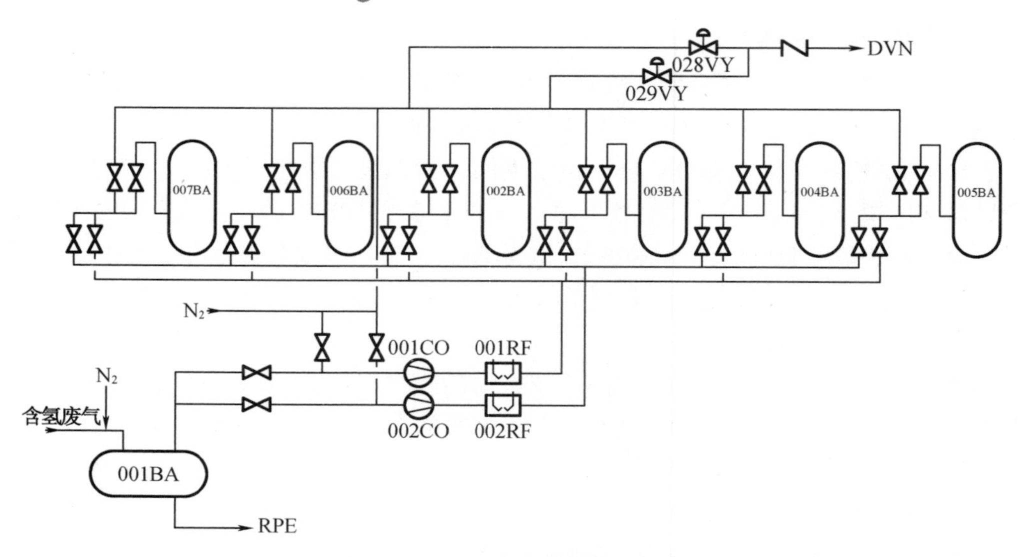

图 1.3-11　典型的废气衰变流程图

(4)核电厂废气处理系统

①M310 压水堆核电厂废气处理系统

M310 压水堆核电厂废气处理系统如 1.3-12 所示。含氢废气进入废气系统缓冲罐,然后用压缩机加压到约 1 MPa 送至废气衰变箱,贮存 60~100 d,排放前经监测和审批,再经过滤、除碘后通过核辅助厂房通风系统与空气混合后排放。含氧废气主要为空气并可能含有少量放射性物质,由核岛排气和疏水系统含氧废气母管送到废气处理系统,经过滤器过滤和除碘,过滤器前设置电加热器,使含氧废气湿度低于 40%,再与核辅助厂房通风系统空气混合后排放。厂房排风系统中对放射性气溶胶和碘进行处理,用高效粒子空气过滤器去除气溶胶,用活性炭去除碘。

吸附处理系统具有下列工艺特点:利用冷却、干燥剂干燥或低温析出等方法控制废气湿度,活性炭吸附可作为滞留衰变的主要方法,采用高效粒子空气过滤器过滤放射性微粒,通过闭合管路系统将吹扫气送往废气排放口监测排放,在干燥器再生时不向大气排气。为了改善和维持高效粒子空气过滤器、活性炭过滤器的性能及延长它们的使用周期,在它们的前部安装了除雾器和预过滤器,用以降低被处理气体的湿度并滤去部分颗粒较大的杂质。

②AP1000 压水堆核电厂废气处理系统

AP1000 压水堆核电厂采用常温活性炭延迟处理系统,废气依次通过 1 台气体冷却器、1 台汽水分离器、1 台活性炭保护床和 2 台活性炭衰变床,AP1000 压水堆核电厂废气处理系统如 1.3-13 所示。

气体冷却器及汽水分离器用于去除废气中的水分,活性炭保护床用于去除废气中的碘和化学污染物,并进一步去除废气中的残留水分,防止活性炭衰变床性能逐渐降低甚至丧失。活性炭衰变床用于滞留放射性惰性气体,惰性气体先被活性炭物理吸附,随着载气气流的流动又会从活性炭上解吸下来,解析下来的惰性气体在向前移动的过程中再次被吸附,如此反复,实现放射性惰性气体滞留衰变的目的。

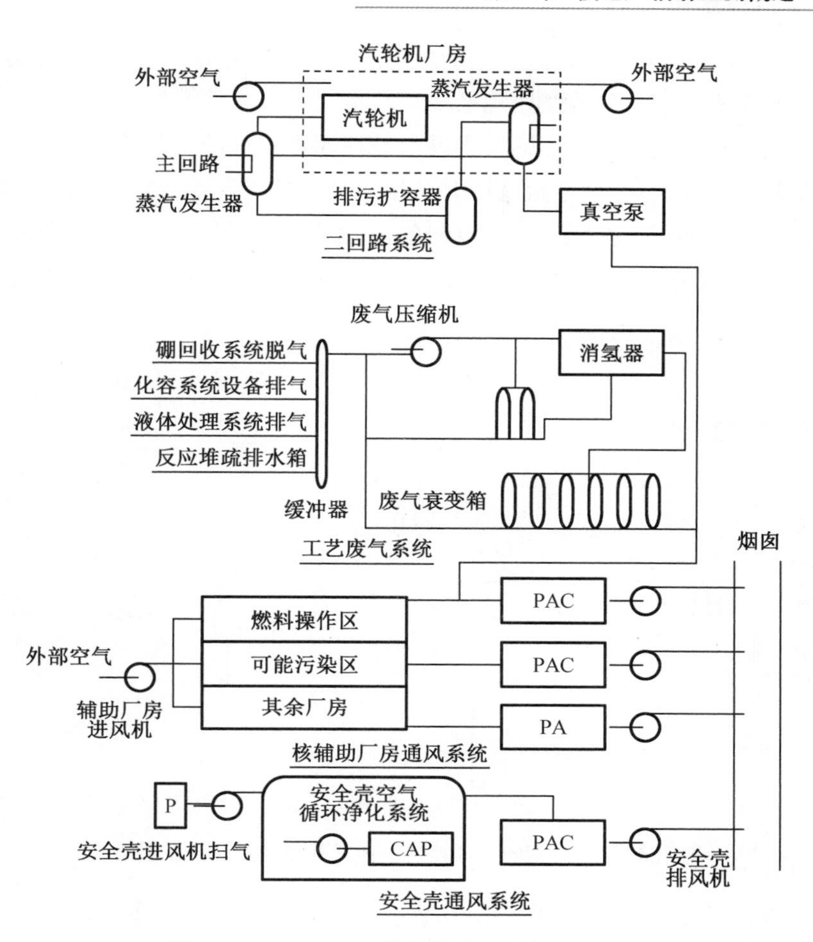

图 1.3-12　M310 压水堆核电厂废气处理系统

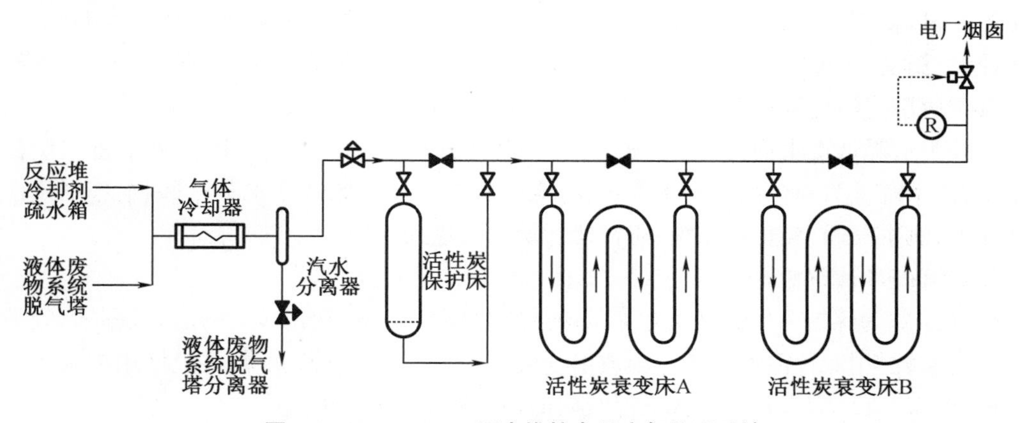

图 1.3-13　AP1000 压水堆核电厂废气处理系统

单台衰变床即可保证 ^{133}Xe 等放射性核素的滞留时间达到 61.2 d，^{85}Kr 的滞留时间为 2.2 d。借助废气源的压力驱动废气通过废气处理系统，当放射性水平偏高或者废气流量低时，排放管道上的阀门自动关闭；没有废气进入系统时，在排放管道的隔离阀入口处有小流量的氮气注入，以维持系统处于正压，防止废气流量低时空气进入系统。整个废气的处理流程不依赖能动设备，消除了由误操作或者能动设备的失效而导致的不可控放射性释放。

此外,该系统省去了传统废气处理过程中的压缩机、风机、贮存罐等设备,运行成本较低。

③CANDU6 重水堆核电厂废气处理系统

废气事故后废气处理系统用于滞留因燃料破损而释放的放射性惰性气体,每个机组都有各自的收集管路及隔离阀,两个机组同时共用一套活性炭吸附床。废气处理系统由预处理单元、冷却单元、活性炭吸附床、流量控制单元、控制盘等组成。活性炭吸附床装炭部分的直径为 1.2 m,高度为 3.58 m(约 1 882 kg),CANDU6 重水堆核电厂废气处理系统示意如 1.3-14 所示。

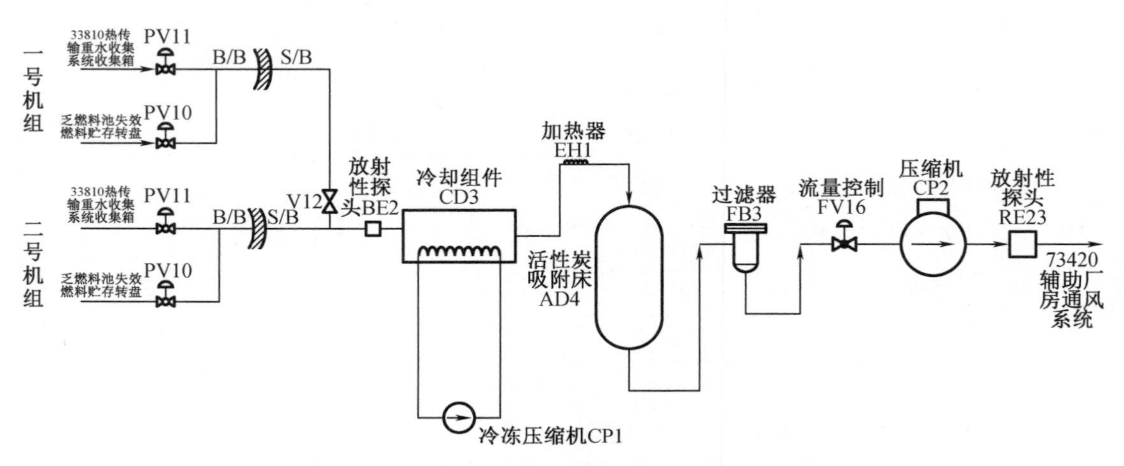

图 1.3-14　CANDU6 重水堆核电厂废气处理系统示意图

对活性炭性能的设计要求是:在流量 0.2 L/s、相对湿度 24%、气体温度 27 ℃的情况下,活性炭的吸附系数,对 Xe 达到 343 mL/g、对 Kr 达到 19.8 mL/g,实际测量结果为,对 Xe 达到 1 173 mL/g,对 Kr 达到 65.9 mL/g。活性炭对惰性气体的延迟时间与活性炭的性能、气流的速度、温度、湿度、压力等因素有关,CANDU6 重水堆按照对^{133}Xe 延迟 28 天进行设计,使得其放射性比活度降低至原来的 1/40 以下,计数率低于 19 cps。

另外为了降低重水损失,减少氚的排放,CANDU6 重水堆核电厂还配置了重水蒸汽回收系统,该系统分为 4 个独立的子系统,对应厂房内 4 个区域的重水蒸汽回收,包括反应堆端面、蒸汽发生器间、慢化剂系统、正常运行期间可进入区域。

④HTR-PM 废气处理系统

HTR-PM 为保持一回路氦气中杂质和放射性裂变产物在所要求的控制范围内,设置了氦气净化系统,用深冷活性炭床吸附放射性气体裂变产物。氦气净化系统使用的除尘过滤器、分子筛床、氧化铜床及活性炭低温吸附器在全寿期内不更换物料。

HTR-PM 每天装卸燃料球时需进行气氛切换,每次气氛切换将有少量污染氦气排入包容体,且正常运行期间一回路氦气存在一定的泄漏率,导致核岛厂房排风系统中可能有较低的放射性污染,对此应经过滤和碘吸附处理后再经烟囱排放。

(5)核电厂废液处理技术

放射性废液处理系统的源项间接或直接来源于一回路冷却剂系统。一回路疏水经过废液处理系统净化处理后转入废液排放箱,成为液态流出物源项。净化单元的净化能力决定了放射性废液排放源项的排放总量和浓度。

AP1000 核电厂放射性废液处理系统源项可分为四个:

①含硼反应堆冷却剂废液,主要来自化容系统的下泄流、取样疏水和一回路系统设备引漏疏水。

②地面疏水和设备疏水,来自各厂房放射性区域地面和设备疏水,可能含有高浓度悬浮固体颗粒杂质。

③洗涤废液,来自电厂热水箱(人员去污)和淋浴器,其放射性浓度较低。

④化学废液,主要来自放射性化学实验室和设备去污废液,含有大量的溶解固体。

其他压水堆核电厂放射性废液分为可复用和不可复用两类。其中不可复用放射性废液的来源包括:由工艺疏水箱收集不能回收的一回路冷却剂的泄漏水、取样疏水、设备疏排水、树脂冲洗水、硼回收系统不能回收的浓缩液和固体废物处理系统废树脂清洗水等;地面疏水箱接收地面疏排水和洗衣房排水;化学疏水箱接收化学采样、实验室废水和去污废液。

废液处理技术需要结合放射性核素的特性来设计处理工艺,废水中放射性核素大多以颗粒、胶体的形式存在,电离能力较弱,常用的处理方法有贮存衰变、絮凝-过滤、蒸发浓缩、离子交换、过滤和膜处理及特种高效吸附介质净化等工艺。化学废液广泛采用的处理技术有如下几种。

①贮存衰变:贮存衰变是用于短半衰期的放射性同位素的一种简便而有效的处理方法,通过几天的贮存时间就能使除^{131}I和^{129}I以外的其他所有碘的放射性同位素衰变掉。

②絮凝-过滤:将废水 pH 值控制在 7 左右,通过添加氯化铁絮凝剂和聚丙烯酰胺等助凝剂,使废水中的胶体杂质失去电性,通过混凝剂的架桥吸附作用形成可见的微小矾花,活性泥渣能进一步凝聚吸附并结成更大的颗粒沉降,絮凝后的废液可采用多孔活性炭吸附截留。活性炭的吸附性能是由活性炭及吸附质的物理化学性质共同作用决定的,活性炭具有很多细孔、中孔和大孔,比表面积大,对被吸附的颗粒物质具有良好的选择性。

③蒸发浓缩:蒸发浓缩法的最大优点是去污倍数高,使用单效蒸发器处理只含有不挥发性放射性污染物的废水时,可达到大于 10 000 倍去污因子。废水蒸发后形成两类液体:一是浓缩液,浓集了放射性盐类和悬浮物,可将浓缩液固化处理,或完成结晶工序后装入高整体性容器 HIC 桶贮存;二是纯蒸馏水,可复用或转入废液贮槽成为排放源项。常见的废液蒸发处理流程如图 1.3-15 所示。

④离子交换:电厂放射性废水中的放射性核素多以胶体形式存在,离子交换树脂除去胶体的能力是很弱的。大孔树脂具有孔道大、内部网络结构丰富的特点,胶体物质可以自由地进入树脂的中心位置,所以大孔树脂对放射性核素的交换速度更快,工作交换容量更大。

⑤过滤和膜处理:很多核电厂在树脂净化床前后各配备一个水过滤器:床前过滤器采用小孔径,孔径$<1\ \mu m$,用来截留较大粒径的放射性核素;床后过滤器孔径较大,用来截留净化床可能漏出的碎树脂。膜分离技术属于精密过滤范畴,用压力作推动力,利用膜的选择透过性实现分离,可用于处理中等含盐量或高含盐量的废液。膜分离技术一般可分为微滤(MF)、超滤(UF)、纳滤(NF)和反渗透(RO)四类。不同膜处理工艺截留孔径大小特性和待处理溶液中杂质特性如图 1.3-16 所示。微滤能截留粒径 $0.1\sim1\ \mu m$ 的颗粒;超滤能截留粒径 $0.002\sim0.1\ \mu m$ 的颗粒和杂质,允许小分子物质和溶解性固体(无机盐)等通过,但能有效截留胶体、蛋白质、微生物和大分子有机物,用于表征超滤膜的切割分子量一般介于

600～100 000；纳滤因能截留物质的粒径约为 1 nm 而得名，纳滤的操作区间介于超滤和反渗透之间，它截留有机物的分子量为 200～400；反渗透是最精密的分离膜，对处理含盐量较高的水及制备纯水有独到的优势，反渗透能阻挡所有溶解性盐及分子量大于 100 的有机物，但允许水分子和气体通过，复合膜脱盐率一般大于 98%。

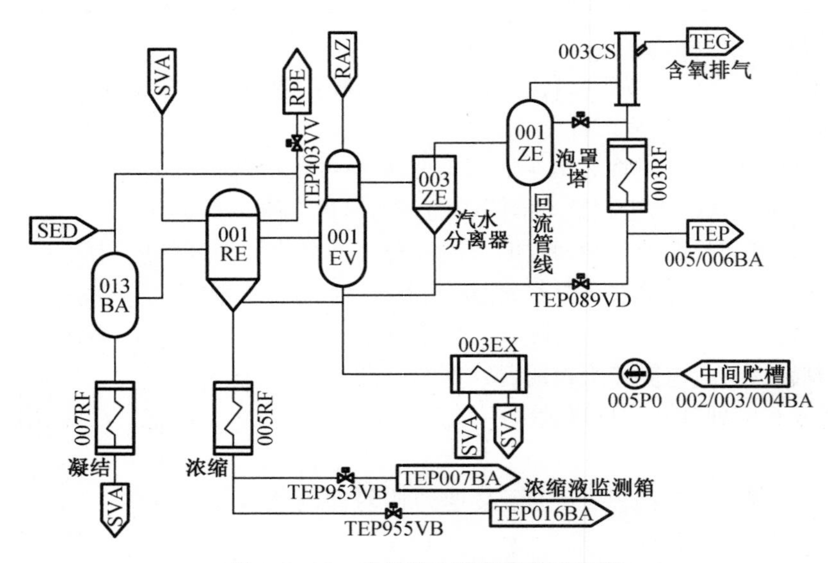

图 1.3-15　常见的废液蒸发处理流程

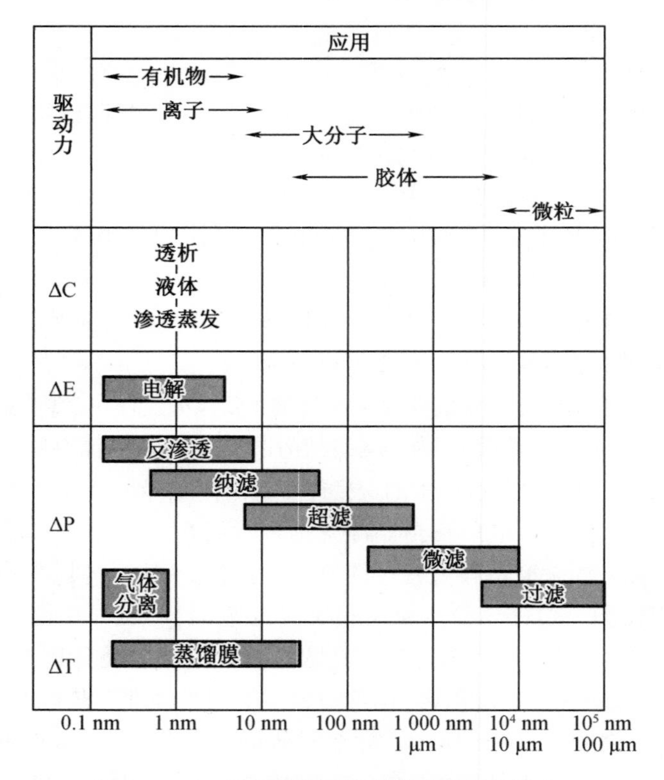

图 1.3-16　各类膜处理组件截留杂质的能力

⑥特种高效吸附介质净化："分子筛"是可以在分子水平上筛分物质的多孔材料，沸石在其中最具代表性，截至目前，人类已发现的天然沸石有 40 多种。沸石是一种含水的碱或碱土金属铝硅酸盐矿物。另外，全球已研发出超百种合成沸石，近几年开发的产品包含核电行业严重事故工况应用的去除 Cs、Co、^{110m}Ag 等特征核素的产品，常见合成沸石相比天然沸石已大大优化了颗粒的均匀性和光滑度，外形和离子交换树脂类似，大多为球状，颗粒较均匀。沸石具有离子交换性、吸附分离性、催化性、稳定性、化学反应性、可逆的脱水性、电导性等特点，目前行业内开发的大多是针对核燃料包壳破损产生的特征 γ 类核素具有选择性吸附的沸石类产品。还有另一类有代表性的选择性介质，就是螯合型树脂，其在核电行业严重事故中螯合去除高价金属离子的应用非常广泛，日本福岛事故中有海水背景的高放废液处理中有一半左右的介质采用的是螯合型树脂。螯合型树脂是一类能与金属离子形成多配位络合物的交联功能高分子材料。螯合型树脂吸附金属离子的机理是树脂上的功能团与金属离子发生配位反应，形成类似小分子螯合物的稳定结构。

(6) 核电厂废液处理系统

液态废物处理的目的是收集和处理核电厂运行，包括预期运行事件期间产生的放射性废液，使其放射性及化学物质浓度降低到排放可接受或电厂复用的水平。

①M310 核电厂液态废物处理系统

M310 核电厂液态废物处理系统主要由硼回收系统和废液处理系统组成。

硼回收系统由前置贮存、净化除气、中间贮存、蒸发分离、蒸馏液和浓缩液监测，以及除硼七部分组成。硼回收系统处理流程如图 1.3-17 所示。

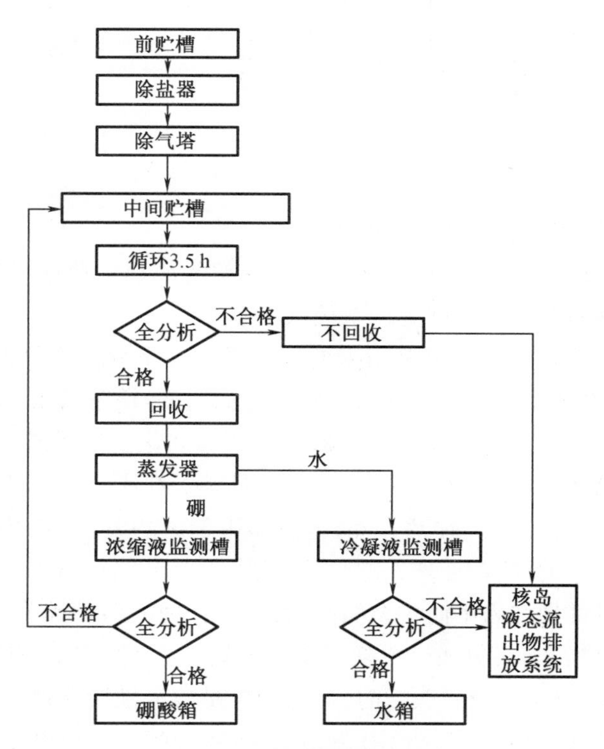

图 1.3-17　硼回收系统处理流程

废液处理系统为来自核岛排气和疏水系统不可复用的废液提供独立的前端贮存、检测和处理。来自核岛排气和疏水系统的废液按其放射性和化学成分的不同分别收集在工艺废水贮槽、地面废水贮槽和化学废水贮槽。对工艺废水一般采取除盐处理,对地面废水一般经直接过滤后排往废液排放系统,对化学废水则进行蒸发处理,蒸馏液经检测合格后排往废液排放系统,浓缩液送往固体废物处理系统水泥固化。废液处理系统流程如图 1.3-18 所示。

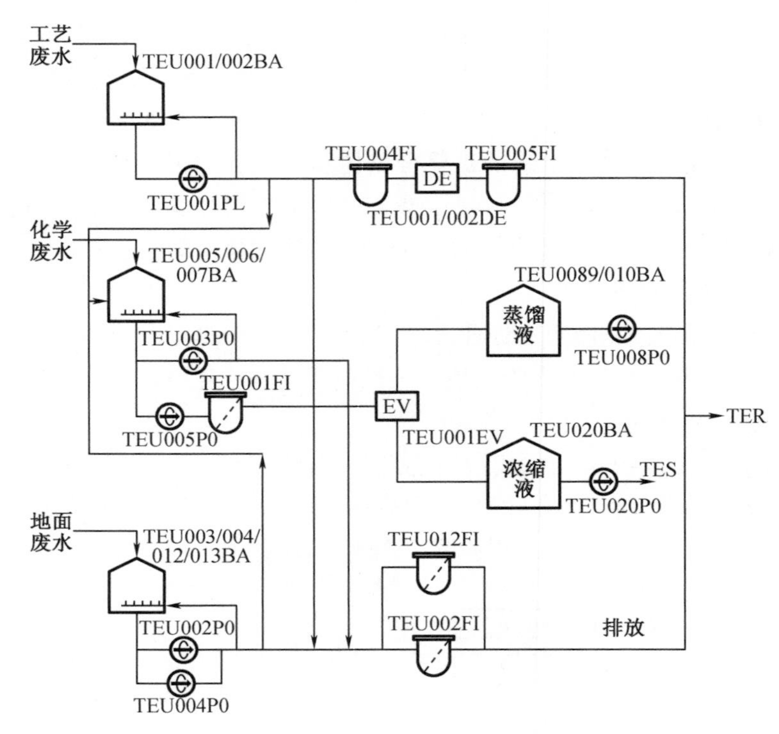

图 1.3-18　废液处理系统流程

②AP1000 核电厂放射性废液处理系统

AP1000 核电厂放射性废液处理系统主要包括核岛放射性废液处理系统(WLS)、移动式废液处理系统(MBS)和化学废液处理系统(CTS)。

a. 核岛放射性废液处理系统主要用于处理正常工况下核岛产生的各种放射性液体废物,包括反应堆冷却剂疏水和具有潜在高悬浮固体的地面/设备疏水。图 1.3-19 为核岛放射性废液处理系统流程。混合器 A 和混合器 B 用于添加化学絮凝剂,中和废液中腐蚀产物胶体所带的电荷,使腐蚀产物胶体更易于聚沉,同时絮凝剂还会在活性炭表面形成带电层,更易于吸附废液中的胶体态腐蚀产物。前过滤器用于过滤废液中的杂质颗粒。深床过滤器用于去除地面疏水中的油,在处理无油废液时,可将其旁路。离子交换床 A、B、C 可根据核电厂运行情况选择性地注入不同类型的树脂,其中任何一台都能手动旁路。离子交换床 B 和 C 的次序可以互换,当其中一台更换树脂完毕时,这台新添加树脂的离子交换床将作为最下游的处理设备,当上游装置失效时,可阻止大量放射性废液进入监测箱,且能保证上游离子交换床的处理能力得到充分利用,减少废树脂的产生。经离子交换床处理后,废液经过一个后过滤器,截留放射性颗粒和碎树脂。处理后的废液排至监测箱,对废液采样进行实验室分析,合格后监测排放到环境中。

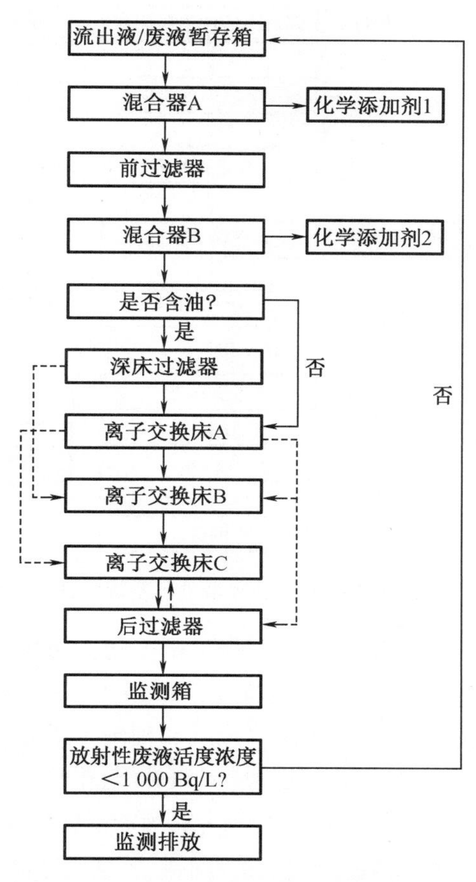

图 1.3-19 核岛放射性废液处理系统流程

b. 移动式废液处理系统主要用于处理燃料元件包壳破损率≥0.25%工况下冷却剂流出液,系统设备装载在一个 20 in 的箱体内,通常停放于厂址废物处理设施(SRTF)内,仅当机组需要时,拖至核岛放射性废物厂房投入运行。图 1.3-20 为移动式废液处理系统示意图。移动式废液处理系统主要采用过滤、吸附、反渗透与离子交换技术。颗粒状活性炭吸附床用于去除颗粒物、氧化物和溶解性有机物;反渗透预过滤器使用 1.2 μm 过滤器去除细小颗粒物,保护反渗透膜;反渗透循环箱向下游过滤器、反渗透膜提供预处理的废液,浓水转运泵能将浓水转运至屏蔽转运容器中。反渗透膜组件共有 48 个,可将绝大部分胶体、有机物、盐类和放射性核素富集在浓水相,但硼酸能透过反渗透膜。离子交换床 A、B、C 用于去除放射性核素,可根据需要装填不同介质,离子交换床 B 的进水已经过离子交换床 A 净化处理,因而去污因子有所降低,离子交换床 C 还可去除易结垢的钙、镁等二价离子。经移动式废液处理系统处理后的废水通过采样分析合格后监测排放,浓缩液则通过屏蔽转运容器送化学废液处理系统处理。移动式废液处理系统一次可处理 600 m^3 的 0.25%燃料元件包壳破损率下产生的一回路冷却剂流出液。

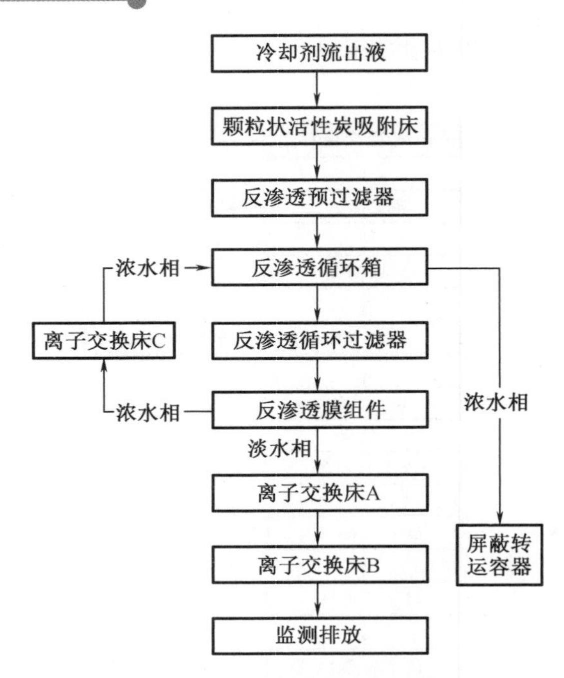

图 1.3-20　移动式废液处理系统示意图

c. 化学废液处理系统主要用于处理含有化学试剂的去污废液和放化分析产生的各种废液(化学废液),以及由移动式废液处理系统运行产生的浓缩液。图 1.3-21 为化学废液处理系统流程。化学废液处理系统主要通过蒸发和桶内干燥工艺处理废液。化学废液通过屏蔽转运容器送至厂址废物处理设施化学废液缓冲罐,采样分析后在缓冲罐中进行预处理,先通过 10% H_2SO_4 和 NaOH 调节 pH 值至 7~8,废液活度浓度如果小于 370 Bq/L,直接监测排放,如果大于 4.0×10^{11} Bq/kg,直接灌浆/固化,否则废液添加消泡剂后送入蒸发装置中进行蒸发。蒸发装置包括预热器、蒸发室、旋风分离器、热交换器、冷凝液箱和热泵等。废液经预热器预热(热量来自蒸发器冷凝液)后被吸至蒸发室进行蒸发。蒸汽先通过旋风分离器,大液滴在离心力作用下分离,再进一步通过旋风分离器内的板层分离器、粗丝网除沫器和精丝网除沫器除沫净化,然后在热交换器内冷凝,经预热器后排至蒸发器内小冷凝液箱,再排至蒸发器外冷凝液箱,经采样分析后如果活度浓度小于 370 Bq/L,直接监测排放,否则再次蒸发,热泵使旋风分离器内形成负压,对蒸发后的蒸残液进行采样分析,如果活度浓度大于 4×10^{11} Bq/kg,则直接灌浆/固化,否则进入桶内干燥器进行干燥。桶内干燥器去污因子约为 1 000,设计最大速率为 6 L/h,可 24 h 连续运行。

(7)二回路放射性流出物的排放

常规岛废液中放射性核素主要是由于蒸汽发生器传热管泄漏导致一回路放射性物质进入二回路系统。国内运行核电厂常规岛液态流出物中的放射性核素,除^{3}H 之外一直低于探测限。以二回路系统中放射性核素的活度浓度为研究对象,通过对放射性核素在二回路中产生、迁移和净化等的分析,可确定核电厂正常运行时放射性核素的产生项和消失项。在蒸汽发生器传热管不发生破损的情况下,除了^{3}H 进入传热管的晶格而渗透到二回路系统外,不含有其他放射性核素。^{3}H 的渗透量取决于传热管的材料和温度,每年进入二回路的^{3}H总量一般为一回路总量的0.03%左右。

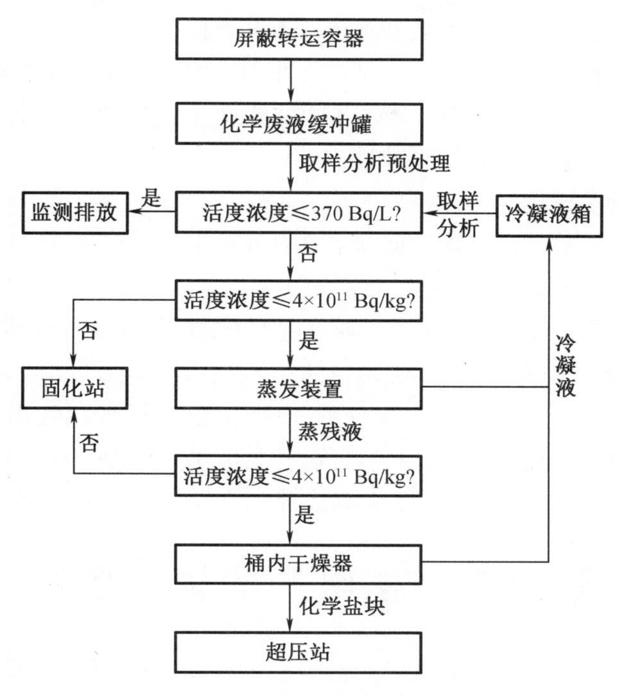

图1.3-21 化学废液处理系统流程

假设一次侧泄漏，进入二回路中的放射性核素均匀分布在蒸汽发生器水相中，携带放射性核素的蒸汽在汽轮机做功之后排入冷凝器中，冷凝器中的所有惰性气体和易挥发核素进入气相中，经冷凝器真空系统排向环境，其余的蒸汽经冷凝器冷却成液体后，由凝结水精处理混床除盐后再次进入给水系统，返回到蒸汽发生器中，整个过程中或多或少存在着给水泄漏和蒸汽泄漏而导致放射性核素向环境排放。为防止泄漏的放射性核素在蒸汽发生器中逐渐累积，可利用蒸汽发生器排污净化系统降低二回路放射性核素的活度浓度。图1.3-22为二回路放射性流出物释放途径。

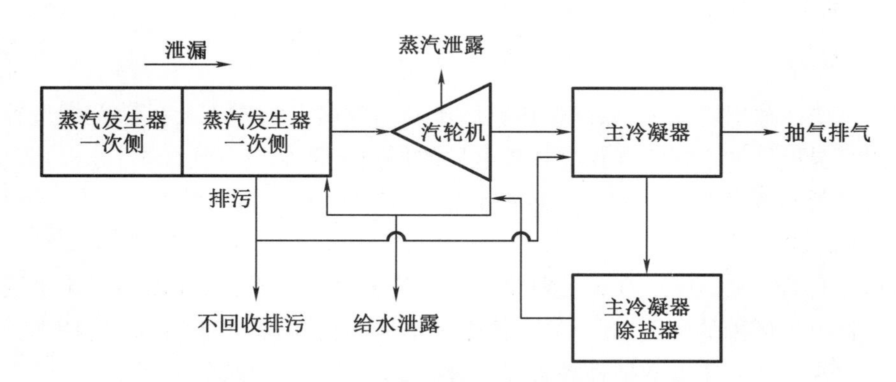

图1.3-22 二回路放射性流出物释放途径

①二回路系统气态排放

二回路系统气载放射性流出物的释放主要通过凝汽器真空系统释放和汽轮机厂房通风系统释放产生,释放过程为:二回路蒸汽经过凝汽器真空系统时,所有的惰性气体都被去除;二回路蒸汽经过凝汽器真空系统时,因闪蒸进入气相的放射性核素被去除,且二回路蒸汽中放射性碘核素的浓度与蒸汽发生器水相的碘浓度成比例关系;汽轮机厂房通风系统向环境的放射性释放主要源于二回路的泄漏。

②二回路系统液态排放

二回路系统液态放射性流出物的释放主要通过泄漏释放和蒸汽发生器的排污产生。

2. 核事故应急情况下的释放途径

在事故情况下,如冷却剂系统压力大幅升高导致泄漏,放射性气溶胶更容易释放到环境中,并且可能会随着大气扩散,对周边地区的空气、土壤等造成污染。

放射性流出物一般全部通过正常途径释放到环境中,即气载流出物通过烟囱监测排放,液态流出物通过槽式排放。至于应急排放,只是流出物放射性超过《核动力厂环境辐射防护规定》(GB 6249—2011)限值,属于限制性排放的范畴,但排放途径没有变化。

第四节　核电厂的辐射监测

核电厂的辐射监测是核电安全稳定运行的重要监督措施,旨在确保核设施的运行不会对周围环境和公共健康造成不良影响;及时发现和评估核电厂对环境的潜在影响,保障环境安全和公共健康。同时,监测结果也为核电厂的环境管理和决策提供了重要的数据支持。

一、国外的辐射环境监测

1. 国际原子能机构核电厂环境监测要求

国际原子能机构为确保全球核电厂的运行符合国际辐射安全标准,避免放射性物质对环境和公众健康的危害,提供了一套国际统一的监测和评估标准,帮助各成员国识别和评估潜在的辐射风险,促进全球放射性核素监测数据的共享,提升核电厂的安全管理和环境监测水平。

(1)空气监测

监测大气中的放射性核素,以确保核电厂排放的放射性物质不会扩散至周边社区。主要通过使用高灵敏度的空气采样仪器在核电厂的周边定期采集空气样本,分析其放射性水平。其主要放射性核素有碘-131、氚、碳-14、铯-137、铯-134、氪和氙等。

(2)水体监测

监测核电厂周边地表水、地下水和饮用水中的放射性水平,以确保不影响水资源的安全。主要在核电厂周围的河流、湖泊等水体中采集样本,分析其放射性水平,特别关注饮用水源地的辐射水平。其主要放射性核素有氚、碘-131、铯-137 和锶-90 等。

(3)土壤监测

监测核素在土壤中的沉积和分布情况,以评估其对植物生长、生态系统和地下水的潜在影响。在核电厂周边的土壤中定期采集样本,分析其放射性水平,了解土壤中核素的积累情况。其主要放射性核素有铯-137、铯-134、锶-90、钴-60 等。

(4)生物监测

评估放射性核素在动植物体中的积累情况,以防止核素通过食物链进入人体。采集周围的农作物、鱼类、乳制品等样本,分析其放射性水平,监测核素在生物体内的富集情况。其主要放射性核素有碘-131、铯-137、锶-90、碳-14 等。

2. 美国的辐射环境监测体系

美国环境保护署是美国辐射环境的主要负责机构。与辐射环境监测相关的主要职能部门是空气和辐射办公室(OAR),OAR 由辐射防护部、室内环境部、项目管理办公室及国家辐射环境分析实验室和辐射与室内空气环境国家实验室组成。国家辐射环境分析实验室主要职责是:开发和应用最先进的辐射环境监测方法与公众风险评估方法;管理和运行美国辐射监测网(RadNet)。辐射与室内空气环境国家实验室的主要职责是:通过环境测量、应用技术和教育,使辐射和空气污染最小化,达到保护环境和公众的目的;为环境保护署总部、各州分部、各联邦机构等其他政府或私营机构在辐射和室内空气环境项目上提供技术支持。

除上述机构以外,美国环境保护署把美国分成 10 个区域,并在每个区域都设立了一个区域分局办事处,对区域内的环境保护相关事宜(含辐射环境监测)进行管理。此外,美国能源部(DOE)具有为美国军方开发、建设和测试核武器,管理在核武器制造和科研过程中产生的低放或高放废物,建造和管理用于储存商用反应堆废物的储存设施的职责,因此,DOE 建立了自己的辐射监测网。辐射监测网有两种运行模式,即常规模式和应急模式。在常规模式下,辐射监测网按照预先制定的计划采集和分析样品,分析结果用于掌握辐射环境本底水平和变化趋势。在应急模式下,采样频率会加快,分析结果用于评估事件对环境和公众健康造成的短期和长期影响。辐射监测网监测的主要介质有空气(连续监测)、气溶胶、降水、饮用水和牛奶。

美国核电厂环境监测遵循美国核管理委员会(NRC)发布的《环境保护局关于核电厂排放的清洁空气与水标准》《美国核管理委员会核电厂环境监测指南》(*NRC Environmental Monitoring Guidelines*)。其核电厂环境监测的主要核素包括氚、碳-14、碘-131、碘-129、铯-137、铯-134、锶-90、钴-60、氪-85、铀同位素、钚同位素等。

3. 法国的辐射环境监测体系

法国核安全局(ASN)负责监管与放射性物质相关的所有活动,代表法国政府对境内的核与辐射环境安全进行监管,旨在保护与涉核活动相关的工作人员、病人、公众和环境。法国核安全与辐射防护研究院(IRSN)是法国核安全局下属单位,其主要工作包括监测辐射环境水平、监测公众和职业人员受到的辐射照射水平、研发新的辐射测量系统和设备及开展放射性生态学研究、长期辐射暴露效应研究,以及辐射诱发的病变治疗等。

法国建立了覆盖全面的辐射环境监测网络(RNM),RNM(于 2010 年 2 月正式上线)在法国核安全局的支持下建立,委托法国核安全与辐射防护研究院负责管理。涉及的相关机构与组织有环境部、消费者事务部、健康部、国防部、农业部、健康和安全局、主要的核电运营商,以及环境和消费者保护协会。各个机构和组织根据各自所属的领域开展相关的辐射环境监测工作,最终数据报送至法国核安全与辐射防护研究院,由其统一向公众发布。法国的 RNM 的监测介质主要有陆地(土壤、蔬菜作物、畜产品)、空气(雨水)、陆地水体及生物(淡水、沉积物、水生植物、鱼类)和海洋水体及生物(海水、沉积物、藻类、软体动物、甲壳纲动物、鱼类)。

法国核电厂环境监测遵循法国核安全局和法国辐射防护与核安全研究所的监测规范《法国核设施环境监测技术指南》。其核电厂环境监测的主要核素包括氚、碳-14、碘-131、碘-129、铯-137、铯-134、锶-90、钴-60、氪-85、铀同位素、钚同位素等。

4. 德国的辐射环境监测体系

德国建立了针对德国全境的辐射环境进行日常监测的综合测量与信息系统(IMIS)和政府部门,针对核设施进行监督性监测的核设施监测系统。IMIS 的监测任务由联邦机构和州机构共同完成:联邦机构负责对空气、沉降物、土壤、水和沉积物的监测;州机构负责监测可能进入食物链的介质,包括食品、动物饲料、肥料和日用品等。参与 IMIS 监测的联邦机构有德国气象局(DWD),联邦辐射防护办公室(BfS),联邦水文局(BfG),联邦海事和水文地质办公室(BSH),联邦水产业研究所(BfF),联邦环境、自然保护和核安全部(BMU),以及大气研究所(IAR)。

德国建立了核设施监测系统,包括核电厂在线监测系统(KFU)和核电厂周围地区采样和测量体系(REI)。在线监测系统采用分区布点法,即以反应堆为中心划分 12 个扇形区,并以 2 km、10 km、25 km 为半径划分 3 个环形区间,共构成 36 个扇形区间。远程在线监测系统由联邦环境、自然保护和核安全部总体负责,测量项目包括惰性气体、气溶胶,以及空气中的碘、气象监测等。在线监测系统的监测与核电运营单位的监测互不重叠。采样和测量体系包括 γ 和中子(特殊要求下)剂量率,以及空气、降雨、土壤、蔬菜、地下水、地表水、沉积物、饮用水、食物和动物饲料的采样测量。

欧洲原子能共同体核电厂环境监测遵循《国际辐射防护和辐射源安全基本安全标准》,共同体共享成员国的统一环境监测框架和数据。其核电厂环境监测的主要核素包括氚、碳-14、碘-131、碘-129、铯-137、铯-134、锶-90、钴-60、氪-85、铀同位素、钚同位素等。

5. 英国的辐射环境监测体系

英国建立了比较完善的辐射环境监测体系,包括总督导委员会(环境健康署及大学成员),大学放射性监测组(科研人员),技术建议组(样本协议),地方负责机构(环境健康署),地方机构(γ 剂量率监测)及监测点选择(取样、初步准备)、放射化学分析、质量保证、数据校对和生成报告等部门。

英国地方政府辐射环境监测联盟主要有北爱尔兰辐射环境监测组织、南英格兰辐射环境监测组织、兰加郡放射性监测组织、西苏格兰辐射环境监测组织等。地方政府的辐射监测形成了覆盖全英国的地方辐射监测网(LARNET),并最终为英国最高层次的辐射事故监测网(RIMNET)提供数据支持。此外,英国的核电厂营运单位也建立了辐射环境实验室,配备了各种监测仪器,负责核电厂周围 15~40 km 内的辐射环境监测,在核事故应急时为 RIMNET 补充数据。英国的辐射监测网络采取的也是实时连续监测和实验室采样分析相结合的方式。对于陆地环境,通过介质取样和 γ 谱分析进行监测,样品主要有天然草、土壤和淡水沉积物、淡水鱼、牛奶、室外放养的鸡、块根植物、水果、蔬菜、猪肉、水体等。对于海洋环境,通过介质取样和 γ 谱分析进行监测,样品主要有鱼类、海藻、海底沉积物、贝类动物等。

6. 日本的辐射环境监测体系

日本的辐射环境监测涉及很多部门和机构:原子力规制委员会负责辐射环境监测计划的制定、实施,测量结果的汇总、分析、评价及发布;负责辐射监测分工的调整,向相关府省提供科学建议和技术支持;对相关府省的测量结果进行收集、分析、评价及发布。原子能灾害对策本部在相关府省的帮助下,制定、调整和实施东电福岛第一核电站周边地区监测计划,并对其测量结果进行分析和评价;对福岛县监测机构进行支援。相关府省根据行政目的,执行和实施监测计划,并对测定结果进行分析、评价、汇总和发布,以及对其他机构支援。地方公共团体等与国家部门及核行业合作,开展地域内的监测,并与国家部门及核行业一起对测量结果进行分析、评价、汇总和发布。核行业在国家部门进行汇总的基础上,与地方公共团体一起实施监测,并与国家部门及核行业一起对测量结果进行分析、评价、汇总和发布。

日本的辐射环境监测主要包括四个方面内容:一是离岛环境放射性水平调查(共 10 处),由环境省统筹管理,具体由水和大气环境局大气环境科负责在线系统中空气吸收剂量率与气溶胶总 α、总 β 的连续测量。在线监测系统周围环境介质中的放射性核素分析则委托给日本分析中心进行,包括气溶胶、沉降物、土壤和地表水中 γ 能谱分析及锶-90 和铯-137 分析。二是全国放射性水平调查,由原子力规制委员会负责日本全国放射性水平调查工作,并委托给各自治体及日本分析中心。全国放射性水平调查包括 297 处在线监测系统的测量和维护(实时),48 处沉降物的分析测量(1 次/月)和 47 处自来水的分析测量(1 次/3 月),其中沉降物和自来水的监测项目包括碘-131、铯-134、铯-137 和锶-90。三是核设施周边辐射环境监测,包括 16 处核设施所在道府县和 8 处邻接的道府县,其放射性水平监测由原子力规制委员会委托该 24 处自治体进行。核设施周边辐射环境监测包括 400 处在线监测系统及 24 处自治体内各种环境介质(如气溶胶、地表水、牛奶、土壤、农产品、指示生物、沉降灰、降水、海水、底泥、海产品中总 β、氚、锶-90、碘-131、钚及 γ 核素分析)。四是东日本大地震受灾地区辐射环境调查,由环境省负责,具体由福岛及邻县的辐射监测机构实施,包括约 580 处空气吸收剂量率监测、公共水域(河水、湖沼、水源地、沿岸)中放射性物质监测及 379 处地下水中放射性物质监测,监测项目包括碘-131、铯-134、铯-137、锶-89 和锶-90。

日本核电厂环境监测遵循《日本原子力规制委员会核电厂环境监测标准》和《日本核电厂事故应对和环境监测要求》。其核电厂环境监测的主要核素包括:氚、碳-14、碘-131、碘-129、铯-137、铯-134、锶-90、钴-60、铀同位素、钚同位素等,在某些情况下还会监测氪-85。

二、我国运行核电厂的辐射环境监测

营运单位应在核电厂厂址首台机组运行前制定辐射环境监测大纲。辐射环境监测大纲应根据环境监测的经验反馈和技术进步、厂址机组数量和周围环境条件变化,及时调整和定期优化。

1. 辐射环境监测的管理现状

我国环境监测实行双规制,即环境保护主管部门依法设立的环境监测机构根据国家有关法规标准开展环境监测,属于政府行为;辐射源(设施)营运单位根据国家有关法规标准和自身需要也开展环境监测。

《中华人民共和国环境保护法》第十七条明确:"国家建立、健全环境监测制度。国务院环境保护主管部门制定监测规范,会同有关部门组织监测网络,统一规划国家环境质量监测站(点)的设置,建立监测数据共享机制,加强对环境监测的管理。"

《中华人民共和国放射性污染防治法》与《中华人民共和国核安全法》中均明确:"核设施营运单位应当对核设施周围环境中所含的放射性核素的种类、浓度,以及核设施流出物中的放射性核素总量实施监测,并定期向国务院环境保护主管部门和所在地省、自治区、直辖市人民政府环境保护主管部门报告监测结果。"

从环境监测的执行主体来讲,营运单位辐射环境监测的主要目的为:检验和评价营运设施对放射性物质包容的安全性和流出物排放控制的有效性,反馈有利于优化或改进"三废"排放和辐射防护设施的信息;测定环境介质中放射性核素浓度或照射量率的变化,检验排放对环境影响程度是否控制在目标值内,评价公众受到的实际及潜在照射剂量,或估计可能的剂量上限值,证明设施对环境的影响符合国家标准,对公众是安全的;出现事故排放时,保持能快速估计环境污染状态的能力,为厂内应急决策提供依据,为厂外应急决策提供参考;为监管部门和公众提供信息。

我国在《电离辐射防护与辐射源安全基本标准》(GB 18871—2002)中明确了监测的要求,主要是对于公众照射的限定。

《核动力厂环境辐射防护规定》(GB 6249—2011)在辐射环境监测中给出了核动力厂运行前的环境调查,运行期间的常规环境辐射监测,以及事故环境应急监测的要求。

此外,《辐射环境监测技术规范》(HJ 61—2021)给出了辐射源环境监测的主要技术要求,核电厂的辐射环境监测应遵循该标准开展。

2. 运行期间辐射环境监测

根据《辐射环境监测技术规范》(HJ 61—2021),核电厂常规运行情况下主要的辐射环境监测内容一般包括:环境 γ 辐射水平和与核电厂放射性排放有关的主要放射性核素的活度浓度。主要的监测方式包括在线监测和采样检测。运行期间辐射环境监测的环境介质、监测内容原则上与运行前本底/现状调查相同。

环境 γ 辐射水平的监测范围一般为厂区半径 20 km 内区域,其余项目监测范围为半径 5~10 km 内区域。核电厂运行期间的环境监测范围、点位、项目和频次在运行前环境辐射水平调查的基础上确定,在取得足够的运行经验和环境监测数据后,通常在 5 a 后,可适当调整监测范围、项目和频次。

(1)γ 辐射水平监测

①γ 辐射空气吸收剂量率(连续)监测

以核电厂反应堆为中心,在核电厂周围 16 个方位陆地(岛屿)上布设自动监测站(含前沿站),每个方位考虑布设 1 个自动监测站,滨海核电厂靠海一侧可根据监管需要设立自动监测站。在核电厂各反应堆气态排放口主导风下风向、次下风向和居民密集区应适当增加自动监测站。原则上，除对照点外，自动监测站应建在核电厂烟羽应急计划区范围内。自动监测站建设要考虑事故、灾害的影响。

每个自动监测站应按指定时间间隔记录，一般每 30 s 或 1 min 记录 1 次 γ 辐射空气吸收剂量率数据，实行全天 24 h 连续监测，报送 5 min 均值或小时均值。部分关键站点可设置能甄别核素的固定式能谱探测系统，对周围环境进行实时的 γ 能谱数据采集，并将能谱数据传送回数据处理中心。

②γ 辐射累积剂量监测

在厂区边界外，以反应堆为中心的，8 个方位半径为 2 km、5 km、10 km、20 km 的圆所形成的各扇形区域内陆地（岛屿）上布点测量。

（2）空气辐射水平监测

①气溶胶、沉降物监测

原则上在厂区边界处、厂外烟羽最大浓度落点处、半径 10 km 内的居民区或敏感区设 3~5 个采样点，点位设置与该方位角的 γ 辐射空气吸收剂量率连续监测点位一致，与 γ 辐射空气吸收剂量率连续监测自动站共站选择其中一个点（优先考虑厂外烟羽最大浓度落点处或关键居民点）进行空气气溶胶 24 h 连续采样，至少每周测量一次总 β 活度浓度或/和 γ 能谱，向监测机构传输一次数据。当总 β 活度浓度大于该站点周平均值的 10 倍或 γ 能谱中发现人工放射性核素异常升高，则将滤膜样品取回实验室进行 γ 能谱等分析。

应设置对照点 1~2 个。气溶胶采样每月一次，采样体积应不低于 10 000 m^3。沉降物累积每季度收集 1 次样品。样品蒸干保存，气溶胶、沉降物年度混合样分析 ^{90}Sr。

②空气中 ^{3}H（HTO）、^{14}C 和 ^{131}I 监测

采样点设置同气溶胶、沉降物，点位数可适当减少。^{3}H（HTO）应开展连续采样，每月分析累积样品，根据历史监测数据，可选择其中 1~2 个采样点，每周分析一个累积样品或开展在线监测。^{14}C 的采样体积一般应大于 3 m^3，^{131}I 累积采样体积应大于 100 m^3。设置 1 个对照点位。

③降水监测

原则上在厂区边界处、厂外烟羽最大浓度落点处、半径 10 km 内的居民区或敏感区设 3~5 个采样点，对照点设 1 个。

（3）表层土壤辐射水平监测

在以核电厂反应堆为中心 10 km 范围内采集陆地表层土。应考虑没有水土流失的陆地原野土壤表面土样，以了解当地大气沉降导致的人工放射性核素的分布情况；也应在农作物采样点采集表层土壤。

（4）陆地水辐射水平监测

①地表水监测

选取预计受影响的地表水采样点 5~10 个（地表水稀少的地区，可根据实际情况确定），对照点设在不可能受到核电厂所释放放射性物质影响的水源处。对于内陆厂址受纳水体，则在取水口、总排水口、总排水口下游 1 km 处、排放口下游混合均匀处断面各选取一个点位。

②地下水、饮用水监测

考虑在可能受影响的地下水源和饮用水源处采样，内陆厂址适当增加采样点位。可利用厂内监测井，根据实际情况也可设置厂外环境监测井。

(5)地表水沉积物辐射水平监测

监测江、河、湖及水库沉积物中的放射性核素含量，对核电厂运行后气载或液态流出物可能影响到的地表水体进行采样，根据当地的地理环境决定采样点数，尽可能包括 10 km 范围内的所有地表水体。

(6)陆生生物辐射水平监测

监测 10 km 范围内的粮食、蔬菜水果、牛(羊)奶、禽畜产品、牧草等中的放射性核素含量。

①牛(羊)奶监测

根据环境资料确定是否开展监测。在半径 20 km 范围内寻找奶牛(羊)牧场，并确认牧场所饲牲畜以当地饲料为主。

②植物监测

原则上采集关键人群组食用主要农作物，如谷类 1~2 种，蔬菜类 2~4 种，水果类 1~2 种。如有牧场，还需要采集牧草。

③动物监测

采集关键人群组食用的当地禽、畜 1~2 种。

(7)陆地水生物辐射水平监测

监测陆地水养殖产品鱼类(注意不可采集以饵料喂养为主的水产品)、藻类和其他水生生物中的放射性核素含量。

(8)海水辐射水平监测

监测排污口附近沿海海域海水中放射性核素，对照点设在 50 km 外海域。

(9)海洋沉积物辐射水平监测

采样点选取与海水采样点选取相同。

(10)海洋生物辐射水平监测

主要监测鱼类、藻类、软体类，以及甲壳类海洋生物的放射性核素含量，采样点一般应包括核电厂附近野生类或当地渔民的养殖场或放养场(注意不可采集以饵料喂养为主的海产品)。每类生物采样点不少于 3 个。

(11)利用指示生物进行辐射水平监测

选择能够高水平或快速富集(富集时间短于采样周期)环境中的放射性物质的生物，通过测量可以容易了解环境中放射性核素浓度的时间性和空间性变化。陆地上的松叶、杉叶、艾蒿、苔藓、菌菇等富集铯同位素，海洋中的藻类、软体类、甲壳类富集 ^{60}Co、^{58}Co、^{54}Mn、^{99}Tc 等核素，鱼骨和贝类富集锶和钚同位素等。

3. 运行期间流出物监测

核电厂营运单位应编制流出物监测大纲(或方案),对核电厂流出物放射性情况实施自行监测,并根据历史监测结果变化情况,每 5 年修订 1 次监测大纲(或方案)。

流出物监测内容包括在线监测和实验室分析,流出物监测核素种类原则上不少于核电厂可能排放的核素,应包括生态环境部批准的环境影响评价文件及其他许可证文件中规定的所有核素。在流出物监测、环境监测和其他研究性监测过程中发现的可能为核电厂产生的人工核素,应及时列入监测清单。监测内容不得随意简化,经长时间(一般不少于 5 a)监测数据积累并充分论证后方可进行优化。

因监测技术等原因使得探测下限偏高而没有被监测到的核素,应通过严格论证以正确估算其排放浓度。对流出物产生量占核电厂总排放量很大份额的系统,应当专门开展监测。

核电厂营运单位应当对气载流出物总排放口开展监测,其中在线监测内容应包括惰性气体、气态碘、气溶胶总 β(或总 γ)等,在线监测系统应设置合理阈值。烟囱、取样管中的气体流量、温度、湿度应连续测量,以确定流出物排放的标况体积。实验室分析样品应连续累积采样或批次采样。应尽量采取连续累积采样,批次采样应保证样品的代表性。样品应及时送实验室测量。

每批次液态流出物排放前,应取样并分析废液中放射性核素组成及其活度浓度,监测项目应包括监测方案确定的所有放射性核素。任何液态流出物排放过程中均应进行连续总 γ(或总 β)监测,并实时记录排放流量。若监测结果超过预定阈值应立即停止排放。

核电厂营运单位应根据排放核素来源、浓度及排放计划等,编制采样方案。采样方案应包括采样方法、采样频次、采样时间及采样点位等。开展流出物监测前,核电厂营运单位应对采样方法进行充分论证或实验验证,保证流出物监测结果与核电厂实际排放具有一致性。采样量应满足监测方法、探测下限及质量保证的技术要求。根据流出物所含核素种类及排放的速率变化,确定合适的采样频次。当出现计划外释放时,应增加采样频次。

对气载流出物样品,应当采用连续或比例采样。对液态流出物样品,应混合均匀后采样。气载流出物应匀速采样,最大限度地减少样品在取样管路弯头中的沉积及传送过程中的损失。烟囱中的采样位置、采样管嘴、采样管路及采样管材设计等应符合相关技术要求,样品的采集效率须经过严格校准。

核电厂营运单位应对每批次液态流出物采集等分样,等分样应标注核电厂营运单位自行监测对应的样品编号。液态流出物等分样与气载流出物样品应留存,用于监督性监测抽查。样品成分应包含流出物中全部的放射性核素,禁止进行附加稀释剂、浓集或其他可能影响监测结果的预处理。

核电厂气载和液态流出物放射性自行监测采样与监测项目分别如表表 1.4-1 和表 1.4-2 所示。

表 1.4-1　核电厂气载流出物放射性自行监测采样与监测项目

监测介质	采样频次	分析频次	分析核素	探测下限/(Bq/m^3)
废气贮存箱	每批抓样	每批	惰性气体至少包括^{41}Ar、^{85}Kr、^{131m}Xe、^{133}Xe、^{133m}Xe、^{135}Xe(γ 能谱分析) 粒子($T_{1/2}>8$ d)至少包括^{51}Cr、^{54}Mn、^{58}Co、^{59}Fe、^{60}Co、^{65}Zn、^{106}Ru、^{110m}Ag、^{124}Sb、^{125}Sb、^{134}Cs、^{137}Cs(γ 能谱分析) ^{131}I、^{133}I(γ 能谱分析)	10^4(^{85}Kr) 10^3(^{133}Xe) 2×10^{-2}(^{137}Cs) 2×10^{-2}(^{131}I)
扫气	每批抓样	每批		
烟囱	每月 4 次	每次	^{3}H	10^2
			^{14}C	10
			粒子($T_{1/2}>8$ d)至少包括^{51}Cr、^{54}Mn、^{58}Co、^{59}Fe、^{60}Co、^{65}Zn、^{106}Ru、^{110m}Ag、^{124}Sb、^{125}Sb、^{134}Cs、^{137}Cs(γ 能谱分析)	2×10^{-2}(^{137}Cs)
			^{131}I、^{133}I(γ 能谱分析)	2×10^{-3}(^{131}I)
			惰性气体至少包括^{41}Ar、^{131m}Xe、^{133}Xe、^{133m}Xe、^{135}Xe(γ 能谱分析)	10^3(^{133}Xe)
			^{85}Kr(液闪或其他方法)	10^2(^{85}Kr)
	连续	连续	粒子($T_{1/2}>8$ d)(总 β)	1
	连续	连续	卤素(至少包括^{131}I)(γ 能谱分析)	10
	连续	连续	惰性气体	4×10^3
	连续	连续	^{90}Sr(颗粒物混合样)	2×10^{-1}

注:1. 监测项目以压水堆核电厂为参考,对于其他堆型核电厂,流出物放射性自行监测采样与监测项目,应根据流出物源项特点进行调整;

2. 采样频次按堆次执行;

3. 因不同的探测效率、发射率,γ 能谱分析探测下限不同,表中给出的^{137}Cs等探测下限为代表值,下同。

表 1.4-2 核电厂液态流出物放射性自行监测采样与监测项目

监测介质	采样频次	分析频次	分析核素	探测下限/(Bq/m^3)
核岛废液	每批	每批	^{3}H	10^4
	每批	每批	^{14}C	5×10^4
	每批	每批	至少包括^{51}Cr、^{54}Mn、^{58}Co、^{59}Fe、^{60}Co、^{65}Zn、^{106}Ru、^{110m}Ag、^{124}Sb、^{125}Sb、^{131}I、^{133}I、^{134}Cs、^{137}Cs（γ 能谱分析）	10^3(^{137}Cs)
	每批	季度混合样	^{55}Fe ^{63}Ni ^{90}Sr	10^3 10^3 10^2
	每批	每批	总 β(或总 γ)	10^3 10^3(^{137}Cs)
其他排放	每批	每批	^{3}H	10^4
	每批	每批	总 β(或总 γ)	10^3 10^3(^{137}Cs)
	每批	季度混合样	至少包括^{51}Cr、^{54}Mn、^{58}Co、^{59}Fe、^{60}Co、^{65}Zn、^{106}Ru、^{110m}Ag、^{124}Sb、^{125}Sb、^{131}I、^{133}I、^{134}Cs、^{137}Cs（γ 能谱分析）	10^3(^{137}Cs)
	每批	季度混合样	^{14}C ^{55}Fe ^{63}Ni ^{89}Sr、^{90}Sr	5×10^4 10^3 10^3 10^2

三、应急情况下的辐射监测

1. 厂房应急状态的监测

应急监测人员应做好应急待命，确保各类应急监测装备及辅助设备、物资随时可用。密切关注核动力厂周围固定式自动站的环境监测数据。根据事故情况，密切关注流出物在线监测数据，如有流出物向环境排放，应开展流出物排放的采样和测量。

2. 厂区应急状态的监测

(1)30 km 范围内固定式自动站转入应急运行状态，每分钟获取一个 γ 辐射水平值。

(2)10 km 范围内开始车载巡测，进行大气采样分析，如有必要参照表 1.4-3 和表 1.4-4 开展监测，并做好在更大范围内开展监测的准备。

表 1.4-3　早期阶段监测方案

监测对象	分析项目/核素	分析或采样频次
环境 γ 辐射水平(早期阶段监测的重点)	周围剂量当量	连续定点监测或每天一次
大气	γ 能谱(^{131}I、^{137}Cs、^{134}Cs、惰性气体等)，其他①	连续采样、每天换样分析
沉降物	γ 能谱(^{131}I、^{137}Cs、^{134}Cs 等)	采集每次沉降(湿沉降)
土壤活度浓度或表面沉积密度	γ 能谱(^{131}I、^{137}Cs、^{134}Cs 等)	每天采集一次，必要时分析
饮用水源	γ 能谱(^{131}I、^{137}Cs、^{134}Cs 等)，其他①	中型以上集中式地表供水工程每天采集和分析一次，小型集中式地表供水工程根据情况确定监测频次
表层水、陆生生物	γ 能谱(^{131}I、^{137}Cs、^{134}Cs、惰性气体等)，其他①	每天到每周采集，必要时分析
鱼、沉积物、水生生物	γ 能谱(^{131}I、^{137}Cs、^{134}Cs 等)	每天到每周采集，必要时分析
排放口海水	γ 能谱(^{131}I、^{137}Cs、^{134}Cs 等)，总 α，总 β	每天采集和分析一次

注：①重水堆核电厂增加^{3}H、^{14}C 的采集和分析。

表 1.4-4　中期阶段监测方案

监测对象	分析项目/核素	分析或采样频次
环境 γ 辐射水平(早期阶段监测的重点)	周围剂量当量	连续定点监测或每天一次
大气	γ 能谱(^{131}I、^{137}Cs、^{134}C 等)，^{90}Sr、钚同位素，其他①	连续采样，每天换样分析

表 1.4-4(续)

监测对象	分析项目/核素	分析或采样频次
沉降物	γ 能谱(^{131}I、^{137}Cs、^{134}Cs 等)	采集每次沉降,分析每月混合样
土壤活度浓度 或表面沉积密度	γ 能谱(^{131}I、^{137}Cs、^{134}C 等),^{90}Sr、钚同位素	每天采集一次,必要时分析
饮用水源	γ 能谱(^{131}I、^{137}Cs、^{134}C 等),^{90}Sr、钚同位素,其他①	每周或每月采样分析
鱼、沉积物、水生生物	γ 能谱(^{131}I、^{137}Cs、^{134}C 等),^{90}Sr	每天到每周采样分析
海水、海底泥、代表性海洋生物	γ 能谱(^{131}I、^{137}Cs、^{134}C 等),^{90}Sr	每周或每月采样分析
指示生物	γ 能谱(^{131}I、^{137}Cs、^{134}C 等),^{90}Sr,其他①	每天到每周采样分析,取决于实际情况

注:①重水堆核电厂增加^{3}H、^{14}C 的采集和分析。

3. 厂外应急状态的监测

(1)继续实施厂区应急状态的监测,根据布点原则和释放情况确定监测范围,并根据需要布设投放式自动装置。

(2)根据不同阶段的监测方案开展应急监测工作。

(3)应急监测实施过程中,应做好应急监测人员的防护。

4. 应急状态下的监测内容

(1)监测方案

①早期阶段监测方案

a. 优先采用 γ 辐射连续自动测量方式,固定式自动站无法满足要求时,布设投放式自动装置,或采用车载或航空巡测方式,优先推荐航空巡测;

b. 采取 OIL1(操作干预水平 1)对应防护行动的区域至少设一个自动站点,考虑备选测量点并设置优先顺序;

c. 早期关注大气放射性水平;

d. 必要时取样分析沉降物、土壤和生物等。

②中期阶段监测方案

中期阶段监测从早期阶段监测结束至应急响应行动终止,监测方案见表 1.4-5。

③后期阶段监测方案

后期阶段辐射环境监测方案见表 1.4-5,对需进行环境恢复地区的监测,按照环境恢复相关要求制定监测方案。

(2)应急状态下的监测内容

①环境 γ 辐射水平

a. 早期阶段监测应重点关注环境 γ 辐射水平,尽可能快速获得监测数据。

b. 环境 γ 辐射水平的测量可采用固定式自动站、投放式自动装置、车载巡测和航空巡测的方式。固定式自动站、投放式自动装置应具备 7 d 以上环境 γ 辐射水平连续监测的自供电能力。

表 1.4-5 后期阶段监测方案

监测对象	分析项目/核素	点位	分析或采样频次
环境 γ 辐射水平（早期阶段监测的重点）	周围剂量当量	按常规监测要求	恢复到常规监测
大气	γ 能谱（^{137}Cs、^{134}C 等），^{90}Sr、钚，其他①	按常规监测要求	恢复到常规监测
土壤活度浓度或表面沉积密度	γ 能谱（^{137}Cs、^{134}C 等），^{90}Sr、钚同位素	按常规监测要求	恢复到常规监测
沉降物	γ 能谱（^{137}Cs、^{134}Cs 等）	按常规监测要求	恢复到常规监测
饮用水源	γ 能谱（^{137}Cs、^{134}C 等），^{90}Sr、钚同位素，其他①	按常规监测要求	恢复到常规监测
鱼、沉积物、水生生物	γ 能谱（^{137}Cs、^{134}C 等），^{90}Sr	按常规监测要求	恢复到常规监测
海水、海底泥、代表性海洋生物	γ 能谱（^{137}Cs、^{134}C 等），^{90}Sr	按常规监测要求	恢复到常规监测
指示生物	γ 能谱（^{137}Cs、^{134}C 等），^{90}Sr，其他①	按常规监测要求	恢复到常规监测

注：①重水堆核电厂增加^{3}H、^{14}C 的采集和分析。

c. 应急监测中的地表 γ 辐射测量，没有特别要求时（如针对幼儿的外照射评价），监测对象为探测器中心离地表 1 m 处的周围剂量当量率[$H^*(10)$]，如测量高度不等于 1 m 时，应将监测结果修正到 1 m 处的值，并在监测报告中注明实际测量高度。

d. 不同监测阶段的环境 γ 辐射水平测量设备应具备合适的灵敏度和量程，用于早期阶段监测的 γ 辐射测量仪量程应高于 100 mSv/h。

e. 对于早期阶段监测 30 km 范围内的环境 γ 辐射水平测量结果，应结合核事故后果预测评价，显示一段时间的积分剂量或者某个时间的周围剂量当量率分布。对于其他阶段及范围的测量结果，也应尽量提供剂量或周围剂量当量率分布图。

②大气

a. 应急监测各阶段，采用固定点和移动点两种方式采集气溶胶和气态碘，固定点采样利用固定式自动站进行，移动点采样利用车载、船载采样系统进行，必要时采用航空巡测手段。

b. 测量的核素主要是事故释放的^{137}Cs、^{134}Cs 和^{131}I 等裂变产物。测量方法采用在线测量和实验室（或者移动实验室）分析两种方法，利用 γ 能谱确定样品活度。在早期阶段监测中，应同时关注短寿命核素。采样量和测量时间要根据现场实际情况，满足时效性要求。

c. 必要时应利用监督性监测系统现场谱仪监测系统对惰性气体进行定性识别，并在下风向大气采样点用低流量活性炭吸附采集或用气瓶直接收集空气，利用 γ 能谱确定样品活度,测量的核素主要是^{133}Xe。

③土壤及沉降物

a. 在早期阶段监测中,首先对超过 OIL2(操作干预水平 2)的测量点周围的土壤及沉降物进行迅速采样,其次对大气监测点周围土壤及沉降物进行采样,必要时进行核素分析。其他备选采样分析点应根据地理位置(可到达)、社会状况设定。

b. 在早期阶段监测中,土壤样品采集对象为表层土壤,在中后期阶段监测中,土壤样品采集对象应根据工作目标确定。

c. 应急监测各阶段,对土壤及沉降物放射性,除采用实验室(或者移动实验室)γ 能谱分析以外,也可以采用高纯锗就地 γ 能谱的方法实施测量。

④饮用水源

应急监测各阶段,为掌握饮用水受污染的情况,在确认放射性物质释放后,应迅速在 80 km 范围内所有湖库类集中式供水水源地及江河类中型以上集中式供水水源地进行采样。重要水体至少每天采样,条件允许时可考虑布设水体放射性自动监测系统。按照周围剂量当量率高低设置采集优先次序。

⑤ 陆生生物

在应急监测各阶段,对周围剂量当量率超过 1 μSv/h 地区的陆生生物进行放射性核素分析。

⑥海洋

a. 应急监测各阶段,对海水样品测量的核素主要是事故释放的^{137}Cs、^{134}Cs 和^{131}I 等裂变产物。

b. 对于海底泥样品,测量的核素主要是事故释放的^{137}Cs、^{134}Cs 和^{131}I 等裂变产物。

c. 对于核动力厂排放口海水,至少每天采样,进行总 α、总 β 和 γ 能谱分析,在早期应尽量获得实时监测数据。条件允许时可考虑布设水体放射性自动监测系统。

d. 对于代表性海洋生物样品,测量的核素主要是事故释放的^{137}Cs、^{134}Cs 和^{131}I 等裂变产物。

e. 对污染区域的定性界定,可采用船载巡测或航空巡测手段进行辐射水平测量。

⑦其他测量

a. 根据实际情况开展河底泥、湖底泥和潮间带土等其他环境样品的测量。

b. 对于后期的专题调查,应按照专题调查相关要求,遵循辐射防护的原则开展监测。

第二章　核电厂辐射环境及流出物在线辐射监测

在线监测技术能够提供实时或连续的辐射监测数据，帮助我们了解核电厂液态和气载流出物以及环境中放射性核素的变化趋势。这种监测对于判断辐射水平的变化趋势至关重要，同时也确保核电厂的排放能够满足国家相关法规标准要求。根据《辐射环境监测技术规范》(HJ 61—2021)，核电厂的在线监测通常包括：辐射环境在线监测(空气吸收剂量率的连续监测、^{3}H)、气态放射性流出物监测(惰性气体、总 γ 或总 β、碘同位素)、液态放射性流出物监测(一般采用槽式排放监测总 γ 或总 β)。

随着技术的进步，现代在线监测系统已经能够实现对多种放射性核素的同时监测，包括^{3}H、^{14}C、^{137}Cs 等关键核素。这些监测数据对于评估核电厂的运行状况、预测潜在的环境风险、制定应急响应措施等都具有重要意义。

第一节　核电厂辐射环境在线监测

根据《辐射环境监测技术规范》(HJ 61—2021)要求：环境 γ 辐射水平的监测范围一般为厂区半径 20 km，选择 16 个方位，每个方位考虑布设 1 个自动监测站；其余项目监测范围为半径 5~10 km；对照点[一般选择大于 50 km，受被监测辐射源(或伴有辐射活动)的环境影响可以忽略，可长期保持原有环境特征的监测点]的在线监测。

环境 γ 辐射剂量率测量是辐射环境监测工作的组成部分，其主要目的为：为估算辐射源在环境中产生的辐射对关键人群组或公众成员所致外照射剂量提供资料；为验证辐射源的辐射或流出物释放是否符合法规标准和管理限值的要求提供资料；监视辐射源的状况，为异常或意外情况提供告警；获得环境辐射天然本底水平和由人为活动所引起环境辐射水平变化的资料；为核与辐射应急响应决策提供辐射水平信息。

一、γ 辐射空气吸收剂量率监测

环境 γ 辐射的来源主要包括地表 γ 辐射、大气 γ 辐射、沉降物 γ 辐射，以及其他人工 γ 辐射。其中，地表和大气 γ 辐射组成了天然环境 γ 辐射，而沉降物 γ 辐射和人工 γ 辐射则可能带来环境中 γ 辐射水平的升高。环境 γ 辐射能引发人类和非人类物种随机性效应和确定性效应，在超过一定的限值后，可能造成辐射伤害。γ 辐射空气吸收剂量率是辐射环境水平的一个直接量化指标，通过测量环境和污染源附近 γ 辐射空气吸收剂量率水平，来反映环境中辐射水平现状，估算公众因上述各种类型辐射所受 γ 辐射剂量，及时发现事故释放，是核与辐射环境监测中最基础的一个测量指标。

1. 测量前准备

(1)穿戴好劳动防护用品

测量开始之前，须穿戴好劳动防护用品，劳动防护用品应考虑测量地域的自然环境和天气，确保作业安全。

(2)选择合适的γ辐射空气剂量率监测仪

①仪表的辐射特性、电气特性和机械特性应满足任务相关指标，辐射环境监测应选择环境级测量仪；

②监测仪表必须在检定有效期内。

(3)仪器检查

①清点设备及备件，检查外观并正确连接主机与探头。

②检查供电电压是否正常及测试仪器能否正常开关机。

③查看表头指示、菜单设置是否正常；测试固定位置本底计数率，必要时可用工作源进行检查。

(4)其他准备

其他准备指诸如三脚架、连接线、卫星定位系统、作业指导文件等的准备。

2. 测量点位的布设

测量点位的布设，须根据放射源和照射途径，以及人群分布、人为活动情况仔细选择。

(1)连续测量

对于使用各种环境γ辐射剂量率仪在固定点位上开展的连续测量，参考《辐射环境空气自动监测站运行技术规范》(HJ 1009—2019)执行。连续测量方式也适用于车载巡测和投放式装置。

在核电厂周围16个方位的陆地(岛屿)上布设自动监测站(含前沿站)，每个方位考虑布设1个自动监测站。滨海核电厂，靠海一侧可根据监管需要设立自动监测站。在核电厂各反应堆气态排放口主导风下风向、次下风向和居民密集区应适当增加自动监测站。原则上，除对照点以外，自动监测站应建在核电厂烟羽应急计划区范围内。自动监测站建设要考虑事故、灾害的影响。

(2)即时测量

采用航空巡测、车载巡测、人员徒步的方法，实现即时测量，可满足对环境γ辐射剂量率时效性、动态变化性监测要求。对于核电厂的环境γ辐射剂量率测量，一般采用以下布点方式。

①扇形布点法

扇形布点法适用于孤立的高架点源，且主导风向明显的地区，以点源为顶点、主导风向为轴线，在下风向地面上画出一个扇形区域作为布点范围，如图2.1-1所示。扇形角度一般为45°~90°。采样点设在距点源不同距离的若干弧线上，每条弧线上设3~4个采样点，相邻两点与顶点连线的夹角一般取10°~20°；在上风向应设对照点，对比监测结果，以便能够更好地反映出空气污染情况。

核电厂等大型核设施，应以主要核设施为中心，按不同距离和方位分成若干扇形布设监测点位，包括关键人群组所在地区、距反应堆最近，以及下风向的厂区边界、人群经常停留的地点及地表γ剂量率平均最高的地点(若此点在厂区外)。为了对照，还需包括一些不易受核设施影响的对照点。

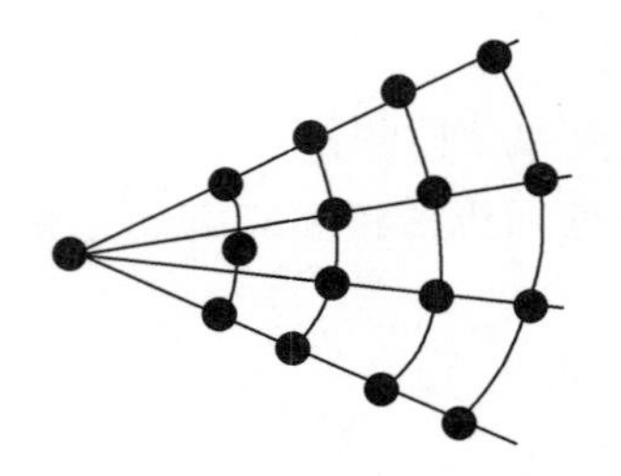

图 2.1-1　扇形布点法

②同心圆布点法

同心圆布点法主要用于多个污染源构成污染群，且大污染源较集中的地区。先找出污染源中心，以此为圆心画同心圆，其半径分别为 4 km、10 km、20 km、40 km；再从圆心作若干条放射线，射线与圆的交叉点为采样点位置（射线至少五条），如图 2.1-2 所示。同圆周上采样点数目不一定相等或均匀分布，常年主导风向的下风向可比上风向多设一些采样点。

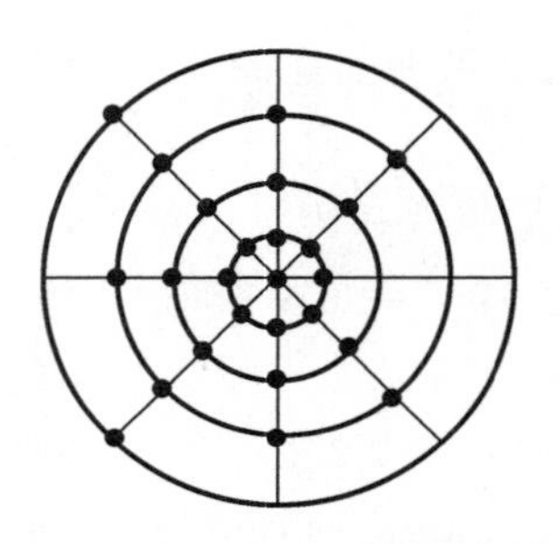

图 2.1-2　同心圆布点法

3. 测量步骤

（1）即时测量

用各种仪器直接测量出点位上的环境 γ 辐射剂量率即时值。可采用航空巡测、车载巡测、人员徒步的方法，实现即时测量。测量步骤如下：

①开机预热；

②手持仪器或将仪器固定在三脚架上。一般保持仪器探头中心距离地面（基础面）1 m；

③仪器读数稳定后，通常以约 10 s 的间隔（可参考仪器说明书）读取/选取 10 个数据，将数据记录在测量原始记录表中；

④当测量结果用于 γ 辐射致儿童有效剂量评估时，应在 0.5 m 高度进行测量。

（2）连续测量

测量步骤如下：

①开机预热。

②设置参数，包括刻度参数、记录时间、报送时间、报警阈等；每个自动监测站应按指定时间间隔记录，一般每 30 s 或 1 min 记录 1 次环境 γ 辐射剂量率数据；实行全天 24 h 连续监测，报送 5 min 均值或小时均值，数据传送回数据处理中心。

③对于安装的固定式能谱探测系统，设置能量甄别阈，利用该系统对周围环境进行实时的 γ 能谱数据采集，并将能谱数据传送回数据处理中心。

④设置数据传输通信参数。

(3)宇宙射线的响应

在进行环境γ辐射剂量率测量时,应扣除仪器对宇宙射线的响应部分,不扣除时应注明。不同仪器对宇宙射线的响应不同,可在水深大于3 m,距岸边大于1 km的淡水水面上测量,仪器应放置于对读数干扰小的木制、玻璃钢或橡胶船体上,船体内不能有压舱石。测量仪器的宇宙射线响应及其自身本底时,在读数间隔为10 s时应至少读取或选取50~100个读数,也可选取仪器自动给出的平均值,或使读数平均值统计涨落小于1%。宇宙射线的测量方法具体可以参见《辐射环境监测技术规范》(HJ 61—2021)。

4. 影响测量结果的其他因素及注意事项

环境地表γ辐射剂量率水平与地下水位、土壤中水分、降雨、冰雪覆盖、放射性物质的地面沉降、射气的析出和扩散、植被等环境因素有关,测量时应注意其影响。例如,雨后和雪后6 h内一般不开展测量。

5. 监测记录要求

环境地表γ辐射剂量率测定数据必须详细记录,主要包括:测量日期(年、月、日、时、分);测量者、数据处理者(本人签名);测量仪的名称、型号和编号等;固定测点的编号、非固定测点的点位名称及地理特征描述;测量的原始数据(必须登记造册保存,数据单位必须是仪表实际给出的剂量单位);环境气象参数,如温度、湿度、风速、风向等。

6. 结果计算

环境γ辐射空气吸收剂量率监测结果按照式(2.1-1)计算:

$$\dot{D}=C_f(E_f\dot{X}-\mu_c\dot{X}_c') \tag{2.1-1}$$

式中 $\dot{D}$——测点处环境γ辐射空气吸收剂量率监测结果,Gy/h。

C_f——仪器检定/校准因子。

E_f——仪器检验源效率因子,$E_f=A_0/A$(当$0.9\leq K_2\leq1.1$时,应对结果进行修正;当$K_2<0.9$或$K_2>1.1$时,应对仪器进行检修,并重新检定/校准),其中A_0、A分别是检定/校准时和测量当天仪器对同一检验源的净响应值(需考虑检验源衰变校正);如仪器无检验源,该值取1。

$\dot{X}$——仪器监测时$n(n\geq10)$次读数的平均值,Gy/h。

μ_c——建筑物对宇宙射线带电粒子和光子的屏蔽因子,楼房取0.8,平房取0.9,原野、道路取1。

$\dot{X}_c'$——测点处宇宙射线响应值,Gy/h,由于测点处海拔高度和经纬度与宇宙射线响应测量所在淡水水面不同,需要对仪器在测点处的宇宙射线响应值进行修正,具体计算和修正方法参照《辐射环境监测技术规范》(HJ 61—2021)。

7. 测量报告

测量报告内容:测量任务由来及目的;测量依据,包括辐射防护、测量方法等标准和规范;监测日期、场所和具体位置;测量仪表信息,包括所用仪器名称、规格型号、仪器编号、刻度系数、检定日期;测量仪表检查、现场测量记录;计算结果。

二、γ辐射累积剂量监测

γ辐射累积剂量是指个体在一定时间内暴露于γ辐射的总剂量，它通常以毫希沃特（mSv）为单位，该指标对于评估辐射对人类健康的影响至关重要。γ辐射累积剂量，通常采用热释光剂量计（TLD）进行监测。

1. 监测流程

一个完整的热释光剂量测量系统由TLD（由探测器和剂量盒组成）、热释光读出仪、退火炉和辐照器等四部分组成，它们的各自功能组成了热释光（TL）测量全过程的每一步。基本程序是：

使用前退火→使用（试验、标定）照射→确定测量程序→测量（读出）

（1）退火

不同类型探测器要求的退火程序不同，如热释光剂量片LiF：Mg，Cu，P是240 ℃/10 min，因此退火前要清楚所用探测器的退火程序。退火时先将退火炉升温至所设定的温度，待温度恒定时再将盛有探测器的退火盘放入炉内中心，这时炉温会有一个小幅的下降，待恢复到设定温度时开始计时。

需要退火的探测器应单层平放在退火盘内，探测器应尽量靠近集中。

当退火时间结束后应立即迅速稳妥地将退火盘从炉内取出，放置在冷却位置，使它迅速降温。如果退火盘下有一5 mm厚的铜质板，降温速度会更快。退火后的冷却速率对TLD灵敏度衰退有影响，实验显示，每重复使用一次，引起的LiF灵敏度的衰退，在慢冷却速率时为0.198%，在快速冷却速率时为0.063%。

（2）筛选

对所有剂量计在相同条件下照射相同剂量值，读出后，选取读出值均匀度在一定范围以内的片子作为同一批剂量计。

（3）剂量标定

探测器在读出器上的读出值是一个无量纲的相对计数值，要将它转换成剂量值时，需要进行剂量刻度标定。这里所说的剂量刻度标定是指要确定用于剂量监测的探测器，获得它受照的辐射值的读数后，将这一读数值转化为标准剂量值。通过这一步，得到转换因子（刻度因子）。

（4）样品布放和取回

布点原则是近（核岛）密远（核岛）疏，主导风下风向密，还应考虑交通较为便利、有悬挂TLD的树枝或栏杆等物体，并侧重监测关键居民组和关键照射途径。将TLD悬挂在不受邻近建筑物屏蔽的空旷地区的栏杆或小树上，距地面（1.0±0.3）m，TLD布放点应相隔适当的距离，以防同时丢失。

布放样品的包装要求避光、密封防潮。

要求避光是因为热释光探测器对可见光和紫外线敏感。光辐射对已接受电离辐射照射的探测器的效应有两种；一种是光照使热释光信号降低，加快衰减速率；另一种称作光致转移响应，在这种效应中，光把深陷阱中的电子转移到浅陷阱中，使其在正常测量程序中无法被读出。

要求密封是因为探测器磷光体与有机物质接触、吸附氧和水蒸气等，均会产生假热释光（即非辐射热释光）。

2. 剂量测量

(1)测量装置

TLD 片子放在加热盘里,在加热过程中发射的热释光光子由光电倍增管探测,光电倍增管的输出信号经放大后送至显示记录装置。加热盘的温度用热电偶测量,测得的温度信号反馈给加热控制系统,使测量装置按照预定的程序升温。在加热室与光电倍增管之间有光导和滤光片。光导一方面起光能传输匹配作用,另一方面又起到隔热的作用,使光电倍增管与加热系统保持一定的距离,防止光电倍增管的温度在测量期间产生较大的波动,在必要的时候还可以通冷却水对光电倍增管进行冷却。尽管光电倍增管对红光不灵敏,但加热盘的热辐射通量很高,干扰作用不可忽视。滤光片的作用在于让蓝紫色波段的光子通过而过滤掉其他波段的光。

加热方法有接触加热法和氮气加热法。接触加热法在 TLD 片子内部会产生较大的温度梯度,特别是加热支撑件的热辐射,会对测量系统产生较大的干扰。氮气加热法可以明显改善这种情况,提高信噪比。

仪器在测量前需有 30~60 min 的预热时间,保证仪器工作稳定。

(2)测量程序

为了获得可靠的测量结果,必须严格控制 TLD 测量的升温程序。升温程序与测量目的有关。如果需要测量完整的 TLD 发光曲线,需要线性升温程序;在常规剂量测量中,采用快速升温和阶段恒温的办法。测量程序通常分为预热、读数和退火三个阶段。

①在预热阶段仪器不计数,其目的是排空低温峰所对应的陷阱中的电荷载流子,降低衰退效应对测量读数的干扰。对 LiF:Mg,Cu,P 探测器,预热温度一般为 140 ℃,即第一恒温时间,预热时间根据制作工艺不同而有所不同,一般为 8~12 s。

②在读数阶段,仪器记录热释光产额高、线性好且比较稳定的几个发光峰的热释光贡献。对 LiF:Mg,Cu,P 探测器,读数阶段温度为 240 ℃,即第二恒温时间,读数时间约为 20 s。

③在退火阶段,将热释光片放在退火器中,按照规定的退火温度和退火时间进行退火,到时间后取出热释光片并置于不锈钢片上使其迅速冷却至常温。

在设定测量程序的过程中,有几点需要注意:

升温速率可在 1~40 ℃/s 范围内自行设定,一般取 15 ℃/s 为宜。升温速率越快,相应的预热和读出时间也应增加。

探测器的质量越大或探测器与读出器的加热盘的接触不良时,也需要加长读出温度的恒温时间,否则信息不能被完全读出。

读出时间不宜设置过长,虽然读出时间长剂量可读取完全,但相应的引入误差也偏大。

测量程序一旦确定,在剂量标定和剂量测量中,都必须采取相同的测量程序,以确保剂量标定得到的刻度因子在剂量测量中准确应用,实现相对测量的精确性。

3. 注意事项

(1)TLD 的合格布设地点应是物理上均匀的、空旷的地区,不受邻近建筑物的屏蔽;

(2)TLD 应尽可能远离可引起辐射入射方向反常或干扰辐射场的高大密集的物体;

(3)合适的悬挂方法是把 TLD 放在特制的收集箱内,收集箱保持良好通风,所用材料应质量小且含放射性杂质少;

(4)TLD 也可挂在铁栅栏、小树或轻质木桩上。

第二节　核电厂流出物在线监测

流出物排放监测主要实现如下四方面功能：验证核电厂释放至环境的气载和液态放射性物质是否符合国家规定的排放控制值及核电厂规定的运行限值；为评价核电厂周围环境质量、估算公众所受的剂量提供源项数据和资料，使公众确信核电厂的放射性释放确实受到严格控制；为评估核电厂工艺系统和设备是否正常提供有效数据；报警和隔离以控制异常排放。核电厂流出物监测系统包括气载放射性流出物监测系统和液态放射性流出物监测系统。

一、气载放射性流出物监测系统

根据《核动力厂环境辐射防护规定》（GB 6249—2011），气载放射性流出物监测设备功能为：监测核电厂正常运行期间气溶胶、碘、惰性气体的活度浓度，以及总排放活度，设计基准事故情况下气溶胶、碘、惰性气体的活度浓度，以及总排放活度；监测严重事故情况下惰性气体的活度浓度，以及总排放活度；监测气溶胶、碘、惰性气体的活度及 ^{3}H 和 ^{14}C 的采样，便于实验室分析。

气载放射性流出物监测设备工艺流程采用串并联相结合的方式，如图 2.2-1 所示，整套设备主要由以下部件组成：采样头、采样管线、接口阀门、气溶胶在线监测仪、碘在线监测仪、惰性气体在线监测仪、旁路设备、^{14}C 采样器、总氚采样器、气溶胶/碘采样器、惰性气体采样接口。

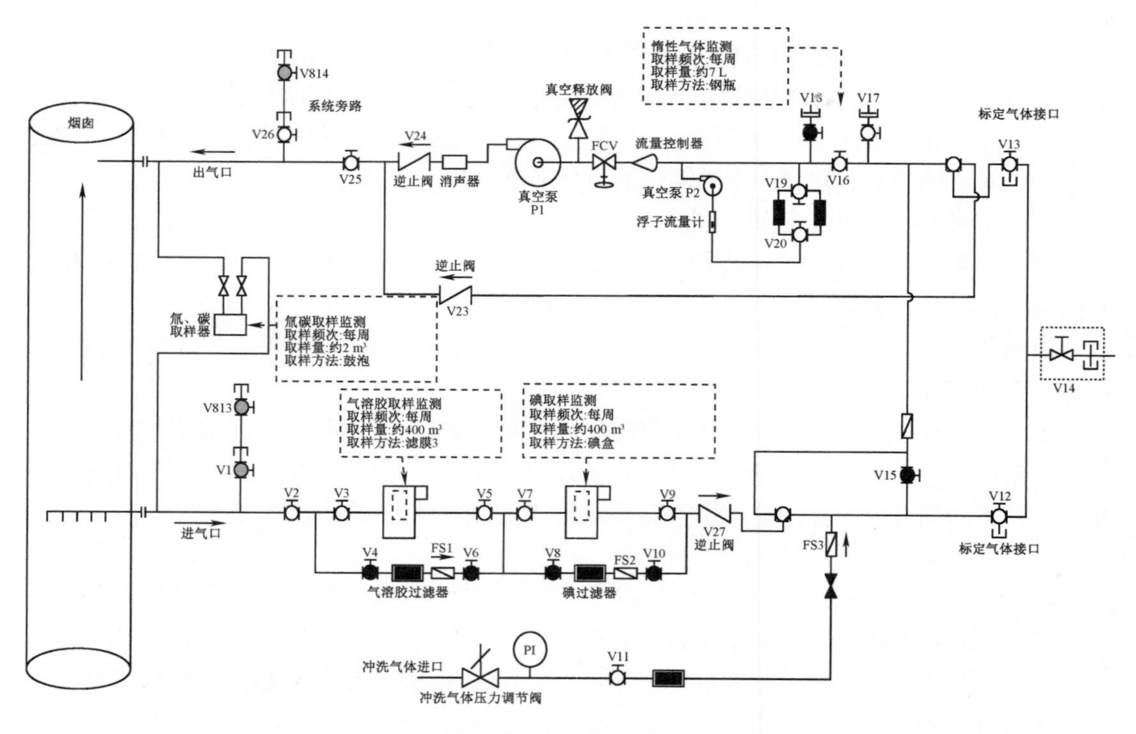

图 2.2-1　气载放射性流出物监测设备的典型流程

1. 采样系统

采样系统包括采样头和采样管道,采样头位于烟囱内部。

采样嘴应具有平行孔并且在外部呈锥形,以使其对入射流呈现锐利边缘,内部横截面呈渐进变化。采样嘴应直接面对气体流动方向,采样嘴固定的位置应位于嘴的气流下游,避免采样嘴入口附近的流动受到扰动。应布置多个采样嘴以确保采样具有代表性。

根据当前的技术发展,气载放射性流出物监测设备采样嘴探头的设计一般有两种形式,即多嘴探头或带管罩的单嘴探头。衡量采样头的粒子损失可采用参数"传输比"来表示,传输比,即采样器出口的气溶胶粒子浓度和自由流中气溶胶粒子浓度之比。

目前,《核设施烟囱和管道释放气载放射性物质的取样和监测》(ANSI/HPSN 13.1—1999)和《核设施气载放射性排放物的取样和监测》(ISO 2889—2010)给出了推荐的护套式单嘴采样头,与多嘴采样头相比,其明显降低了粒子的损失。过多过细的采样嘴设置会增加粒子在采样头内的碰撞损失,特别是在烟囱流量发生扰动的情况下,采样嘴的吸入比也将很不稳定,导致测量系统的不确定度大大增加。

在非正常的流量、状态或工况下,可能需要多点采样的设计。不管是单点采样还是多点采样,都是为了在保证吸入比和传输比的前提下获取具有代表性的样品进行监测,只要气体的混合性和气体流速分布的均匀性较好,不管采用哪种取样方式都是可以接受的。

M310 改进型核电厂的烟囱气载放射性流出物监测系统中选用了护套式单嘴采样头。采用单嘴采样头要求必须仔细选择采样点,保证采样点位置气流稳定且粒子混合均匀,图 2.2-2 为带管罩的单嘴采样头示意图。

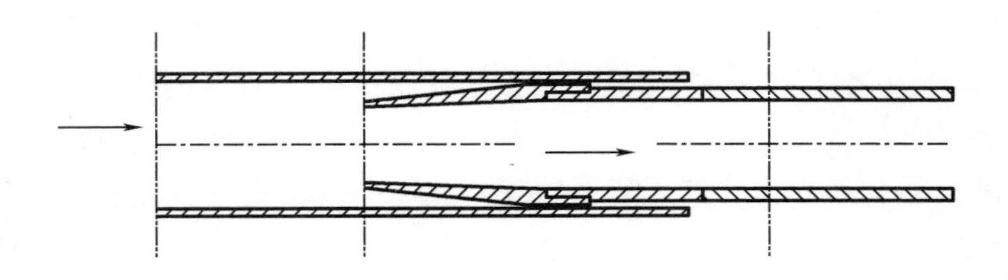

图 2.2-2 带管罩的单嘴采样头

采样系统的设计应使从采样嘴到收集过滤器的传输过程中颗粒物和碘同位素的沉积最小化,并防止水蒸气凝结。放射性物质被通风系统悬浮物捕集而形成放射性气溶胶,粒径为 0.01~100 μm,正常运行工况下^{60}Co 的粒径大部分在 1 μm 左右。在采样传输系统中输运时,气溶胶粒子会由于各种原因,如重力沉降、惯性碰撞、湍流惯性沉积和布朗扩散等,造成在传输系统内表面上发生粒子沉积,粒子损失大,从而严重影响采样系统的测量效果和测量数据。从采样嘴到收集过滤器途中发生的颗粒损失率,取决于颗粒大小和密度,以及采样系统的参数,如管道直径、管道长度、流速、弯道数量及其半径。较大颗粒(粒径>10 μm)的损失主要是由弯道造成的,弯道应保持最少。较小颗粒(粒径<1 μm)的损失主要是由采样管线和湍流引起的。不同尺寸的颗粒在传输过程中的损失率如图 2.2-3 所示。

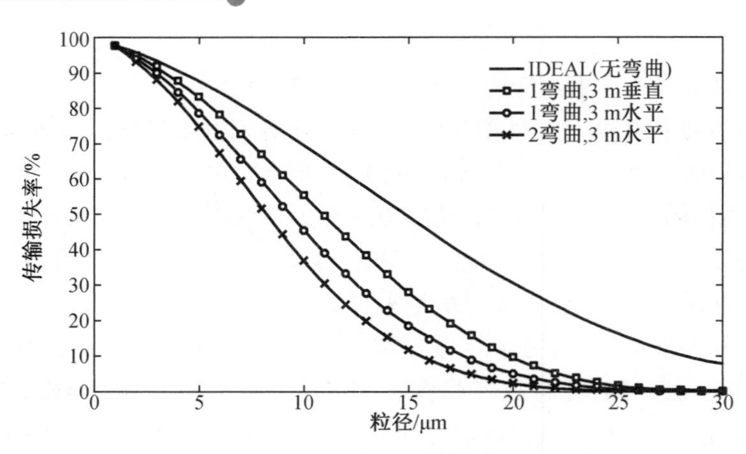

图 2.2-3 传输管线几何形状对样品传输损失率的影响

烟囱内外部采样管线的温差等因素影响采样流量的控制质量。采样管道长度要短,所包含的弯道数应最少,并尽量避免气流水平流动。当流出物样品经过 U 管嘴、各式弯头、与水平方向成不同角度的直管等过程中,粒子因受重力沉降、湍流扩散和布朗扩散等多种运动机制的联合作用,不同大小的粒子可能以不同的概率从气流中分离出来而沉积在管壁上,从而发生沉积损失,放射性物质在这些采样管道中的损失是非常严重的;采样管道过长,特别是水平采样管道,也会造成气溶胶和碘采样过程的管道沉积损失。通过优化管线设置,减少管道长度和弯曲数,可显著降低气体在管道中的传输损失。合理的流量和采样管道直径可以避免湍流,较大直径的采样管道,可减少流量损失。

采样管道应避免使用具有粗糙内表面或与被采样物质发生反应或具有亲和力的材料。采集碘样品时,应选用具有低沉积速度的材料,如塑料(如聚乙烯)涂料和特氟隆。采样管道应尽量保持在建筑物或烟囱内,防止水蒸气因温度降低而冷凝,通过加热采样管可予以避免。

总之,采样管线的选型满足的要求为:采样管道的材料选用非活性材料;分析采样管道的沉积率,其设计目标是对最大尺寸的微粒,在终点处应至少收集到 50%;采样嘴和样品收集站之间的距离尽可能短,管道避免长距离水平敷设;禁止使用直角弯头,需要转弯时,使用半径比较大的弯头(如弯曲半径至少是管道直径的 3 倍);若有需要,可进行热跟踪以避免水蒸气或碘在取样系统内冷凝;采样管道内表面尽可能液力平滑,表面粗糙度和内径的比值小于 5×10^{-5}。

2. 监测部分

气载放射性流出物监测系统的测量内容包括:连续监测由烟囱排放的惰性气体、气溶胶和碘的放射性浓度,同时测量烟囱中的空气流量,这样就能计算得到排至环境的惰性气体、碘、气溶胶的总活度;采用质量流量计测量空气样品流量;对 ^{3}H、^{14}C 进行连续采样,送到实验室分析得到排至环境的 ^{3}H 和 ^{14}C 总活度。

气溶胶、碘、惰性气体监测仪采用串联式连接,为便于维护,每个监测仪设置旁通管路,气溶胶监测仪旁通管路上设置粒子过滤器,以免污染下游设备。

测量仪表由低量程惰性气体监测道(GL 监测道)、高量程惰性气体监测道(GH 监测道)、气溶胶监测道(P 监测道)、碘活度监测道(I 监测道),以及 ^{3}H、^{14}C 连续采样装置组成。

GL 监测道用 Si 探测器测量流进测量室的低量程范围的惰性气体,GH 监测道用电离室对高量程范围的惰性气体活度进行测量,P 监测道用 Si 探测器连续测量沉积在滤膜上的气溶胶,I 监测道用闪烁探测器连续测量沉积在碘过滤器上的放射性碘,^{3}H、^{14}C 连续采样装置对烟囱排出气体采样(通常采样 7 天),^{3}H、^{14}C 取样测量装置与 P、I、GL、GH 监测道采样管线相接,采样气体流量可调。

(1)气溶胶探测器结构

气载流出物气溶胶中的放射性物质来源于裂变产物和腐蚀产物,根据运行经验,主要放射性核素有^{60}Co、^{58}Co、^{134}Cs、^{137}Cs、^{51}Cr 等,大部分为 β、γ 发射体。目前采用步进式或滤膜式滤纸获取气溶胶粒子,然后测量滤纸上的放射性。为减小本底辐射的影响,通过测量 β 粒子来测量气溶胶活度浓度。气溶胶探测器结构如图 2.2-4 所示,为补偿 γ 本底射线的影响,采用并行排列的两个半导体探测器,第一个探测滤纸上气溶胶发射的 β、γ 射线以及环境中的本底 γ 射线,第二个由于遮挡效应,只探测 γ 射线,两个探头的计数相减即可消除 γ 射线的影响。

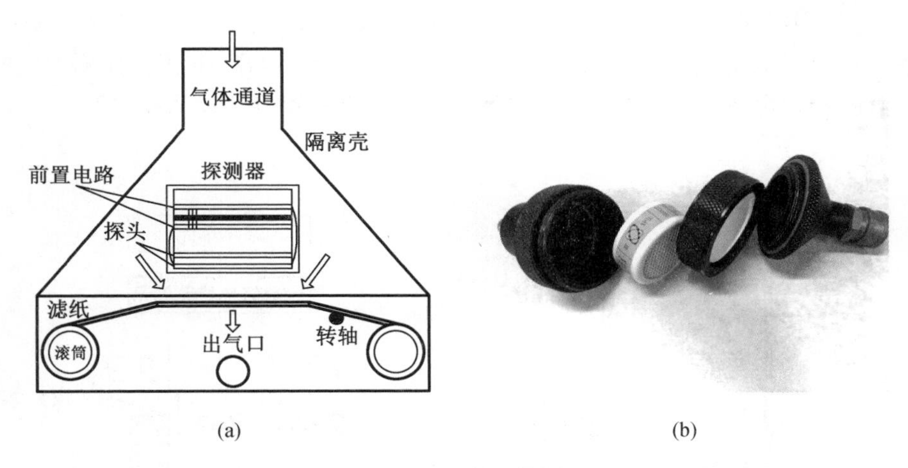

图 2.2-4　气溶胶探测器结构

(2)放射性碘探测器结构

放射性碘在气载排出流中的形态有粒子形式、元素碘 I_2、次碘酸 HIO、有机碘(主要是甲基碘 CH_3I)。元素碘 I_2 和甲基碘主要以气态形式存在,因此碘探测器主要监测元素碘和甲基碘。

重核裂变产生的放射性碘主要有^{131}I、^{132}I、^{133}I、^{134}I,均为 γ、β 发射体,由于活性炭吸附器对 β 粒子的自吸收较大,一般采取测 γ 射线的方式来监测碘的总活度浓度。探头选用对 γ 射线探测效率高的 NaI(Tl)闪烁体,位置正对活性炭吸附器。活性炭吸附器和探测器封装在铅屏蔽容器中以减小环境本底影响。图 2.2-5 为放射性碘探测器结构。

(3)惰性气体探测器结构

气载流出物中的惰性气体主要来自裂变产物,包括^{1335}Xe、^{135}Xe、^{85}Kr 等核素,均为 γ、β 发射体,为减小本底的影响,通过测 β 计数监测惰性气体活度浓度。惰性气体不和其他物体发生化学反应,在传输过程中不易损耗,对采样设备的要求比较低,正常运行、设计基准事故、严重事故下惰性气体的排放都易于测量。一般采用高低两种量程的探测器，两种量程至少有一个数量级的重叠。

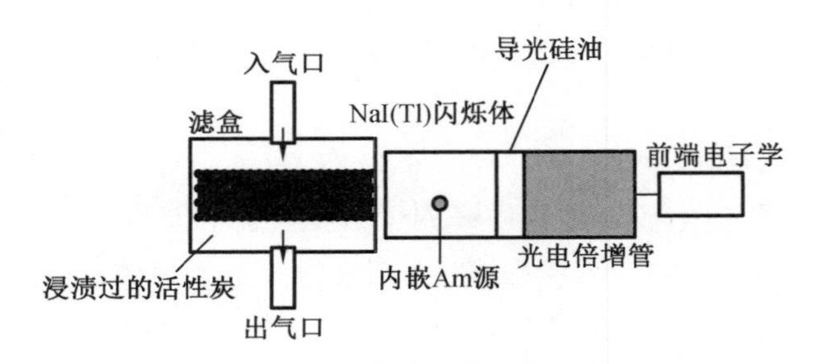

图 2.2-5　放射性碘探测器结构

低量程惰性气体探测器结构如图 2.2-6(a)所示，为保证测到 β 净计数，采用两个并行排列的半导体探测器，第一个探测器正对取样空间，同时测量 β、γ，第二个探测器由于遮挡效应只测量环境和被测气体中的 γ 射线，两者相减得到 β 净计数。

高量程探测器如图 2.2-6(b)所示，选用电离室探测器，这是一种使用最广的辐射探测器，惰性气体流经电离腔室，发射出的 β、γ 射线使空气产生电离，电荷被探测器中的电极收集产生电流，根据电流大小以及预定义的刻度因子可获得惰性气体活度浓度。

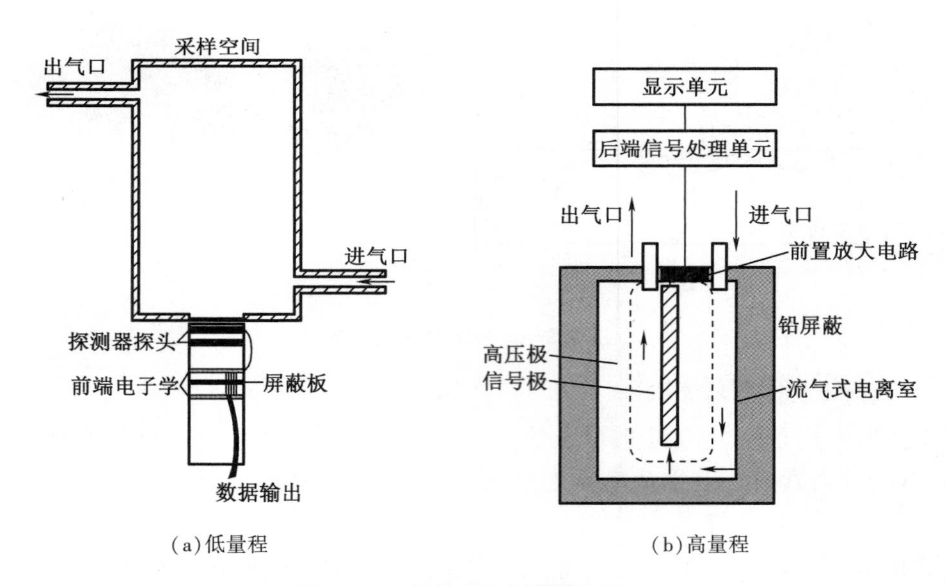

(a)低量程　　(b)高量程

图 2.2-6　惰性气体探测器结构

3. 采样器及接口

(1) ^{3}H 和 ^{14}C 采样器

核电厂气载流出物中 ^{3}H 的化学形态主要是水蒸气 HTO，有时也有极少量的挥发性氚，如 HT、甲烷等。由于 ^{3}H 为低能 β 发射体，不容易连续监测，因此配置采样器供实验室分析。

在核电厂气载流出物中，^{14}C 通常以 CO、CO_2、C_nH_m 等形式存在，由于 ^{14}C 同样也是低能 β 发射体，不适合连续监测，因此配置采样器供实验室分析。^{3}H 和 ^{14}C 采样器示意图如

图 2.2-7 所示。

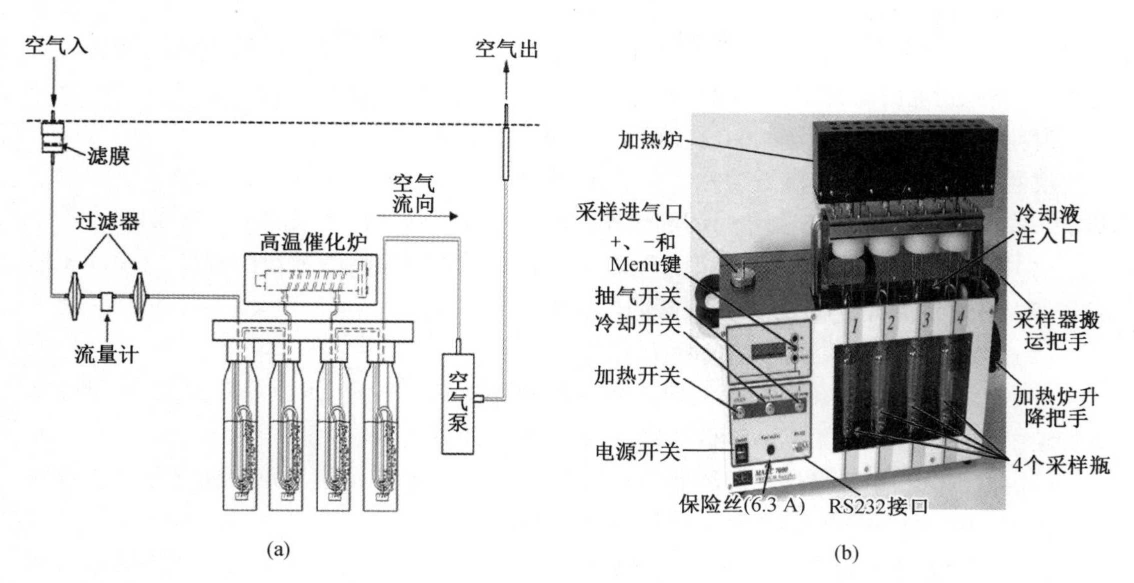

图 2.2-7 ^{3}H 和 ^{14}C 采样器示意图

(2)气溶胶、碘和惰性气体采样接口

实验室分析可以精确测量核素成分及活度浓度,用于流出物的统计和排放控制,因此气载流出物在线监测系统提供了气溶胶、碘和惰性气体采样的接口(图 2.2-8)。在线监测仪用于提供排放探测、超标排放报警以及排出流活度浓度趋势跟踪。

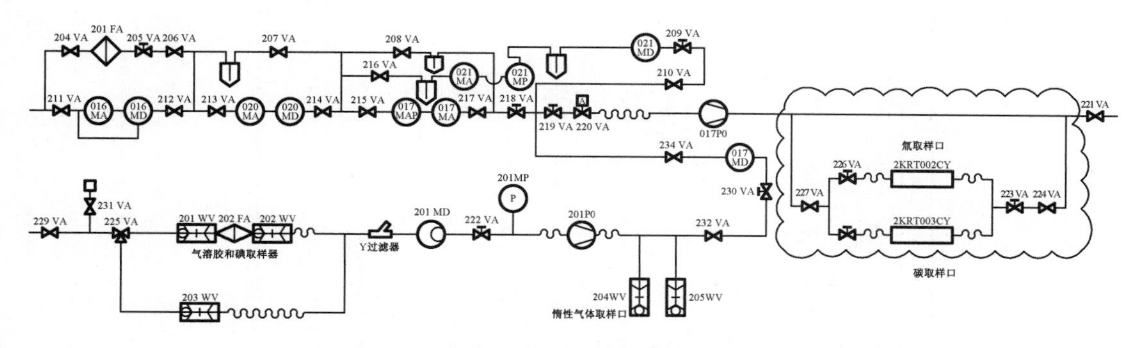

图 2.2-8 气溶胶、碘和惰性气体采样接口

二、液态放射性流出物监测系统

液态放射性取样测量系统通常由取样系统和测量系统组成,取样系统的取样代表性和探测器效率校准是决定监测结果可靠性和可比性的关键因素。

1. 探测器

常用的探测器种类有:测量中、高能 β 的塑料闪烁体探测器,测量低能 β 的液体闪烁体探测器,以及测量 γ 的 NaI(Tl)闪烁探测器。其中 NaI(Tl)探测器是国内核设施液态放射性流出物监测的主要仪器,低水平放射性液体测量采用大体积 NaI(Tl)探测器,可以在线快速测定液体中的放射性水平,具有灵敏度高、测量简便可靠、造价低、维护维修方便等优点。

监测仪的探头为 NaI(Tl)闪烁探测器,主要由 NaI 闪烁体、光学系统和光电器件(光电倍增管)组成。闪烁体在 γ 光子的作用下发出闪烁光,光电器件将微弱的闪烁光转变为光电子,并经过光电倍增管多级打拿级放大输出一个电脉冲。闪烁探测器的工作过程,也就是入射粒子与闪烁体相互作用,并将能量转变为输出电脉冲的过程。

仪器探测限是指在一定置信水平下所采用的仪器和测量方法能测到的最小值的数学期望。探测限与本底计数、测量时间和仪器灵敏度有关。降低探测限的主要方法如下:

(1)降低本底,本底计数率取决于环境本底的大小和对探测器屏蔽的程度,采用 4π 铅屏蔽可以有效地降低本底,通常铅屏蔽的厚度为 5~10 cm

(2)延长测量时间,通常测量时间设定为 5 min。

(3)提高灵敏度,灵敏度与探测器的效率及所测样品的核素、体积等有关系,测量较细的管道中的放射性活度浓度时,可以采取将管道扩容的方法来增大取样体积。

国内大部分核电厂使用的探测器的技术指标为:γ 核素的活度浓度测量范围为 3.70×10^3~3.70×10^9 Bq/m^3,能量范围为 100 keV~7 MeV。

核电厂液态流出物在线监测是一种常规的监测手段,各核电厂所采用的监测装置有所不同,主要分为取样测量(离线式)和管道外直接测量(在线式)两种类型。

2. 离线式废液监测系统

离线式废液监测系统由液体取样罐、控制盘台、相关采样管线回路及冲洗回路等部分组成,如图 2.2-9 所示。

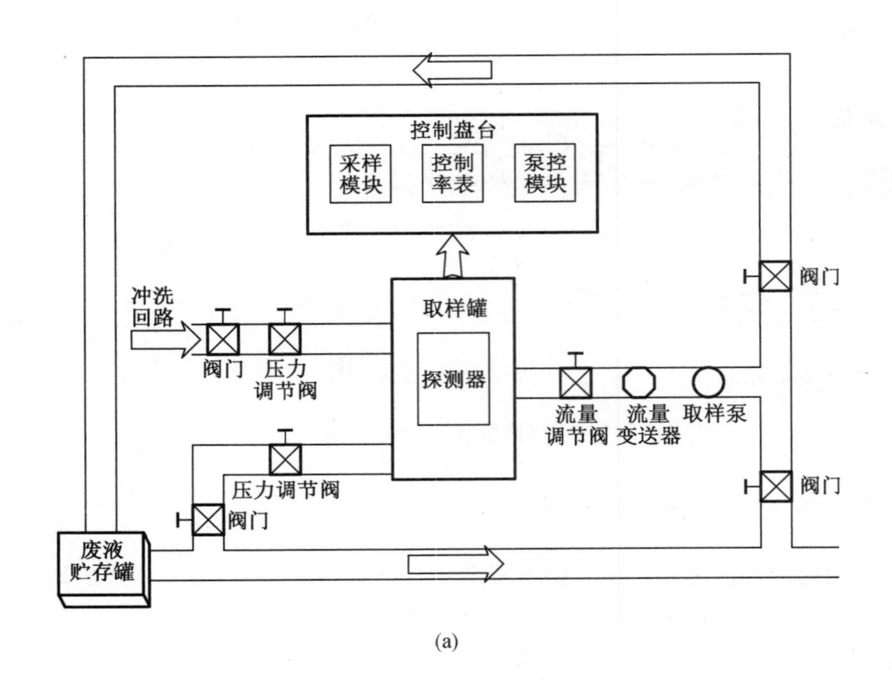

(a)

图 2.2-9　离线式废液监测系统示意图

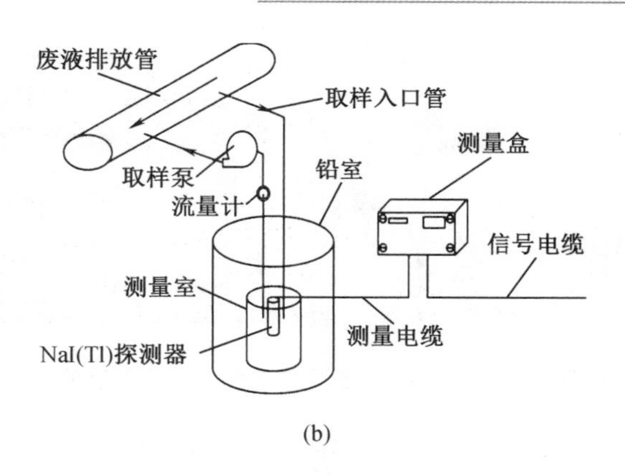

(b)

图 2.2-9(续)

取样罐是一个 4~6 L 的容器，探头采样室完全浸入其中，探头采样室底部有一个很薄的探测窗口(钛窗)，可以透过液体中的 β 和 γ 射线。考虑到放射性物质在取样罐中易发生沉积，沉积监测系统设计了冲洗回路来清洁罐体、冲洗放射性残留物、避免放射性物质的沉积(取样罐示意图如 2.2-10 所示)。液体由 A 经 B 进入取样罐，B 斜向开口，使液体在取样罐内以旋转方式流动(路径 C)；经 D 排出取样罐，再由 E 返高，经 F 到后端取样泵。由于取样罐容易累积污染，造成本底升高，而冲洗模式由于流量限制，冲洗效果有限。

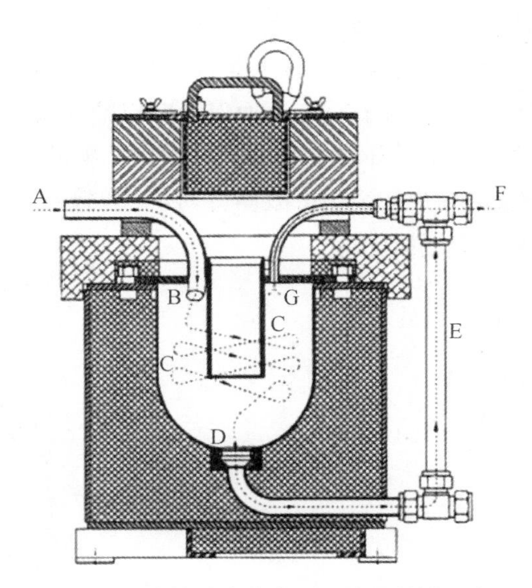

图 2.2-10　离线式废液监测系统取样罐示意图

3. 在线式废液监测系统

在线式测量方式的监测仪由探测器装置、就地处理和显示单元及电缆等组成。探测器装置由铅屏蔽和 NaI(Tl)探测器组成，铅屏蔽将 NaI(Tl)探测器除正对被测管道面外的其他面完全屏蔽，图 2.2-11 为探测器装置照片及剖面示意图。

采用在线测量方式后，监测仪无需再对废液取样，但需要将探测器装置安装在被测管道旁边，探头正对并尽可能紧贴被测管道。整个监测通道的布置如图 2.2-12 所示。

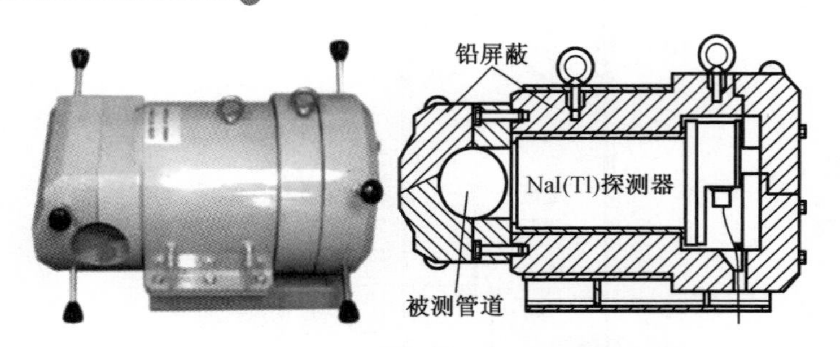

图 2.2-11　在线测量方式监测仪探测器装置

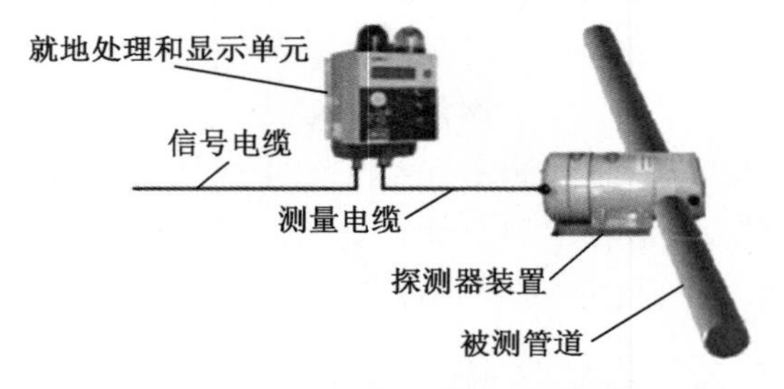

图 2.2-12　在线测量方式监测通道设备布置示意图

在线监测仪与离线取样监测仪的测量基本原理本质上是没有区别的,都是基于由NaI(Tl)探测器探测到被测介质中所含放射性物质发出的射线,并将射线的能量转化为脉冲信号。核电厂辐射监测通道需要重点关注的是仪器所能达到的测量下限,该测量下限应当尽量达到或低于测量范围理论值的下限,从而保证对报警阈值的可靠响应。

在实际使用中为了进一步降低环境本底辐射对探测下限的影响,可以通过增加探测器铅屏蔽厚度,以及在被测管段周边加装铅屏蔽体得到 4π 屏蔽效果的途径来降低探测下限,从而使在线监测仪的测量性能更加优越。

第三章　辐射环境样品采集及预处理

核电厂辐射环境监测的采样是在很多无法连续监测或没有必要开展连续监测情况下采取的监测手段，采样监测主要步骤包括样品的采集、保存、预处理，制样和仪器检测。要想获得可靠的检测数据，不仅要采用灵敏、稳定准确的检测仪器、分析方法和科学、严谨的质量管理制度，而且要有正确的采样方法和必要的样品保存和预处理措施，使样品具有代表性。为了防止样品从采集到测量这段时间内发生物理、化学和生物化学变化，保证分析数据具有与现代测试技术水平相适应的准确度，提高分析结果的可比性和有效性，必须对样品的采集提出明确的要求。我国《辐射环境监测技术规范》（HJ 61—2021）给出了明确的要求，核电厂应根据标准要求将采样过程以及相关的质量保证要求写入环境监测大纲。

第一节　样品采集的一般原则

一、样品采集的基本要求

要保证环境监测的质量，保证样品的代表性是十分关键的。所谓样品的代表性，就是指采样获得的数据能准确、精密地代表监测对象的总体特性、采样点参数的变化、采样过程的条件或环境状态。

影响采样代表性的因素很多，它们可能来自很多环节，主要包括以下一些方面：放射性在环境中分布的均匀性及其分布的时空稳定性；采集样品的容量；采样内容；采样条件过程（采集、样品预处理、实验室样品制备）中的影响因素；可能影响采样代表性的环境辅助参数。

因此，为了保证环境监测的采样代表性，必须对采样计划进行认真设计，必须考虑采样工作应遵循的一些基本原则。

二、采样工作基本原则

对采样工作的要求，是与监测采样的具体目的紧密联系的。总体上讲，按我国相关法规要求，样品的采集应遵从如下原则：

（1）从采样点布设到样品分析前的全过程，都必须在严格的质量控制措施下进行，现场监测和采样应至少有 2 名监测人员在场。

（2）采集的样品必须有代表性，即该样品的监测结果能够反映采样点的环境。

（3）根据监测目的、内容和现场具体情况有针对性地确定相应的采样方案，包括监测项目、采样容器、方法、采集点的布置和采样量。采样量除保证分析测量用以外，应当有足够的余量，以备复查。

（4）采样器具和容器的选用，必须满足监测项目的具体要求，并符合国家技术标准的规定，使用前须清洁并经过检验，保证采样器具和容器的合格和清洁。容器壁不应吸收或吸附待测的放射性核素,容器材质不应与样品中的成分发生反应。洗涤容器时一般可以用对该容器无溶解性的溶剂。

由于环境监测样品的活度,在正常情况下都是很低的,因此在样品采集和制备过程中应严防交叉污染和制备过程中的其他污染,包括通过空气、水和其他与样品可能接触的物质带来的污染,以及加入试剂带来的干扰或污染。

三、样品采集方法

按随机抽样原则进行采样而构成的样本,是对监测数据进行统计分析和推断的基础,客观上,在环境监测工作中应用随机抽样还存在一定困难和问题,主要是受到经费、时间和条件的制约。

为取得随机样本,首先应明确定义总体,应考虑地域、时间、监测项目,以及待测污染物的差异。将定义的总体划分为相对独立的基本抽样单元,再按随机原则从这些单元中采集部分样品监测,这些实测的采样单元就组成了该总体的一个随机样本。实际工作中,应结合具体情况研究确定组成随机样本的方法。

一般常用的随机抽样法有单纯随机抽样法、机械抽样法、分层抽样法和混合抽样法。

1. 单纯随机抽样法

具体方法为对总体的全部抽样单元进行编号,然后用抽签法或用随机数字表在编号范围内抽取若干数,相应于这些编号的抽样单元便组成一个随机样本。此法适用于采样单元之间差异不太大的情况,缺点是对抽样单位进行编号较为烦琐、费时。

例如,对某一区域不同时间土壤中的污染物采集随机样本时,可将区域划分成等面积的小块,并进行编号,按上述方法抽取,同时将时间分成相等的间隔按类似方法处理,最后再将地域范围和时间因素随机搭配,就构成了一个随机样本。

2. 机械抽样法

具体方法为将总体中的抽样单元按一定顺序排列,每隔若干单元抽取一个单元,也称系统抽样法。此法较单纯随机抽样法易于实行,当被抽取的单元在总体中分布较均匀时样品的代表性较好。但当对某种呈现周期性(或间隔性)变化的项目进行机械抽样时,可能出现较大的偏差,特别是当选定的抽样间隔和此周期一致时,样本中包含的测量值无法反映其变化情况,以致样本对总体的估计存在某种偏离。

例如,对每周内呈现周期性变化的河水样品进行随机抽样,若一年内在每周的某一时间采样,则所采集的样品组成的样本对总体而言存在偏离,最终所得的河水中污染物浓度水平的估计将会过高或过低。因此,对存在周期性变化的监测项目,要仔细研究获得随机样本的方法。

3. 分层抽样法

具体方法为将总体按一些重要特征分成几个层次,在每一层次中用单纯随机抽样法或机械抽样法各抽取适当数目的采样单元组合成一个样本。该法的优点在于:一般对由几个具有不同特征的部分组成的总体具有较好的代表性;因事先已按一些重要特征将总体分成不同层次,故同一层次内抽样单元之间的差异较小;在各层抽取同样数目的抽样单元的情况下,平均水平估计值的差异比单纯随机抽样法大为减小;可对各层间的调查结果进行比较。

4. 混合抽样法

分析环境污染而采集的样品可以为单个样品，也可以把一些样品混合起来组成代表一些地区、一段时间或两者均代表的混合样品。即使是单个样品，也可以认为是某一小范围或时间段内的混合样品。该法的优点在于：在保持样品代表性的情况下，分析混合样品，可减轻实验室负担；只要组成混合样品的数量相同，则由混合样品得到的结果是相应总体平均水平的无偏估计。该法的缺点是从混合样品中无法获得抽样单元间变异度的估计，且将增大最终推断总体均数置信区间的宽度。

该法在常规监测中应用较广。例如，将不同采集点的土壤样品按比例混合，代表某一区域的土壤样本；连续抽样一周或一个月的空气样品送实验室分析。

四、采样时间和频度

在环境污染监测中，有些监测项目存在周期性变异，有些则不呈现周期性变异。对呈现周期性变异（日、周、月）的监测项目，采样时间不能固定在日、周、月的某一固定时刻，而应在不同时刻分配采集大致相同的样品，这样才能使总体平均水平的估计值不致产生严重偏差。对不呈现周期性变异的监测项目，可直接将所需采样总量平均分配在整个监测期中，其采样时间不会影响总体平均水平的估计。

1. 采样时间

对监测项目是否存在周期性变异，可从两方面确认：对以往监测结果进行分析；进行试验性调查。必要时，可在整个监测期间内进行试验性调查，以免因存在周期性变异而导致监测结果的失误。

2. 采样频度

一般而言，环境监测的采样频度以能反映出月、季、年的变化为宜，同时应与不同监测项目的要求相适应。相对而言，监视性监测应以相对较高的频度进行，而了解污染物积蓄趋势的一些监测项目则以低频度进行。

统计学方法在确定分析项目的采样频度中并非是唯一方法，有时可作为辅助手段。在确定采样样本容量后，将所需样品数分配在整个监测期内，则可以得出采样频度。

五、采样量的要求

采样量的大小直接影响采样代表性的好坏。对采样量的要求，是随采样目的、样品种类、分析测量内容、样品制备方法，以及分析测量方法的灵敏度不同而不同的，因此不能一概而论。从理论上来讲，采样对象（样品总体）本身越均匀、采样量（样本）的量占总体的份额越大、样品测量方法的灵敏度越高，采样的代表性就越好。因此对采样量的具体要求必须考虑采样的具体目的（包括具体的容许偏差）和实际可行性（包括代价）。由于情况繁多，除了有占常样品总数5%~20%的平行样要求以外，目前尚未见到有关采样样品时要求的统一定量准则。

影响采样量要求的主要因素有两种：从统计学角度来讲采样量越大，统计代表性越好；样品的分析测量方法灵敏度对最小采样量提出了要求。

六、最小采样量的确定

原则上,最小采样量 $M_{\min}$ 通常由两部分构成:监测分析样 $M_{\min}^{A}$ 和储存备用样 $M_{\min}^{o}$,即

$$M_{\min}=M_{\min}^{A}+M_{\min}^{o} \tag{3.1-1}$$

$M_{\min}^{A}$ 通常由污染物待测水平和监测方法的检出限来确定。环境样品中污染物待测水平可由以往监测结果、类比数据、文献资料中提供的数据来估计,也可通过预先调查进行估计。而 $M_{\min}^{o}$ 一般可取为 $M_{\min}^{A}$ 的 1~3 倍,主要考虑今后重复测量、仲裁分析测量等所需的样品量。

监测方法的检出限的估计是一个统计学问题。对于放射性测量,还应根据待测核素特性、探测效率和放射化学回收率将其换算成活度,则最小采样量可按下式进行估计:

$$M_{\min}=\frac{L_D}{YAe^{-\lambda t}} \tag{3.1-2}$$

式中 $M_{\min}$——最小采样量,m^3、L 或 kg;

L_D——仪器的最低探测限,计数 · s^{-1};

Y——化学回收率,%;

ε——仪器探测效率,计数 · s^{-1} · Bq^{-1};

A——样品中的待测核素含量,Bq/m^3、Bq/L 或 Bq/kg;

$e^{-\lambda t}$——从采样到测量期间待测核素的衰变因子。这表明对于短半衰期核素,其采样量应增大。

七、监测辅助参数获取

除辐射测量外,完整的辐射环境监测方案应包括其他辅助参数的测量和数据收集活动,例如环境的重要参数以及人口特点,目的是为监测数据的解释提供支持。需要获取哪些参数可根据是否有利于对监测数据的解释来选定,如开展气溶胶采样时,气象参数是必要的。辅助参数的获取可直接监测或间接获取,间接获取的参数应证明这些数据是可靠的。辅助参数获取的时间(或时段)应与辐射环境监测一致。

1. 气候条件数据

在核电厂运行前和运行期间都应获取气候条件数据(温度、湿度、风速、风向、大气混合层稳定度、降水等),运行前还应对可能影响气载流出物的地形特点进行调查。

2. 其他辅助参数

核电厂附近地区的人口分布和特点(尤其是年龄分布)及他们的职业与习惯,包括食物消费(比)率和消费食品的产地,滞留时间,在运行前调查中必须进行调查并在运行期间进行定期核实。建议对核电厂周围居民的生活习惯作定期的访问调查。农业和水产养殖的特点(涉及的物种、农业结构和实践)以及园艺情况,必须在运行前进行调查,并在运行阶段定期进行核实。在辐射源附近和有可能被污染河流的下游,水的利用情况亦应进行调查。

对受长寿命放射性核素影响的监测,应以陆地环境和人口特点、生活习惯为重点。当地的水循环应调查:降水与蒸发、地表水与地下水及其联系、主要河流的汇入与流出。应调

查土壤的特性、人口的特点与分布,以及他们的生活习惯,特别是他们对当地食物的消费率。应特别跟踪农业和园艺习惯,仔细调查当地和下游水的利用情况,关注附近少数民族在文化与风俗上的特点。

第二节 空气样品采集及预处理

空气采样和测量的目的是为了确定气载放射性物质的污染水平,评价和控制核电厂工作人员及周围居民受气载放射性照射的潜在危险,为有关规程提供佐证性资料,等。

由于气载放射性物质的浓度、粒度分布和理化特性随时间和空间不断变化,因此指定常规采样计划之前,必须查明气载放射性物质的时空分布变化规律,确定为获得有代表性的特征值所需的最少采样点与适宜的采样频度和时间。

一、气溶胶的采样

气溶胶按其定义是指固体或液体粒子在空气或其他气体介质中形成的分散体系。气溶胶粒子的大小一般为 $10^{-3}\sim10^{2}$ μm 量级。若这种微粒载有放射性核素,则称为放射性气溶胶。核电厂周围空气中的^{58}Fe、^{30}Si 等杂质被中子活化就会成为放射性气溶胶;含有放射性物质的固体微粒泄漏到设备所在场所直到环境空气中也会成为放射性气溶胶。此外,一些放射性气态核素子体产物,如^{222}Rn 和^{220}Rn 的子体,也会在空气中形成放射性气溶胶,等等。气溶胶采样的目的是监测空气受污染的程度,或评估地表污染的再悬浮程度。

1. 采样设备

气溶胶的代表性采样,应当不改变它们的放化和物理特性。特别应当注意对采样器采样嘴和传送管道的设计,以保证样品损失和对不同粒径的粒子间的分离做到最小。为了做好设计,有必要对流出物中气载微粒的大小分布和化学性质进行研究。同时在设计中,考虑到操作工艺的可能改变所带来的影响。在采样和监测系统的设计中,还应考虑到要保证在事故或异常条件下仍能充分满足采样和探测要求。正常和异常条件下释放的特征是缓慢的、低水平的,几乎涉及过滤前各种粒径分布的释放;而事故条件下,其后果和浓度要大得多,但大于 100 pm 的粒子不可能大量出现,因为重力沉降和惯性撞击会使它们很快损失在管道内。因此可以在设计中考虑一个粒径的上界:对典型的烟囱条件,评价 10 μm 直径的粒子是适当的;对事故条件,考虑多大的粒径是一种慎重的选择。

总之,设计用于气溶胶采样的系统应当满足在正常、异常和事故条件下的最低性能目标。包括输送粒子从采样点达到过滤(收集)器的效率、粒子大小或粒子种类偏离所带来的性能歧变,以及容许的监测总随机误差等。有关这些条件下的性能目标,包括除了样品代表性这个中心问题以外的许多其他因素。

气溶胶采集器,一般由空气采样器(滤膜夹具)、流量测量与控制装置和抽气动力三部分组成。采样系统应放置在闭锁的设备中,以防止受到气候的直接影响和意外受损。根据监测工作的实际需要选择滤膜,包括表面收集特性和过滤效率好的滤材。

在常规采样中可采用对粒子大小无选择的总浓度采样器。常用的采样器是通过过滤器把所关心的气溶胶粒子浓集起来。由于滤材容易获得,抽气设备比较简单,效果也比较好,因而这种采样设备获得广泛应用。其他类型的总浓度采样器还有静电沉降器和重力沉降器。

无论是总浓度采样器还是粒度分级采样器都需要抽气动力装置。对抽气动力装置的要求如下:

(1)能给出不同情况下所要求的流量;

(2)具有较好的负载特性,以便满足长时间采样,阻力随收集介质上粒子的积累而增加,但不应引起流量的明显下降;

(3)给出的流量要稳定,特别是用于粒度分级采样器的抽气设备,要有稳定的瞬时流量,气流脉动越小越好;

(4)噪声小,耗电少,维修方便。

各类叶片泵和隔膜泵均需要满足上述要求。各类加油抽气泵和鼓风机等亦可酌情选用。在实际应用中,抽气动力常和流量测量与控制装置联动实现流量调节及维持流量恒定功能。测定与控制流量的装置有转子流量计、孔板流量计、煤气表等。对于总浓度采样器,可采用只给出累计体积的累积式流量计,目前一般采用具有即时流量显示、流量调节和采集体积累积功能的流量测量与控制装置。

2. 采样位置

根据监测目的、放射性物质的可能来源、监测区域大小、人员活动情况,以及其他一些因素来确定采样点的位置和数目。

在外环境中,应根据污染源的性质、分布情况和气象条件等确定采样点的位置与数目,一般在核电厂的上风向和下风向都应设点,根据污染范围,在下风向应多布点。在障碍物的下风向采样时,采样点离障碍物的距离应大于障碍物高度的10倍。采样头入口气流的方向和速度一般应与被采样气流的方向和速度一致。

采样高度通常选在距地面或基础面约1.5 m处。注意保持采样系统进气口和出气口之间有足够大的距离,以防止形成部分气流自循环。采样地点应避免选择在异常微气象情况或其他由于人为因素的影响可能导致空气浓度偏高或偏低的地点,如公路旁或高大建筑物附近。

假若空气采样的目的是确定空气浓度与地表污染浓度之间的关系,那么必须使空气采样的时间和地点与土壤样品(或其他标志放射性核素沉积水平的量)的采集时间与地点保持一致,以反映它们的相关性。

3. 采样频度和时间

在环境中,放射性气溶胶的浓度一般较低,采样需要大流量,长时间,在本底调查时尤为如此。核电厂运行期间的环境采样应能够反映月度或季度的变化,主导风下风向居民区、厂区边界、厂外烟羽最大浓度落点处需要连续进行采样。在某些特殊情况下,可根据需要适当增加采样频度。

在连续监测仪发出警报时,已知或怀疑出现异常的场合,必须增加采样点和频度,立即用大流量采样器收集样品,并采用单次与连续采样相结合的形式。可设置一套专门的采样系统,以备在非常规的情况下采样之用。

4. 采样体积

采样体积视目的、浓度，以及测量分析方法的灵敏度而定，可以通过选取适当的采样器截面积和流速达到一定的流量，调节流量和时间达到一定的体积，以满足测量分析方法的灵敏度和待测浓度的要求。对于直接的物理测量而言，选择采样器截面积时应考虑采样后所用测量探测器的有效面积；选择采样流量时应考虑获取代表性样品对采样流速的要求，以及流速与收集效率、流阻等的关系。环境采样流量一般为 20～2 000 L/min，核电厂正常运行情况下的采样体积一般不小于 10 000 m^3（标准状态）。

理论上，采样流量越大，在同样的时间内采样体积越大，探测下限越低。但空气中的含尘量会对最大流量构成限制。采样器在太大流量下工作会造成滤膜堵塞甚至破损。因此只能视情况优化选择流量。

采样体积的测定，直接影响到空气中放射性气溶胶浓度的测定，采样体积的不确定度应在 10%以内。采样流量在采样过程中要保持稳定，在正常运行和预期的滤膜负荷变化范围内，流量变化不应大于 5%。

滤膜上的尘埃量有可能直接影响到采样流量，因此，必须根据具体情况及时更换滤膜。气溶胶滤膜对放射性气溶胶的收集效率，对气溶胶中放射性活度浓度的计算有着很大的影响。在实际使用中，滤膜的收集效率可参考滤膜生产厂家所提供的参数，或使用“双层滤膜法”进行测定，下面对其进行简要介绍。

在相同采样条件下，将两层相同的滤膜受尘面向上叠放进行采样。将取回的两层滤膜分别在同一台 γ 谱仪上测量得到第一、第二层滤膜的 ^{7}Be 活度，同时假设两层滤膜的收集效率相等，则可利用下式计算滤膜的收集效率：

$$\eta = 1 - \frac{A_2}{A_1} \tag{3.2-1}$$

式中　η——滤膜的收集效率，%；

A_1——第一层滤膜的 ^{7}Be 活度，Bq；

A_2——第二层滤膜的 ^{7}Be 活度，Bq。

通过多次采样测量，可得到一批滤膜的平均收集效率及其标准偏差。由于 ^{7}Be 的半衰期较短，样品取回后需及时进行测量。

环境条件（温度、气压）的变化，可能影响到采样体积估算的准确度，为了修正这种影响，空气采样体积 V（m^3）应换算为标准状态下的空气采样体积。

首先，利用下式将流量计测录到的流量修正到标准状态下的流量：

$$Q_{nb} = Q_i \cdot \frac{T}{T_i} \cdot \frac{P_i}{P} \tag{3.2-2}$$

式中　Q_{nb}——标准状态下的流量，m^3/min；

Q_i——在 P_i 和 T_i 条件下采样时的流量，m^3/min；

T——标准状态下的热力学温度，K；

P_i——采样时的大气压力，Pa；

T_i——采样时的热力学温度，K；

P——标准状态下的大气压力,Pa。

然后,再根据换算后的标准状态下流量和采样时间算得标准状态下的采样体积:

$$V=Q_{nb}(t_2-t_1) \tag{3.2-3}$$

式中 V——标准状态下的采样体积,m^3;

Q_{nb}——标准状态下的流量,m^3/min;

t_2——采样结束时刻;

t_1——采样开始时刻。

能自动修正到标准状态下流量和采样体积的采样器,不必重复以上修正,但在进行计量校准时,应对其修正结果进行验证。

有时,为了提高监测灵敏度,常常把几次分段采样的采样量合在一起,此时可按下式计算总的采样体积:

$$V=\sum_{i=1}^{n}\frac{Q_{nbi}+Q_{nb(i-1)}}{2}(\Delta t_i) \tag{3.2-4}$$

式中 V——标准状态下的采样体积,m^3;

n——分段采样次数;

Q_{nbi}——标准状态下第 i 次分段采样的流量,m^3/min;

$Q_{nb(i-1)}$——标准状态下第(i-1)次分段采样的流量,m^3/min;

t_i——第 i 次采样时间,min。

5. 采样过程

气溶胶的采样方法随采样器的种类不同而略有差别,下面以核电厂常用的大流量或超大流量气溶胶采样器为例,说明气溶胶的采样方法。

采样前将用于采样的滤膜受尘面向上,平放在用酒精棉清洁过的工作台上,检查滤膜大小是否略宽于采样器采样口的有效尺寸,边缘是否平滑、薄厚是否均匀,应无毛刺、无污染、无碎屑、无折痕、无破损。在滤膜受尘面两个对角标识滤膜编号,将滤膜放入干燥设备中平衡,取出平衡后的滤膜,立即用天平称量。称量后的滤膜平展放入与滤膜编号相同的滤膜保存袋内,采样前不得折叠。

采样时用清洁的干布擦去采样头内部、滤膜夹和滤膜支持网表面的灰尘,检查确认滤膜支撑网无堵塞,滤膜夹无污染、无损坏。将滤膜受尘面朝向进气方向,平放在滤膜支持网上,同时检查滤膜编号,将滤膜牢固夹紧,确保不漏气。

按照采样器使用说明,设置采样参数,启动采样。记录采样起始时间、采样流量、环境温度和环境大气压等参数。

采样结束后,从滤膜边缘夹取滤膜,取滤膜时,如果发现滤膜破裂,或滤膜受尘面上的积尘边缘轮廓模糊、不完整,则该样品作废,应重新采样。对小型滤膜,可将其小心装入稍大一些的测量盒中封盖保存。对大型滤膜,将滤膜受尘面向里沿长边均匀对折,放入与滤膜编号相同的滤膜保存袋中。记录累积采样时间、采样流量、采样体积、环境温度、环境大气压、天气状况和空气质量状况等信息。

采样期间保持流量稳定,小时平均流量应控制在设定流量的 90%~110%,采样全过程平均流量应控制在设定流量的95%~105%。如果采样器无流量设定功能,可将采样流量稳定后第1小时的平均流量视为设定流量。

二、空气中^{131}I的采样

除了气溶胶形态的放射性碘以外,还存在普通粒子滤芯不易收集的碘形态(元素态,化合物)。为了有效收集碘,必须采用特殊的过滤芯(活性炭或沸石)。通过这种滤芯的流速一般要低于正常气溶胶的采样流速。采用活性碳[浸三亚乙基二胺(TEDA)]收集碘和惰性气体,高纯锗γ谱仪很容易区分不同核素。

1. 采样设备

根据监测目的的不同,在某些情况下可能需要分析碘的组成,此时应采用组合式全碘采样器。这种采样器由以下几部分组成:最前面为一层超细玻璃纤维滤芯,用于收集气流中的微粒碘,第二层为活性碳滤纸,用于收集元素状态的碘及非元素无机碘,再下一层是浸渍TEDA的活性炭盒,用于收集有机碘。玻璃纤维滤膜对微粒碘的收集可取100%,活性炭滤膜对无机碘的收集效率与气流面速度和温湿度有关,其具体收集效率可参考生产厂家所提供的参数,或由如下方式推算。

根据取样期间平均气流面速度和平均相对湿度,可按照如下公式求出相对湿度不大于50%、气流面速度不大于170 cm/s的样品分布参数α值:

$$\alpha=3.58\times10^{-1}-1.04\times10^{-3}\ V-1.12\times10^{-6}\ V^2 \qquad (3.2-5)$$

式中 α——分布参数,mm^{-1};

V——气流面速度,cm/s。

相对湿度不大于50%时,α与相对湿度无关;相对湿度大于50%时,α随相对湿度的增大而减小。在面速度为16.7 cm/s的条件下,相对湿度在50%~100%范围内,α值随相对湿度变化的关系式如下:

$$\alpha=7.28\times10^{-1}-8.88\times10^{-1}\ H-1.12\times10^{-1}\ H^2 \qquad (3.2-6)$$

式中 α——分布参数,mm^{-1};

H——相对湿度。

滤筒不同深度处每毫米炭层的收集效率如下:

$$\eta_{coli}=(e^{\alpha}-1)e^{-\alpha x_i} \qquad (3.2-7)$$

$$x_i=1,2,3,\cdots,20$$

式中 η_{coli}——滤筒深度x_i处1 mm炭层的收集效率(即第i层层的收集效率);

α——分布参数,mm^{-1};

x_i——离滤筒进气表面的垂直距离,mm。

碘采样器的流量测量与控制装置及抽气动力部分和气溶胶采样器基本一致,在此不再赘述。

2. 采样位置

空气中^{131}I的采样位置的选择需要考虑放射性物质的传播途径和可能的污染热点。例如,在核电厂附近,可能需要在不同距离和方向上设置采样点,以评估放射性物质的扩散范

围和浓度梯度。具体采样位置的选择可参考前文气溶胶的采样位置选择,采样点数量在其基础上适当减少。

3. 采样频度和时间

在环境中,^{131}I 的浓度一般较低,但由于^{131}I 的半衰期较短,需要在较短的时间内完成采样和分析,以减少衰变对测量结果的影响。定时采样可以提供放射性物质浓度随时间变化的信息。在某些特殊情况下,可根据需要适当增加采样频度。在已知或怀疑出现异常的场合,必须增加采样点和频度,并采用单次与连续采样相结合的形式。可设置一套专门的采样系统,以备在非常规的情况下采样之用。

核电厂运行前环境辐射水平调查期间,每季度对空气中^{131}I 开展监测。核电厂正常运行期间^{131}I 监测开展频度则为每月一次。

4. 采样体积

采样体积视采样目的、预计浓度及测量探测下限而定。一般空气^{131}I 样品的采样体积大于 100 m^3。采样流量应控制在 20~200 L/min 范围内,平均流量误差应不大于±5%。空气^{131}I 样品的采样体积同样需要修正至标准状态下的体积,具体计算方法可参考气溶胶样品部分。

5. 采样方法

采样前将浸渍活性炭放入烘箱内,在 100 ℃下烘烤 4 h 后,将浸渍活性炭、活性炭滤膜及玻璃纤维滤膜依次装入采样器,检查采样器的气密性。

采样时用清洁的干布擦去采样头内部、滤膜夹和滤膜支持网表面的灰尘,检查确认滤膜支撑网无堵塞,滤膜夹无污染、无损坏。将滤膜受尘面朝向进气方向,平放在滤膜支持网上,同时检查滤膜编号,将滤膜牢固夹紧,确保不漏气。

按照采样器使用说明,设置采样参数,启动采样。记录采样起始时间、采样流量、环境温度和环境大气压等参数。按照采样器使用说明,设置采样参数,启动采样。记录采样起始时间、采样流量、环境温度和环境大气压等参数。

采样结束,将滤膜与活性炭盒放进样品盒,用胶粘纸封好,放入塑料袋中密封。

长时间取样时,由于灰尘阻塞,会使流量下降,流量下降 20%时,应更换玻璃纤维滤膜。

采样期间保持流量稳定,小时平均流量应控制在设定流量的 90%~110%,采样全过程平均流量应控制在设定流量的 95%~105%。如果采样器无流量设定功能,可将采样流量稳定后第 1 小时的平均流量视为设定流量。

三、空气中^{3}H(HTO)的采样

空气中的气态氚可以分为水蒸汽氚(HTO)和氢气氚(HT)两个来源,对于水蒸汽氚的收集,有干燥剂法、冷冻法、鼓泡法。对于氢气氚的收集,都是先通过催化剂(如:钯、铂和氧化铜)使氢气态氚氧化成氚化水,再用干燥剂法、冷冻法、鼓泡法收集。

1. 采样设备

氚采样器的基本结构大致可分为三个部分:采样器、流量测量与控制装置和抽气动力,收集氢气氚的采样装置还包括配套的催化氧化装置。其中氚采样器的流量测量与控制装置及抽气动力部分,与气溶胶采样器上的同类装置类似。市面上常见的空气中总氚采集装

置,可同时对空气中的水蒸气氚及氢气氚进行分别收集。为防止空气中的杂物及尘埃被捕集,采样装置的进气口常设有气溶胶滤膜作为过滤装置,而出气口则设置防倒吸装置。

2. 采样位置

运行前本底调查期间空气中^3H(HTO)主要分布在厂区外半径 20 km 范围内,选择 8 个方位陆地(岛屿)上布点,每个方位布设 2~4 个点,平均每个方位(陆域)最少 3 个点。重点关注关键居民组、主导风下风向、烟羽最大浓度落点、人口集中区域和环境敏感区。

电厂运行期间采样点主要布设在主导风下风向、厂外烟羽最大浓度落点处及关键人群组。点位设置与该方位角的 γ 辐射空气吸收剂量率连续监测点位一致,与 γ 辐射空气吸收剂量率连续监测自动站共站共点。具体的采样位置选择原则可参考气溶胶采样。

3. 采样频度和时间

核电厂运行前环境辐射水平调查期间,每季度对空气中^3H(HTO)开展监测。核电厂正常运行期间,厂区边界、厂外烟羽最大浓度落点处、主导风下风向距厂区边界<10 km 的居民区任选其中 1~2 个点开展连续监测,其余点位则每月度开展监测。

4. 采样方法

使用干燥剂法、冷冻法或是鼓泡法,对于使用者而言采样的实际操作并无太大区别。从流量计读数和抽气时间可以确定抽取的空气量,标准状态下的空气采样体积修正可参照前文气溶胶部分。

干燥剂法中常用硅胶法,即在直径 5 cm、长 50 cm 左右的硬质玻璃或硬质塑料管中,填充非常干燥的硅胶(1.98~2.36 mm 粒度,称出其质量),上下端塞以石英棉将其固定。使空气通过该管一定时间,把水分捕集在硅胶上。再通过测定吸收了水分的硅胶总质量,即可求出收集的水蒸汽质量,驱出之水样供测量氚之用。

冷冻法将洗净并烘干至恒重后的玻璃冷阱插入热交换器,并连接至抽气动力。使空气通过该管一定时间,把水分冷凝在冷阱中。采样至要求的体积后取出冷阱,称量冷阱质量得到空气中的水含量,将冷凝水倒出即可取得样品用于测量。

鼓泡法需在洗净并烘干的收集瓶中加入一定体积的蒸馏水,称重后接入鼓泡器。使空气通过该管一定时间,采样至要求的体积后取出收集瓶,称量采样后水样质量与加入的蒸馏水质量之差即可得到空气中水蒸气质量。采样时需注意收集瓶中液位高度,液位过低可能使气液两相未交换完全,而液位过高则可能导致倒吸。

采样期间保持流量稳定,小时平均流量应控制在设定流量的 90%~110%,采样全过程平均流量应控制在设定流量的 95%~105%。如果采样器无流量设定功能,可将采样流量稳定后第 1 小时的平均流量视为设定流量。

四、空气中^{14}C 的采样

含放射性^{14}C 的空气样品采集需要使用能够吸附碳的吸附材料。^{14}C 是一种放射性同位素,在大气中的存在形态有 CO、CO_2 和挥发性有机碳,因此需要使用特殊的采样器来收集。空气中^{14}C 的采样方法主要采用催化氧化和碱液吸收。

1. 采样设备

空气中^{14}C采样系统由下列部件构成：转子流量计与调节器，高温催化床，分别装有2 mol NaOH溶液约75 mL的2个串接细长多孔鼓泡器吸收瓶，空气采样泵及其连接件。^{14}C采样器的流量测量与控制装置和抽气动力与气溶胶采样器基本一致。

2. 采样位置

运行前本底调查及核电厂运行期间^{14}C采样布点与^{131}I基本一致，布点数量在气溶胶点位的基础上酌情减少。具体的采样位置选择原则可参考气溶胶采样。取样位置的选择需要考虑^{14}C的来源，如化石燃料的燃烧或核爆炸。在这些区域，可能需要在不同的时间点设置采样点，以评估^{14}C的浓度变化。

3. 采样频度和时间

运行前本底调查及核电厂运行期间^{14}C采样频次与^{131}I基本一致。^{14}C采样的空气流量应小于等于1 L/min，总的累计采样空气体积3~4 m^3，采集时长不少于7天，标准状态下的空气采样体积修正可参照前文气溶胶部分。

4. 采样方法

采样原理主要是用抽气空气采样泵抽取一定体积的空气，经过气动滤水器、粒子过滤器除去空气中的灰尘，然后通过500 ℃高温氧化床，使其中微量的CO和碳氢化合物氧化成CO_2，最后气流经过4个串联连接的、装有NaOH碱液的吸收瓶，CO_2气体完全被碱液吸收。采样结束后将吸收瓶取下并密封，带回实验室待处理。

样品预处理需要将吸附剂从采样器中取出，并进行化学处理，以提取^{14}C。这可能包括氧化和还原步骤，以将^{14}C转化为易于测量的形式，通常转化为Na_2CO_3溶液或$CaCO_3$沉淀的形式。

五、沉降物的取样及预处理

沉降物取样一般包括沉降灰和降水取样，土壤和植物上的污染收集是一种取样方法，地表污染的直接测量也是一种沉降物取样监测。沉降灰和降水采样方法与土壤及水体沉积物采样方法相同。

沉降灰取样的目的是评估环境放射性的沉降量和评价沉降放射性的长期累积倾向。

沉降物采样还包括降水采样。降水采样是评估大气污染和气候变化的重要手段。降水样品包括雨、雪、雹等形式，其中可能含有多种污染物。降水取样的目的是测定大气水中放射性水平。降水的采集方法需要考虑降水的不连续性和季节性，可能包括连续采样和定期采样。

1. 沉降灰取样设备

沉降物取样设备的设计需要考虑沉降物的物理特性，如粒度、密度和湿度。取样设备的材料选择也非常重要，以避免对样品的污染。例如，不锈钢或塑料材料可以减少金属污染。采样器的大小和形状需要根据沉降物的采样量来确定。

常用的沉降灰收集器为接收面积0.25 m^2的不锈钢盘，盘深大于30 cm。

2. 降雨采样器

为了防止降雨冲走沉降物和防止降水样与气载沉降物相混，应采用降雨时自动关上顶盖、不降雨时自动打开顶盖的双采样盘(A、B)模式沉降物采样器,如图3.2-1所示。

图3.2-1 双采样盘(A、B)模式沉降物采样器

采样盘A在无降水时开启收集沉降物,应在其中注入蒸馏水(对于极寒地区,采样器没有加热装置的,可加防冻液,防冻液应经过辐射水平测量),水深经常保持在1~2 cm;也可在其表面及底部涂一薄层硅油(或甘油)。采样盘B在降水时开启收集沉降物。

收集样品时,用蒸馏水冲洗采样盘壁和采样桶3次,收入预先洗净的塑料或玻璃容器中封存。采样盘A和B的样品分别收集。

采样期间,每月应至少观察一次收集情况,清除落在采样盘内的树叶、昆虫等杂物。定期观察采样桶内的积水情况,当降水量大时,为防止沉降物随水溢出,应及时收集样品,待采样结束后合并处理。

另一个值得注意的问题,是要防止地面扬土和树叶之类杂物直接进入沉降盘,在沉降盘顶可加设适当的百叶窗片,沉降盘位置也不能太靠近地表。

3. 采样位置

运行前本底调查及核电厂运行期间沉降物采样布点与^{131}I基本一致,布点数量在气溶胶点位的基础上酌情减少。采样器安放在其开口上沿距地面或基础面1.5 m高度、周围开阔、无遮盖的平台上,盘底面要保持水平。若仅仅是为了收集沉降物,则上口高度离地面1.5 m;若是为了收集再悬浮物,则可以适当靠近地面。

4. 采样方法

(1)沉降灰采样方法

①湿法采样:采样盘中注入蒸馏水,要经常保持水深在1~2 cm。一般收集时间为一个季度。

②干法采样:在采样盘的盘底内表面涂一薄层硅油(或甘油)。收集样品时,用蒸馏水冲洗干净,将样品收入塑料或玻璃容器中封存。

(2)降水采样方法

大气降水可用降水自动采样器采样,或用聚乙烯塑料小桶采样。雪水可用聚乙烯塑料容器采样,上口直径60 cm以上。

5. 沉降物采样

采样器具在第一次使用前,用10%(V/V)盐酸浸泡一昼夜,用去离子水洗净。然后加少量去离子水振摇,用离子色谱法检查水中的Cl^-,若和去离子水相同,即为合格。采样器具晾干,加盖保存在清洁的橱柜内。

贮水器要定时观察。在降暴雨情况下,应随时更换,以防止外溢。采样完毕后,贮水器用去离子水充分清洗,以备下次使用。采集到的样品充分搅拌后用量筒测量降水总体积。采集到的雪样,要移至室内自然融化,然后再对水样进行体积测量。

每次降雨(雪)开始,立即将备用的采样器放置在预定采样点的支架上,打开盖子开始采样,并记录开始采样时间。不得在降水前打开盖子采样,以防干沉降的影响。取每次降水的全过程样(降水开始至结束)。若一天中有几次降水过程,可合并为一个样品测定。若遇连续几天降雨,可收集当日上午 8:00 至次日上午 8:00 的降水,即 24 h 降水作为一个样品进行测定。

降水样品采集后,应于棕色玻璃瓶中加盖密封保存。对于降水中的氚取样,采样容器中不加入酸。

6. 样品预处理

沉降物样品的预处理步骤需要根据后续分析方法的要求来确定。

干燥是常见的预处理步骤,可以通过自然晾干或使用干燥箱来完成。干燥可以去除样品中的水分,减少微生物活动和化学变化。

筛分是另一种常见的预处理步骤,可以使用不同孔径的筛子对沉积物进行筛分,以分离不同粒度的颗粒。筛分有助于减少样品的不均匀性,提高分析的准确性。

均质化是确保样品代表性的重要步骤。可以通过混合、研磨或搅拌来实现均质化。均质化可以减少样品的变异性,提高数据的可靠性。

冷冻保存是保持样品稳定性的有效方法。将预处理后的样品存放在低温环境中,可以减缓微生物活动和化学变化,保持样品的原始状态。

第三节　表层土壤样品采集及预处理

所谓土壤,是指岩石的风化物,加上生物活动而生形成的物质。广义来讲,河底泥、湖底泥之类也包括在内。但这里主要指农耕地和未耕地的土壤,它们主要是由黏土、淤泥、砂子,以及有机物组成的混合物。由于土壤的采样和分析是测定沉积到地面上的气载及水载长寿命放射性污染累积量,以及可能向食物链和其他途径(特别是水途径)转移的可能程度的有效方法,因此对土壤采样监测是十分重要的。在核电厂运行前的监测中,它可提供放射性核素在土壤中的浓度;在核电厂运行期间的常规监测中,用来监测排放的放射性核素的沉积;在事故情况下,土壤的采样和分析也是获得信息的手段之一。但是,在事故情况下,土壤的采样和分析并不像沉降物或气载放射性物质那样能及时和有效地提供资料。土壤采集的地点、深度、方法、数量和时间等,都是由采样分析的目的决定的。

1. 采样位置

每个采样地点,实际上是一个采样测定单元,它应具体地代表它所在的整片土壤。由于土壤本身在空间分布上具有一定的不均匀性,土壤被认为是不均匀的介质。因此,在环境监测中应多点采样,均匀混合,以获得有代表性的土壤样品。

样品采集前应尽可能了解待测样品区域的自然条件(地质、水文、植被、气候等)、土壤特性(类别、化学成分、分布特征、耕作状况等)、毒物污染历史及现状等。可采用环境水平剂量当量巡测仪进行初步测定,以便了解辐射场是否均匀或异常。在充分掌握资料的情况下,根据分析评价的目的(如事故监测、本底调查等)设计合理的采样区域和采样点布局,在做污染调查时,应选择远离污染源但土壤基质尽可能相似的区域作对照点。

在核电厂运行前的本底调查中,土壤的采样点应当与运行后的常规监测点是一致的。

如果为了估计某段时间内放射性沉积的情况,采样区域应选择在此期间未受到干扰的地方。对于核电厂的环境监测,要根据地形、大气扩散条件等因素来决定采样区域,并且应尽量选择在可能受到污染的地方。对于大规模的环境放射性水平调查,土壤采样点的设置可与环境 γ 辐射测量相一致,按网格布点,特殊地方加密布点。在事故情况下,采样点应根据事故性质和可能涉及的范围来选定。

采样点应近于水平位置,土壤应具有较好的渗透性,在大雨期间没有或很少有雨水流过,任何时候均未受雨水冲刷影响的地方。保护良好的矮草地是理想的采样区域,因为草坪和牧草对采样区域构成了很好的覆盖层,并且有助于防止水土流失。但是,高大的植物又会对本来应该沉降下来的气载物质起到一种阻留作用。采样区域一般宜选择在一块大而平坦的开阔地的中心,不要靠近建筑物、树木或其他有隐蔽或屏蔽作用的障碍物。采样点离建筑物最近距离不应小于 50 m,在 50~100 m 内应很少有建筑物。

此外,有过多的蚯蚓和啮齿类动物活动的地区也不适宜采样,因为它们会随时破坏土壤原来分布状态。对农耕地,要考虑作物种类、施肥培植管理等情况,选定能代表该地区状况的地点采集。施过化肥的耕地,可能会引起某些放射性核素浓度的增高,不宜选为采样区域。对未耕地,最好选在有草皮(植皮)、无表面流失等引起的侵蚀和崩塌,周围没有建筑物和人为干扰的地点。

关于采集范围,运行前本底调查期间应在厂区外,半径不超过 20 km 的范围内,在 8 个方位的陆地(岛屿)上布点,每个方位布设 2~4 个点,平均每个方位(陆域)最少 3 个点。重点关注关键居民组、主导风下风向、烟羽最大浓度落点、人口集中区域和环境敏感区。正常运行期间应在核电厂反应堆为中心 10 km 范围内采集陆地表层土。应考虑没有水土流失的陆地原野土壤表面土样,以了解当地大气沉降导致的人工放射性核素的分布情况;也应在农作物采样点采集表层土壤。

采祥深度取决于采样目的。通常的环境监测中,均采集表层土壤。若为了解近期气载及水载放射性物质沉积情况,则采样深度可为 5 cm。若为了测定早期核试验落下灰的沉积量,则采样深度可为 30 cm。若为了分析土壤中 ^{90}Sr 和 ^{239}Pu 的浓度,则采样深度可分别为 15 cm 和 10 cm。对于环境放射性水平调查,采样深度一般为 10 cm。

2. 采样频度和时间

采样频度取决于监测的目的。如果为了解土壤污染状况,则可随时采样。如果同时了解在该土壤上生长的农作物的污染状况,则采样时间应选择在作物生长的后期到下一期作物播种前。核电厂运行期间常规监测时,一般每年采样一次。

农耕地的取样时间,最好选在作物生长的后期(能突出显示土壤条件对作物生长产量的影响)到下一期作物播种前。

3. 采样设备

土壤采集器一般有两类(图3.3-1和图3.3-2):一种是上下两端开口的圆筒,上部有把手,圆筒的前端装有锐利的刀子,内径5~8 cm,高15 cm或20 cm,可以从地表往下采集15 cm或20 cm深的土壤。另一种也是圆筒取样器,其前端有特殊的刀子。工作时插入用第一种取样器打出的孔穴,旋转着向下推进取样,内径5~8 cm,高70~100 cm。主要用于采集下层土壤样品。

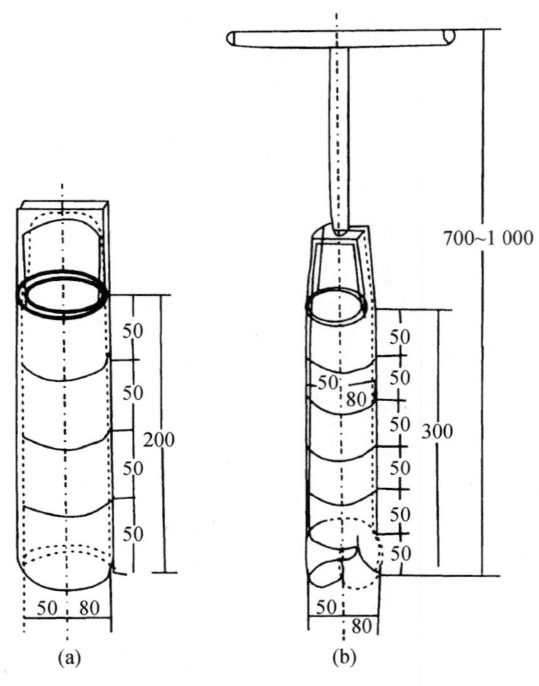

图3.3-1 两种简易土壤采样器

(单位:mm)

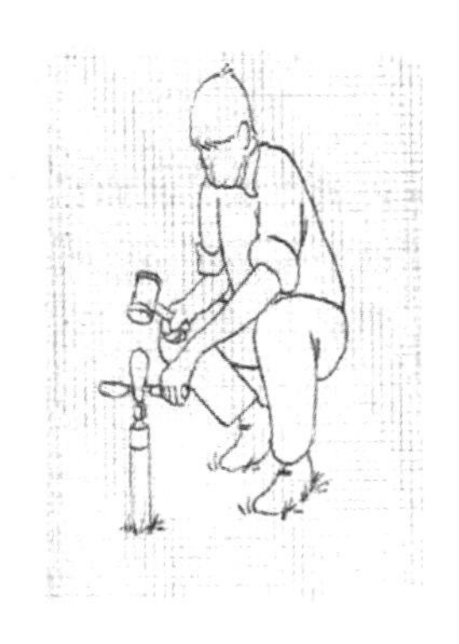

(a)把采样器打入土中

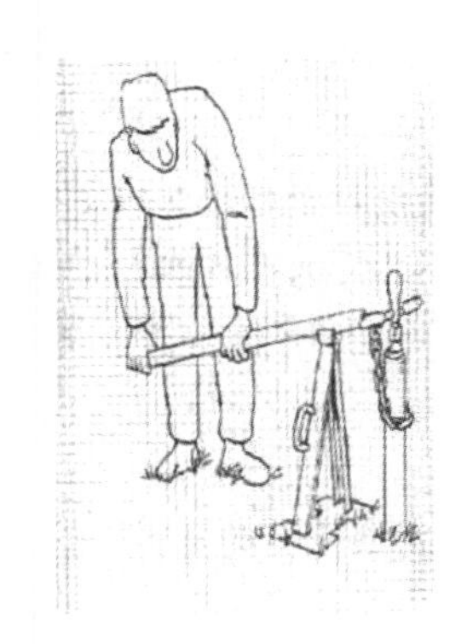

(b)利用起重器把采样器拔起来

图3.3-2 土壤采样器

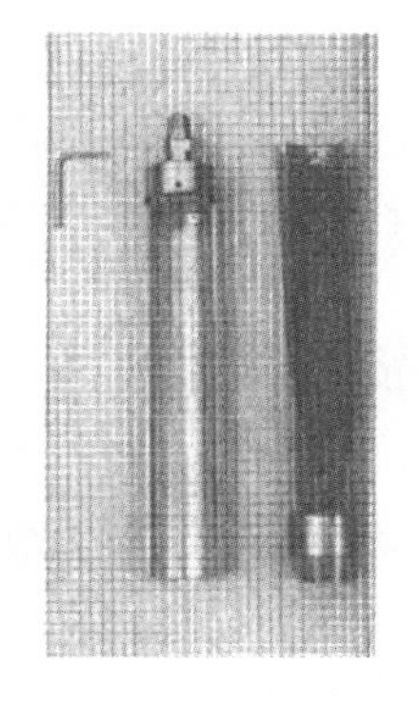

(c)采样器(包括内衬筒)

(d)起重器

图 3.3-2(续)

除了采集器,还有其他用具,主要有以下几种:

(1)捡土棒,长 100 cm 左右,钢铁制品,主要用于取样前对取样地点附近的土壤作预备调查。

(2)铁锹、移植镘刀,用于挖空穴、回收土壤采集器等用;

(3)锤子、大木槌,用来冲打采集器;

(4)卷尺、刻度尺(100 cm)、绳索、标签、简易木筷,还可以包括 GPS,用于决定取样点;

(5)其他:乙烯罩布、聚乙烯口袋、地图等。

4. 采样方法

一般采用梅花形布点或根据地形采用蛇形布点,采样点不少于 5 个。每个点在 10 m×10 m 范围内,采取 0~10 cm 的表层土。梅花形采样法适宜于面积较小、地势平坦、土壤较均匀的区域。蛇形采样法适用于面积较大、地势不太平坦、土壤不够均匀、采样点较多的区域,例如山区地形可考虑用蛇形布点采样。另外,对未耕地土壤,要选择能长期取样,拥有必需面积的场所取样,同时采样点数也比农耕地的稍多。

采样方法主要如下:

(1)对选定的取样点编系列号,去除散在表面上的植物、杂草石等。

(2)把土壤采样器垂直于取样点表面放置,用锤子或大木槌把采样器冲打到预定深度(0~10 cm)。

(3)用铁锹、移植镘刀等物把采集器从冲打的深度回收上来,这时要注意去除其外围的土壤。把采集器内采集到的土壤放入聚乙烯口袋内。

(4)如有必要,可用此法依次继续取得下层土的样品。

(5)如是砂质土壤,在回收取样器时,采样器内的土壤可能滑落,此时可用薄铁板或移植镘刀把采样器前端的开口部位堵住后再回收。

5. 样品预处理

(1)将土壤放在搪瓷盘内或塑料布上,捣碎,剔除杂草、碎石等异物,样品量取 2~3 kg。

(2)称湿重后将样品倒在托盘中,在干燥箱中样品经 105 ℃烘干至恒重,对于用于分析挥发性的放射性核素的样品,宜采用风干或冷冻干燥等处理方法。可根据检测要求确定是否测定样品含水率。在烘干或风平过程中要严防放射性污染。

(3)用清洁木棒碾压土壤样品,过10目(孔径为2 mm)尼龙土壤筛,收集并分别称量标记;将孔径≥2 mm的砾石称重装袋标记备查;将孔径<2 mm的土壤样品称重装入已编号标记的土壤样品瓶中备用。

第四节　水样品采集及预处理

从核电厂释放出的各种放射性流出物和来自核试验或核事故的放射性沉降物都可能使水体遭受污染,为此需要对与人们生活和生产密切相关的地表水和地下水等水体进行监测。

对各种水体的采样,通常有单次采样、连续采样和组合采样等三种方法。单次采样是指在特定地点单次(短时间内)采集水样。连续采样是指在特定地点不间断地采集水样。组合采样则有几种情况:将同一采样点不同时刻采集的样品集中在一起的混合样,称时间组合样品;将不同采样点同时刻(或接近同时刻)所采集的样品集中在一起的混合样,称空间组合样品;将不同采样点不同时刻采集的样品集中在一起的混合样,称时间空间组合样品。

单次采样只代表该点在采样时刻的状况,适用于一段时间内水体中的放射性水平比较稳定的情况,否则应考虑连续采样。组合采样适用于生产和特种工艺下水的监测,以及环境水体(地下水、地表水)长寿命放射性核素的监测。

一、地表水

地表水采样是环境监测的重要组成部分,因为地表水是生态系统和人类活动的重要水源,是地球上表面循环水的一部分,包括河川水、湖泊水、溪流水、池塘水等。地表水采样需要使用专门的设备和技术,以确保样品的代表性和完整性。采集和测量地表水的目的是为评价地表水受放射性污染程度提供资料。

1. 采样设备

(1)自动采样器:能够在设定的时间间隔自动收集水样。

(2)浮标采样器:固定在水面上,用于收集表层水样。

(3)水下采样器:用于收集特定深度的水样。

一般是选用自动采样器或塑料桶采集水样。容器采样前先用洗涤剂清洗除去油污等,用自来水冲洗干净后,再用10%硝酸浸泡8 h,再用蒸馏水冲洗干净并晾干,盖上盖子。分析^{3}H样品用棕色玻璃瓶采集。

2. 采样位置

核电厂本底调查期间采样选择半径10 km范围内主要地表水体、流域覆盖厂址20 km范围内面积较大的水体及流域覆盖主导风下风向面积较大的水体。这里的主要地表水体指湖泊、水库、江河,以及用于重要水厂和灌溉的地表水源。核电厂运行期间则选取预计受影响的地表水点位5~10个(地表水稀少的地区,可根据实际情况确定),对照点设在不可能受到核电厂所释放放射性物质影响的水源处。对于内陆厂址受纳水体,则在取水口、总排水口、总排水口下游1 km处、排放口下游混合均匀处断面各选取一个点位。

采样位置的选取主要考虑以下几类:

(1)在水的使用地点,例如,娱乐区、公共供水源等。

(2)在动物饮水或取水后用于喂养动物的地方。

(3)用于灌溉的水源。

本底水样,一般应选在核电厂排放点的河流上游处,但要避免在紧靠汇合处的上游处取样。对湖泊和池塘水体,应在不受设施排放影响的类似附近水体取样。取水点选择主要应考虑水体中放射性核素浓度是否均匀。

在港湾内或靠近港湾的水体内收集代表性样品可能是困难的,因为淡水和海水之间的温度和密度差可以形成层流。应当对水样进行盐度分析。这一情况可由于潮汐运行引起浓度的瞬时变化而进一步复杂化。此时,有必要增加样品的数量,并根据潮汐条件来决定取样时间。最好在逐次潮汐的间歇时间内取样。

对河川水、湖泊水、池塘水的具体取样位置主要考虑如下:

(1)河川水

一般选择河川水流中心的部位(河川断面流速最大的部分)除特别目的外,可采表面水。水断面宽≤10 m时,在水流中心采样;水断面宽>10 m,在左、中、右三点采样后混合。在有排放水和支流汇入处,则选在其汇合点的下游,两者充分混合的地方。河川涨水时,当有浊流等情况出现时,原则上暂停取样。

(2)湖泊水、池塘水

一般选湖泊中心部位取样,避开河川的流入或流出处采集表面水,由于比较容易分层,因此须多点采样。水深≤10 m,在水面下50 cm处采样;水深>10 m,增加一次中层采样,采样后混匀。

3. 采样频度和周期

确定采样频度时要综合考虑许多有关因素,包括污染来源、污染物的特征、污染物出现的周期、污染物浓度变化规律等。

对于环境水体的污染监测,采样频度要视水的利用情况和废水排放情况而定,对于地表水可每两周或每月一次。当发现水体受污染时应增加采样频度。为了能以预定的置信水平发现超过本底水平的污染,可以用统计检验的方法来确定采样频度。

对于沿海受潮汐影响的河流,每次采样均应在退潮和涨潮时增加采样。

对于城市主要承受污水或废水的小河渠,每年至少在丰、枯水期各采样一次。

4. 采样方法

采样前洗净采样设备。采样时用待采水样洗涤三次后开始采集。从塞子或阀门处采水样时,应先把采样管线所积累的水放光,再用水样清洗采样容器后再采样。

取样器浸入水中时,要让开口向着上游方向,小心操作,尽量防止扰动水体和杂物进入。先用取样器取水,再移入容器可以防止容器外壁污染。对于小于6 m深的水体取样,也可采用潜水泵取样。

如果样品与空气接触后,会使待测成分的浓度或特性发生变化,在采集这种样品时必须确保样品不与空气接触,并装满整个采样容器。

在水库和水池等的特定深度采集水样时,要使用专用的采样器,防止在采样时扰动水或使样品与空气接触而引起待测成分的变化。采样时应避开表面泡沫和杂物。乘船采样时,不能在被螺旋桨或摇橹引起的旋涡处采样。采深层水样时,将专用采样器放置在预定深度处待扰动平稳后再开始采样。

一般情况下,采样时不要分离颗粒状物质。如果水中含有胶状或絮状悬浮物,采样时要使其在样品中的比例与被采样水体中的比例大致相同。为此,取样时应当满足等流态条件。还应当注意到,此时若采用防止吸附的措施(如加酸),有可能使吸附在颗粒表面上的放射性核素从悬浮状态向溶解状态转移。

在较浅的小河和靠近岸边水浅的采样点可以涉水采样。但要避免搅动沉积物而使水样受污染。涉水采样时,采样者应面对上游,稍候采样。

5. 样品预处理

从采样到样品分析的时间应尽可能地短。如果待测核素是短寿命的,则应记录取样时刻并尽快进行分析。

只有在分析方法中有明确规定时,才能向样品中加入化学保存剂,并应在标签上注明。对于含有某些有机成分的水样可用快速冷冻法加以保存。

对于排放废水和环境水体的放射性监测,采样后应尽快分离清液与颗粒沉淀物,然后再向清液中加入保存剂(一般用硝酸),避免水体中颗粒物质上吸附的放射性核素向清液中转移。

样品在贮存期间,有些阳离子会被玻璃容器吸附或与玻璃容器发生离子变换。为此,除了^{3}H的测定外,一般核素的分析水样应分开存放,并加硝酸或盐酸使 pH 值为 2。

除特殊情况外,盛样容器不要满装,而应留有一小空间再封盖,以防止在运输过程中液体膨胀而使容器破裂。对于快速冷冻样品要采用单独容器,可装上固态二氧化碳一起运送,保持样品处于冰冻状态。

(1)取样以后,立即在样品中加入盐酸(1+1)或者硝酸(1+1)。每升样品水加 2 mL 酸,然后盖严。监测^{3}H(HTO)、^{14}C、^{131}I 的水样不用加酸。用离子交换树脂吸附法浓集锶与铯的水样也不同加酸酸化。

(2)用温度计直接浸入河水或湖泊中,或者在水桶装满水后立即用温度计测量水温。由于湖泊水、池塘水的分层,主要是受到温度分布的影响,因此测定不同取样深度上的温度分布是有帮助的。如有需要,也要测量 pH 值。

(3)原则上不进行过滤等处理。为了排除沉淀物的影响而采用过滤(澄清)时,要在野外记录表上记录清楚,再完成取样步骤。

二、饮用水、地下水

饮用水和地下水的采样对于评估水质和保障公共健康至关重要。采样设备和方法需要满足特定的水质标准和法规要求。为评价饮用水、地下水受污染情况提供资料。

1. 采样设备

(1)井水采样器:用于采集深层地下水。

(2)泵:用于抽取井水或泉水。

用自动采水器或塑料桶采集水样,容器预先用盐酸(1+10)洗涤后,再用净水冲洗干净,盖上盖子。分析^{3}H样品用棕色玻璃瓶采集。

2. 采样位置

核电厂运行前辐射环境本底调查期间的监测应在可能的关键居民组及半径 5 km 范围内设采样点。内陆厂址需在 20 km 内与受纳水体联系紧密的地下水单元考虑设采样点。滨海厂址不少于 4 个采样点,内陆厂址不少于 8 个采样点。采样点优先选择顺序是与厂区水文地质单元联系紧密的勘探井、泉眼和民用水井。核电厂运行期间采样则需考虑可能受影响的地下水源和饮用水源处,内陆厂址适当增加采样点位。可利用厂内监测井,根据实际情况也可以设置厂外环境监测井。

取样位置选择需要考虑水井的深度、水质和周边环境。通常选择水质稳定、无明显污染源的区域。

自来水采自自来水管末端水,井水采自饮用水井,泉水采自水量大的泉眼。

3. 采样频度和周期

生活用水和工业用水的采样频度视水源和采样点位置而异。当水源水体很大而且采水点离岸边足够远、不受支流汇水和岸边排放的废水等的影响时,可以两周或每月一次,使其能反映出季节变化。如果采水点位于水体的岸边而且常受汇入水、排放水的影响,则应以较短的周期采样。

4. 采样方法

采集方法需要遵循标准操作程序,以确保样品的完整性。可能包括初始弃水的采集、样品的混合和分装。

(1)先使采样水(井水或自来水)放水几分钟,并冲洗采样器具 2~3 次。用漏斗把样品采集到样品容器中去。

(2)把样品水充入样品容器中,至预定体积。

5. 样品预处理

样品预处理需要考虑分析方法的要求,可能包括过滤、酸化和冷藏保存。

(1)在采集好的样品中,立即添加盐酸(1+1),或硝酸(1+1),每升样品水加入 2 mL,然后盖严。

(2)水桶装满后,立刻用温度计测量水温。如有必要,也要测量 pH 值。

(3)原则上不进行过滤等处理,如进行过滤,则要作好记录。

三、海水

海水采样对于海洋科学研究和海洋资源开发具有重要意义。海水采样需要使用专门的设备和技术,以适应海洋环境的特点。

1. 采样设备

(1)采水器:用于采集不同深度的海水样本。

(2)多级采样器:能够同时采集多个深度的海水样本。

容器预先用盐酸(1+10)洗涤后,再用净水冲洗干净,盖上盖子。分析^{3}H 样品用棕色玻璃瓶采集。

2. 采样位置

采样位置选择需要考虑海洋环境的复杂性,如潮汐、海流和盐度。通常在代表性强、受人类活动影响较小的区域设置采样点。

核电厂本底调查期间滨海厂址，在以厂址排水口为中心，半径为 5 km、10 km 的圆与 8 个方位角形成的扇形区域内布点；在取水口、排水口、周围大型排污口、海湾出口、养殖区集中处、环境敏感区考虑增设针对性采样点。

正常运行期间海水应监测排污口附近沿海海域海水中放射性核素，对照点设在 50 km 外海域。

3. 采样方法

采样方法需要考虑海水的密度和流动性。可能包括表层水样采样、垂直剖面的采样或特定深度的采样。

近岸海域海水在潮间带外采样，近海海域（潮间带以外）海水水深<10 m 时，采集表层（0.1~1 m）水样；水深 10~25 m 时，分别采集表层（0.1~1 m）水样和底层（海底 2 m）水样，混合为一个水样；水深 25~50 m 时，分别采集表层（0.1~1 m）水样、10 m 处水样和底层（海底 2 m）水样，混合为一个水样；水深 50~100 m 时，分别采集表层（0.1~1 m）水样、10 m 处水样、50 m 处水样和底层（海底 2 m）水样，混合为一个水样。

采样方法如下：

（1）岸上采样

如果水是流动的，采样人员站在岸边，应面对水流动方向操作。若底部沉积物受到扰动，则不能继续采样。

（2）冰上采样

若冰上覆盖积雪，可用木铲或塑料铲清出面积为 1.5 m×1.5 m 的积雪地，再用冰钻或电锯在中央部位打开一个洞。由于冰钻和锯齿是金属的，这就增加了水质沾污的可能性，冰洞打完后用冰勺取出碎冰。此时要特别小心，防止采样者衣着和鞋帽沾污了洞口周围的冰，数分钟后方可取样。

（3）船上采样

向风逆流采样，将来自船体的各种沾污控制在一个尽量低的水平上。由于船体本身就是一个污染源，船上采样要始终采取适当措施，防止船上各种污染源可能带来的影响。当船体到达采样站位后，应该根据风向和流向，立即将采样船周围海面划分成船体沾污区、风成沾污区和采样区三部分，然后在采样区采样。发动机关闭后，当船体仍在缓慢前进时，将抛浮式采水器从船头部位尽力向前方抛出，或者使用小船离开大船一定距离后采样。在船上，采样人员应坚持向风操作，采样器不能直接接触船体任何部位，裸手不能接触采样器排水口，采样器内的水样先放掉一部分后，然后再取样。采集痕量金属水样时，应避免直接接触铁质或其他金属物品。

4. 样品预处理

（1）样品预处理需要考虑海水的化学稳定性，可能包括过滤、酸化和冷藏保存。

（2）海水样品采集后，原则上不进行过滤处理（当水中含泥沙量较高时，应立即过滤）。

（3）供 γ 能谱分析的海水预处理，在每升样品中加入 1 mL 浓盐酸；供总 α、总 β、^{90}Sr、^{137}Cs 分析的海水预处理，在 30~50 L 的塑料桶中进行，取上清液 40 L，用浓盐酸调节至 pH<2，密封塑料桶后送回实验室待分析；供^{3}H 分析的海水不作预处理，监测^{3}H

(HTO)、^{14}C、^{131}I的水样不用加酸预处理,其中^{3}H用棕色玻璃瓶密封保存,其余核素分析样品用塑料桶密封保存,水样采集量300 L。

第五节 水体沉积物样品采集及预处理

水体沉积物指河川、湖泊、海水的沉积物中粒度较细(直径小于2 mm)的成分。水体沉积物对一些关键核素常常具有较高的浓集作用,它可作为潜在影响作用的指标。

采集河川沉积物的目的是了解放射性沉积物,以及从核设施排放的水中累积的放射性污染物的趋势。湖泊沉积物是经过长期渐渐累积起来的,对于掌握放射性物质累积量的长期变化情况是很重要的。同样,测定海水沉积物中所含放射性水平的目的是了解放射性沉降物,以及从核电厂排放所造成的放射性积聚的趋势。可以认为,海水沉积物中人工放射性核素几乎都沉积在海水沉积物粒子的表面,粒子直径越小,放射性核素的相对浓度就越高。因此希望不要使微细粒子丢失,且要求从海水沉积物表面一直采集到沉积物的一定深度。

1. 采样设备

深水部位的沉积物,用专用采泥器采集。浅水处可用塑料勺直接采取。

深水部位的底泥采样器,根据情况的不同可以采用不同的专用采泥器。

(1)抓斗式采泥器

它是一种着底以后利用重量和弹簧关闭底板,抓取底泥的结构物。这类采泥器可采集相当坚硬的底泥,采集面积也是一定的,提升过程中样品流失较少。缺点是一旦夹住砾石之类的物质,采泥底板可能关闭不严,造成样品流出。在倾斜面和底泥非常坚硬的情况,采集也很困难。

(2)控泥船式采泥器

控泥船式采泥器包括圆筒型和刨型两种。圆筒型采泥器,开口部有2至4条锁链,可以系上绳索进行拖航。另外,刨型采泥器,为使取样层厚度均匀,其结构是在箱型本体上安装刀刃。挖泥船式采泥器能比较容易地挖取有砾石之类的底泥和比较坚硬的底泥。但是,其缺点是采集面积不清楚,微细粒子容易失落。而圆筒型采泥器,有时不知道采集层的厚度。

(3)其他器材

除了采泥器以外,还需视情况具备一些其他器材,如:

①绳索。对小型采泥器可采用6~8 mm直径的绳索,对大型采泥器可采用10~15 mm直径的绳索,或采用直径大于3 mm的钢丝绳。

②提升器材。视情况可采用卷扬机、绞盘、架式起重设备或滑轮等。

③聚乙烯盒。视采泥器的尺寸容量来选择。

④样品容器。最好是广口聚乙烯容器(5~10 L),没有容器时可采用聚乙烯口袋(几个套在一起),放在硬板纸箱内。

2. 采样位置

沉积物采样断面的设置原则上与水的采样断面相同,采样点与水的采样点位于同一垂线上,以便进行对比研究。但是,底部沉积物的采样是指采集泥质沉积物。如果来水的控制断面和消减断面所处位置是砂砾、卵石或岩石区,沉积物采样断面可向下游偏移至泥质区；如果水的对照断面所处的位置也是砂、卵石或岩石区，则沉积物采样断面应向上游偏移至泥质区。如果在采祥点采样遇有障碍物，可适当偏移。若中间点为砂和卵石，可只设左、右两点；若采样断面的左、右两点中有一点或两点均采不到泥质样品，可以把采样点向岸边偏移，但是采样点必须是在枯、丰水期都能为水所淹没到的地方。

调查特定污染源影响时，应在排污口上游避开污水回流影响处设置一个对照断面，在排污口下游视河流大小而在一定距离内设置若干个断面。

3. 采样频度和时间

在通常情况下，沉积物采样应一年进行一次。有丰、枯水期的河流，每年在枯水期采样一次。

4. 采样方法

底部沉积物的采样通常有表层泥质沉积物样品的采集和柱状样品的采集两种。底部沉积物中人工放射性核素主要存在于沉积物的表层。因此，从人工污染物的环境放射性监测的目的出发，采集时应尽量采集未被搅乱的表层。对于浅水区可用铲子手工挖出。对深水区，可乘船用采泥器取样。可用抓斗式采泥器或柱状采泥器，取到所需数量，装入样品盘，将用具用蒸馏水洗涮后，进行干燥。

（1）采用抓斗式采泥器

在采泥器上安装好绳索；打开底板，吊到水下去。操作过程会发生钩子脱落、底板关闭的情况，要注意防止伤害手部；采泥器放入水中时，绳索别放松。船驶动时，绳索要垂直，使采泥器着底，采集底泥。收集到底泥后，把采泥器提升上来，打开上盖，用铲子刮取到一定深度，装入样品容器；作业结束后，使用过的用具用水洗涮干净，然后进行干燥，根据需要加油维护。

（2）采用采泥船式采泥器的方法：

采泥器和绳索之间安装 1~2 m 链条，或者安装金属丝绳索（直径 3~5 mm）。连接金属丝绳索和绳索的钩环部分，安装 5~10 kg 重垂物；以最慢的速度，使船行进，把采泥器投入水中，放下绳索。长度为水深 2~3 倍的绳索放出来以后，把绳索固定在船上；以最缓慢的速度开动船只。通常为每 5~10 min 停一次船，卷扬采泥器，采集样品，反复采集样品，直到取得所需的数量。当底质比较柔软，或者水深为 10~20 m 时，可以不拖航，而采用停船状态卷起绳索的方法；把采泥器卷扬到船上，从盘中取出样品，移入聚乙烯盘中；作业结束后，使用过的用具用蒸馏水洗涮以后，进行干燥。

5. 样品预处理

水体沉积物的样品预处理可参考土壤样品的预处理。

第六节　生物样品采集及预处理

根据辐射环境监测技术规范要求，核电厂一般监测 10 km 范围内的粮食、蔬菜水果、牛（羊）奶、禽畜产品、牧草等中的放射性核素含量。目的是为评价食入途径剂量提供污染浓度资料。生物样品采集的部位要能反映所了解的情况；根据监测目的和污染物质对样品的影响情况，在植物的不同生长发育阶段适时采样，有的仅在收获季节采集当年刚生产的植物样品,动物则考虑食用性原则。

一、谷物类

食用作物中,特别是以其籽实供食用的作物中,除了大米、麦类之外,还有玉米、小米、稗子、荞麦等,其中以大米和麦是代表性谷物,占主要地位。

谷类一般选择当地消费较多和种植面积较大、生长均匀的地方,在收获季节现场采集谷类样品。

需要指出的是,食品的生产日期对半衰期较短的放射性核素的衰变校正十分重要,因此对生产日期有以下规定:大米、玉米、黄豆、小麦与蔬菜等农作物的生产日期指收获日期。有些样品不能指出确切日期,只知一个日期范围,则按该时期的中点日期计算。

1. 采样设备

(1)刀具:专用收割刀或普通镰刀;

(2)细绳:用于捆绑割下来的作物;

(3)风干用具:地上晾晒时,备草席、竹席(罩布),架上晾晒时,备木料、竹竿;

(4)样品容器:棉、麻、乙烯制口袋,每批样品应使用全新的口袋。

2. 样品采集量

主要考虑样品分部位处理时,最少部分的数量要足够分析用,一般至少有 1 kg 干重,尚须按分析项目的增多而适当增加,如为新鲜样品,以含 80%~90%的水份计算,则鲜样要比干样重 5~10 倍,总之应收集干籽实数 25 kg。

3. 采样方法

依据监测目的,选择当地消费较多和种植面积较大、生长均匀的地方,在选好的区域内分别采集谷物的根、茎、叶、果或全株。对谷物的采样,一般在收获季节进行,在各典型小区域内按梅花形法采样或交叉间隔式采集 5~10 个样,然后混合成一个代表样品。

4. 样品预处理

采回的谷类拣去砂粒与泥土等杂物及根须,食用部分用水洗净,将表面水用纱布擦干或凉干后,立即将其烘干而不使其中的核素损失。分别置于铝盘或瓷盘中,称鲜重,在 105 ℃(含核素碘的样品温度控制在 70 ℃)烘干或冻干至恒重,再称干重,计算干/鲜比。

核素活度浓度较低的样品,需要进一步灰化浓缩才能测量,可采用干式灰化、湿式灰化或低温灰化。

大量样品主要靠干式灰化。灰化时应严格控制温度,开始炭化阶段应慢慢升温,防止着火。为了使样品完全灰化或炭化,可对样品分多次灰化或炭化,同时在植物纤维、动物蛋白灰化时,容易产生空气污染,需通过排风进行多层过滤,除烟除异味。对脂肪多的样品可加盖并留有适当缝隙或皂化后炭化。炭化完成后可较快地将温度升至 450 ℃,并在该温度下灰化十至数十小时,使样品成为含炭量最少的灰。严格防止高温炉内温度过高,造成样品损失或烧结。对灰化时容易挥发的核素,如铯、碘和钌等,应视其理化性质确定其具体灰化温度或灰化前加入适当化学试剂,或改用其他预处理方法。待处理的样品中如需分析放射性铯时,灰化温度不宜超过 400 ℃。对要分析碘的样品,灰化前应用 0.5 mol/L NaOH 溶液浸泡样品十几个小时。牛奶样品在蒸发浓缩或灰化前也应加适量的 NaOH 溶液。灰化好的样品在干燥器内冷却后称重,并计算灰鲜比,然后按需要量制备测量样品。

二、蔬菜类

蔬菜类的栽培方式千差万别,种类繁多,主要以普通蔬菜或者当地居民消费较多或种植面积较大的蔬菜为采集对象。原则上不选择大棚或水箱中培植的蔬菜样品。蔬菜又可细分为叶菜类(菠菜、白菜)、果菜类(西红市、瓜、大豆)、根菜类(胡萝卜、萝卜等)以及芋类(甘薯、土豆)等。目的是为评价食入途径剂量提供蔬菜中污染浓度资料。

1. 采样用具和容器

(1)刀子:剪刀、镰刀等;

(2)耕作工具:镐头、铁锹等;

(3)容器:篮筐、聚乙烯口袋或乙烯口袋。

2. 采样方法

对非结球性叶菜(菠菜、油菜),选定菜园中央部分几处生长均匀的场所,采集生长在该垄上一定距离(如 1 m)范围内的全部作物;对结球性叶菜(白菜、卷心菜等)、大型果菜、根菜,以及芋类,由于个体差异大,为了方便,可在菜园中央部位选择 5~7 处生长均匀的场所,选择大小均匀的个体作为样品。新鲜蔬菜需 25 kg 左右,大豆等需 20 kg 左右。

三、牛羊奶

主要指直接从母牛(羊)身上挤得的原汁牛(羊)奶和经过消毒杀菌、脂肪均匀化等加工处理以后直接在市场上销售的市奶,以及脱水处理后的奶粉,而黄油、干酪、冰淇淋等奶制品除外。目的是由于牛(羊)奶是食物链中牧草→奶→人环节中的重要环节,因此监测奶中放射性浓度是十分重要的。

1. 采样容器和试剂

容器:聚乙烯瓶(5 L)。

试剂:质量浓度 37%的甲醛溶液。

2. 采样方法

(1)原汁奶

挤出来的鲜奶先在冷冻机中冷却搅拌后供取样,或装在奶罐里搅拌均匀后供取样用。采样前洗净采样设备,采样时用采样奶洗涤 3 次后采集,样品采集后应立即分析,如需放置时,要在鲜奶中加入甲醛防腐(加入量为 5 mL/L)。

(2)市奶(酸奶)或奶粉

从当地加工厂或市场购置同一批市奶(酸奶)或奶粉,但要确认原料产地。

四、牧草

由于牧草是食物链中牧草→奶→人环节中的重要环节,因此监测牧草中放射性浓度是十分重要的。

1. 采样用具和容器

(1)刀具:镰刀、剪刀等;

(2)容器:篮筐、聚乙烯口袋等。

2. 采样方法

考虑牧草地纵横面积情况,划分 10 个等面积区域。在每个区域中央位置,各取样 1~2 kg。若为稻科牧草,一般从离地面 10 cm 高度处割取。如是矮杆草,为了留下生长点,可在离地面 5~10 cm 高度处割取。采集牧草时不可将土带入,把收集到的牧草样品放入聚乙烯口袋,封口。

五、家禽、畜

虽然家禽、畜不属于环境介质的范围,但属于人类食物链上的重要环节,因此这里也作简要介绍。

1. 采样方法

根据与牧草、水体等介质的相关性,选择合适的采样场所,首先选择健康的群体,随机选取若干个体。根据监测目的取其整体或可食部分(肉、脂或内脏等)。在取内脏组织作为样品时,不要使内脏破损,汁液流出,并注意保鲜。

作为分析和保存目的,一般采集数千克。若委托采样,应作好相关记录。

一般不可从市场采集,更不能采集加工后的产品(如罐头)。

2. 样品预处理

将采来样品的可食部分洗净、晾干表面水分,称鲜重并记录。

六、陆地水生物

以食用鱼类和贝类为陆地水生物中的取样对象。于捕捞季节在养殖区直接捕集,或从渔业公司购买确知其捕捞区的陆地水生物,不能采集以饵料为主养殖的水产品。

根据目的取其所需部位,整个或可食部分,或者内脏、肌肉等。

1. 样品采样量

包括用作分析和保存在内,一般采集数千克。另外,还要考虑处理和制备过程的干燥物、灰分与鲜料之比,以及所需部位与整体之间的比例。

2. 采样方式

一般可委托捕捞,再购入所需样品,若由自己直接捕捞,也需与渔业人员商定。

3. 采样方法

(1)鱼类

鱼种不同,捕捞期也不同。多数情况下无渔业权者不能捕捞,所以需委托有关部门进行采样。

(2)贝类

样品采集方法同鱼类。

4. 样品预处理

(1)鱼类

采集到的样品,在其新鲜时用净水迅速洗净。

直接供分析和测定用的小鱼、鱼苗等全体样品,放入竹篓等器具内,控水 10~15 min。

大鱼则用纸张之类擦干,去鳞,去内脏,称鲜重(骨肉分离后分别称重)。

分取肌肉、内脏等部位时,注意不要损伤内脏,以免污染其他组织;勿使体液流出,以免引起损失。

为便于去骨,可将去鳞、去内脏后的鱼放入搪瓷盘内摊开,干燥箱内 105 ℃烘 1.5~2 h,骨肉分离后,去骨,称骨重,样品的鲜重为毛重减去骨重。

(2)贝类、甲壳类

为了去除它们吞下的泥沙,在原水中浸泡一夜,使其吐出泥沙。用刀具取出贝壳中软体部分,称重(鲜重)。

七、海洋生物

海洋生物可以分为以下四类。

(1)浮游生物:鱼类、乌贼类等浮游生物。

(2)底栖生物:贝类、甲壳类、海参类、海星类、海胆类、海绵类底栖生物。

(3)海藻类:裙带菜、羊栖菜、石花菜、苔菜、马尾藻、黑海带、褐海带等海藻类。

(4)附着生物:淡菜类、牡蛎、海鞘等生息在岩石礁石上的生物。

1. 采样部位

全体或可食部分,或者内脏、肌肉等,根据目的不同,采集部位不同。

2. 样品采集量

同陆地水生物,采样量约 25 kg。

3. 采样用具

一般做法是委托取样,然后购入。但必须交待和记录清楚具体要求。若自行取样也得取得相关部门同意和协助。可采用的工具如下。

(1)底栖生物:电子束拖网,或小型底曳网。

(2)海藻类、附着生物:刮土机,钢凿。

4. 采样方法

(1)浮游生物:在捕鱼期,随鱼种而定。若委托取样,需交待清楚必须详细记录的内容。

(2)底栖生物:海星类生物需雇用拖网采集。海滨岩石上固定的贝类,采用凿石钢凿和刮刀。

(3)海藻类:一般委托他人采集,需交待清楚必须详细记录的内容。

(4)附着生物:一般委托他人采集,需交待清楚必须详细记录的内容。

5. 样品预处理

(1)浮游生物:采集到的样品尽量在其新鲜时迅速用净水洗净。其余预处理方法同陆地水生物。

(2)底栖生物、附着生物:预处理方法同陆地水生物。

(3)海藻类:海藻类多数附着在其他动植物上。另外,藻类根部上常常容易附着岩石碎片等杂物,要注意把它们除去。用作指示生物时,要直接进行控水。若目的在于进行生物学调查,则要用取样现场附近的海水把它们洗净,去除细砂之类的物质。另外,作为食品样品处置时,要用自来水等清洗。用篮筐等控水,或是放入细腿网袋,用手甩干,或是放在脱水机内脱水(控制时间,不使体液流出)。控水以后,称重(鲜重)。

八、指示生物

生物界中,能够高度浓集环境中的放射性物质的生物称指示生物。由于利用这类生物可以比较容易地了解环境中放射性浓度的时间性和空间性变化,因此对指示生物的取样监测具有非常重要的意义。作为指示生物,需要具有对某种核素尽可能高的浓集率。同时,为了了解时、空变化情况,指示生物必须分布广泛。在时间上又可以经常多次采集到,群体大。另外,从特定区域指示意义上看,又希望它是移动性小、定居性强。当然,指示生物的个体差异会引起浓集率的变化,这是应当注意的。

作为监测放射性核素用的指示生物,陆上有松叶、杉叶、艾蒿等,海洋里有紫壳菜、马尾藻等。

1. 采集部位

(1)松叶等,原则上采集二年生叶;艾蒿等野草,也以其叶部为样品,茎、花蕾、花、枯叶应去除。

(2)海洋指示生物:参见海洋生物采集。

2. 采集用具和容器

(1)采集用具:乙烯手套、梯子(采集松叶)。

(2)采集容器:聚乙烯口袋。

3. 采集方法

(1)采集松叶:为防被叶子尖端刺伤,要戴上乙烯手套。选择树高 4 m 以下、树干直径小于 10 cm 的年轻树,并且尚未经过人工修枝。只采集二年生的松叶,共采集 20 kg 左右。

(2)采集艾蒿等野草:选择上空没有树木覆盖的场所。不要花梗之类,只取新鲜叶子。

(3)采集苔藓:可借助专门工具采集,取整体,不必去除假根,但需去除泥沙。

此外,也可用镰刀、修枝剪刀等采集茎和枝。

4. 样品预处理

采集到的样品,去除枯叶等杂物;茎和枝等一起带回时,只把叶子选出来,清洗干净。

九、生物样品的处理

生物样品的处理方法一般有干化、炭化、灰化等。目的不同采用方法也不同,比如对于含核素碘的样品,一般采用干化,烘干温度需控制在 70 ℃以内,以防止碘升华损失;如待测核素包含铯的同位素,则一般采用灰化。

1. 样品的干化处理

动物取瘦肉为主,用搅肉机搅碎,植物取可食部分适当切碎。置于烤箱中于 200 ℃烘干,在烘干过程中可经常翻动,加快烘干速度,烘干后称干重,记录干鲜比。用于测量^{3}H(TFWT,OBT)的样品可使用冻干机进行冻干。

2. 样品的炭化处理

将烘干称重后的样品碾碎,使之尽量细小,加快炭化速度。炭化温度应严格控制在 450 ℃以下。开始炭化时应缓慢升温以防着火。炭化过程中要注意经常翻动样品,使其受热均匀,防止底面温度过高,造成放射性核素的损失。待样品全部变成结块的焦炭状后,可将其转移至研钵中粉碎再继续加热,当无黑烟冒出时,可认为炭化完全。

3. 样品的灰化处理

(1)干灰化法

通过该法处理,样品质量(或体积)一般可缩小 1%~10%。该方法适用于样品量较大、对设备腐蚀作用小的样品。缺点是易挥发元素的损失率较大,且对某些样品(如粮食等)灰化时间太长。依据干式灰化方式的不同,可分为直接干灰化法、加辅助剂的干灰化法、低温干灰化法和充氧干灰化法。

①直接干灰化法

该法以空气中的氧为氧化剂,体系不密封,是一种通用方法,俗称马弗炉法。将炭化好的样品移入马弗炉内灰化。关好炉门,按待检核素所要求的温度灰化。如待测核素包含铯的同位素,则灰化温度不高于 450 ℃,直至灰分呈白色或灰白色疏松颗粒状为止。取出置于干燥器中,冷却至室温,称重、记录,计算灰鲜(干)比。将样品充分混匀后装入磨口瓶中保存,贴好标签。

该法中元素的损失率与灰化条件(温度、灰化时间、容器材料等)、元素性质和样品类型有关。某些元素和核素,如 Na、K、Cs、Hg、P、I、Ru、Zn、Cd、Sn、As、^{3}H 等较易挥发,应在低温下(<450 ℃)干灰化。

②加辅助剂干灰化法

该法同湿式灰化法结合使用,所用灰化助剂有 HNO_3、H_2SO_4、H_2O_2、$Mg(NO_3)_2$、NH_4NO_3 等。其目的在于促进有机物质的氧化分解,以缩短灰化时间。缺点是使操作复杂化,且因加入试剂而易引起污染、增高本底,因此需选用高纯试剂。

③低温干灰化法

该法可避免易挥发元素干灰化时的损失。一般有两种方法:射频激发氧低温灰化法和微波炉低温灰化法。前者应用较广,是在常压和低温下(<200 ℃),用射频(约 10 MHz)激发氧的等离子体氧化样品中的有机物。基本可定量回收大多数易挥发元素,不改变无机物的组分和结构,特别适合于作无机物状态和结构分析时的样品处理。缺点是处理样品量少,设备较昂贵。

④充氧干灰化法

该法是一种快速干灰化法,也称“氧弹法”。该法采用纯氧作氧化剂,在密闭的压力体系中进行氧化,优点为有机物分解完全,无试剂污染问题,缺点是设备昂贵,容器内壁需用耐腐蚀、耐高温材料,样品处理量较小。

(2)湿消化法

该法是将样品在氧化性溶液中加热进行消化,也称“湿法”或“湿消解法”,通常在常压下进行,也有加压下进行消解的。该法优点在于氧化速率快,无需专门仪器设备,元素损失率小。缺点是试剂用量较大,需用高纯试剂,腐蚀严重,可能引起剧烈反应造成样液溅失或爆炸危险,处理较为费时费事。一般可分为高温湿消化法、低温湿消化法和微波湿消化法。

①高温湿消化法

该法以无机酸类为氧化剂,与样品在闭口容器中进行加热消化,消化温度一般在 300~

350 ℃。该法可用单一无机酸,也可用混合酸。使用单一无机酸仍难以分解的试样,可用混合酸法进行消化。混合酸通常有以下几种:HNO_3 + $HClO_4$, HNO_3 + $HClO_4$ + H_2SO_4, HNO_3+H_2SO_4。

②低温湿消化法

该法又可分为 Fenton 试剂(H_2O_2/Fe^{2+})消化法和 HNO_3-H_2O_2/UV 照射消化法。优点在于低温操作,适用于含低熔点挥发性元素的样品灰化。前者 H_2O_2 作氧化剂,Fe^{2+} 为催化剂,消化温度约 100 ℃,但不适用于脂肪、油类等消化。后者是处理植物样品的新方法,先用 HNO_3 预消化,再加人 H_2O_2 用紫外灯照射,消化温度 150 ℃。

③微波湿消化法

该法为当代样品预处理的发展趋势,其最大优点是灰化时间短(几分钟)、酸用量少(一般数毫升)、灰化损失极小。该法样品处理用量较少(0.2~10 g),不适用于对微波渗透性差的样品,如焦炭、燃料等。常用微波功率为 400~700 W,可用单一无机酸或混合酸。为提高灰化速率,还可采用加压容器或密封容器中的微波湿灰化法。

④熔融法

该法主要用于以下几种情况。

干灰化法或湿消化法中不溶性残渣的处理;待测组分以不溶于酸的形式存在于样品中;加速示踪剂同待测核素间的同位素交换平衡。

该法的制样效果取决于样品组成、熔剂选择及熔融温度。熔剂一般分三种:酸性熔剂、碱性熔剂和氧化性熔剂。酸性熔剂如碳酸氢钠、硫酸氢钾、焦硫酸钾等,适用于氧化物和碱性物质的熔融;碱性熔剂如氟化钠、碳酸钠、氢氧化钠等,适用于酸性物质如硅酸盐的熔融;氧化性熔剂如硝酸盐、亚硝酸盐、过氧化钠等,适用于难熔融的氧化物。

(3)各种预处理方法的比较

各种样品预处理方法都有一定的适用性,表 3.6-1 从几个方面对各种样品预处理方法进行比较。

应该注意,不同的预处理方法都有一定的适应性和局限性。鉴于待测元素在环境样品中的化学形态往往不清楚,难以从理论上判断预处理时的损失率,应根据实验进行测定,也可做些预测。此外,由于灰化时影响元素损失的因素较复杂,谨慎选择适宜的预处理方法是必要的,只有在确定无损失的情况下,才能得到可靠的分析结果。

在核电厂环境监测实践中,一般使用直接干灰化法进行处理。

表 3.6-1　各种预处理方法的比较

方法	元素损失可能性	氧化速度	处理样品量	沾污可能性	对设备腐蚀性	设备费用
直接干灰化法	长	较慢	大	小	无	较贵
加辅助剂干灰化法	较大	较快	较大	可能	稍有	较贵
低温干灰化法	很小	快	小	小	无	昂贵
充氧干灰化法	可能	很快	较小	小	无	昂贵

表 3.6-1(续)

方法	元素损失可能性	氧化速度	处理样品量	沾污可能性	对设备腐蚀性	设备费用
无机酸湿消化法	小	较快	较小	大	大	便宜
Fenton 试剂湿消化法	小	快	小	可能	不大	较便宜
HNO_3-H_2O_2 湿消化法	较小	快	小	小	不大	较便宜
微波湿消化法	小	快	小	小	不大	较贵

第七节　样 品 管 理

一、采样的现场记录

所有采样过程中记录的信息应原始、全面、翔实,必要时,可用卫星定位、摄像和数码拍照等方式记录现场,以保证现场监测或采样过程客观、真实和可追溯。电子介质存储的记录应采取适当措施备份保存,保证可追溯和可读取,以防止记录丢失、失效或篡改。当输出数据打印在热敏纸或光敏纸等保存时间较短的介质上时,应同时保存记录的复印件或扫描件。

采样人员要及时真实地填写采样记录表和样品卡(或样品标签),并签名。记录表和样品卡由他人复核,并签名。样品卡字迹清楚,不能涂改。所有对记录的更改(包括电子记录)要全程留痕,包括更改人签字。样品卡不得与样品分开。记录表的内容要尽量详尽,其格式与内容可以随采样类别的不同而不同。

样品采样期间所有有关样品代表性和有效性的因素,如采样器故障、沙尘暴等异常气象条件、重度污染及以上空气质量状况和异常建设活动等均应详细记录。

二、采集样品的运输

样品采集完毕应尽快运输至实验室,应采用样品运输车辆专门运输,在法律法规许可条件下可以委托物流公司运送,但必须保证样品不被污染和不改变性状。

应妥善包装,防止样品受到污染,也防止样品破损洒落污染其他样品。特别是水样瓶颈部和瓶盖在运输过程中不应破损或丢失,空气样品不能互相重叠放置,应防止样品脱落。注意包装材料本身不能污染样品。为避免样品容器在运输过程中因震动碰撞而破碎,应用合适的装箱和采取必要的减震措施。

需要冷藏的样品(如生物样品)必须达到冷藏的要求,运输车辆需经特别改装。水样存放点要尽量远离热源,不要放在可能导致水温升高的地方(如汽车发动机、制冷机旁),避免阳光直射。冬季采集的水样可能结冰,如容器是玻璃瓶,则应采取保温措施防止破裂。

对于半衰期特别短的样品,要保证运输时间不影响测量。

严禁环境样品与放射性水平特别高的样品(如流出物样品)一起运输。

三、样品的保存

经过现场预处理的水样,应尽快分析测定,保存期一般不超过 2 个月。密封后的土壤样品必须在 7 天内测定其含水率,晾干保存。生物样品在采集和现场预处理后要注意保鲜。牛(羊)奶样品采集后,立即加适量甲醛,防止变质。

采集后的样品要分类分区保存,并有明显标识,以免混淆和交叉污染。

测量后的样品,仍应按要求保存相当长一段时间,以备复查。对于运行前本底调查样品,以及部分重要样品需要保存至电厂退役后若干年(如 10 年)。

四、样品的交接、验收和领取

送样人员、接样人员会同质保人员应按送样单和样品卡信息认真清点样品,接样人员应对样品的时效性、完整性和保存条件进行检查和记录,对不符合要求的样品可以拒收,或明确告知客户(送样人)有关样品偏离情况,并在报告中注明。确认无误后,双方在送样单上签字。

样品验收后,存放在样品贮存间或实验室指定区域内,由样品管理人员妥善保管,严防丢失、混淆和污染,注意保存期限。分析人员按规定程序领取样品。

五、建立样品库

监测完成后的样品可入库保存。放射性活度较高的样品由委托单位收回或暂存至城市放射性废物库。进库的样品应为物理化学性质相对稳定的固体环境样品,适合长期保存。

样品库应为独立房间,并应防止外界污染,保证安全。样品库的环境条件应满足长期稳定保存样品的要求,并根据样品的性质合理分区。样品库由样品管理人员负责,并建立样品保存档案。

第四章　辐射环境监测分析及测量

辐射环境监测通常在设施外围的环境中实施，用以查明公众照射和环境中辐射水平增加值。环境监测方案包括辐射场测量和环境样品中放射性核素活度浓度测量，监测和样品的种类要覆盖对公众的主要照射途径，并选择可以浓集放射性核素的指示生物，用以强化监视放射性水平变化趋势。要特别注意辐射环境监测方法关键技术指标能否满足环境监测的需要。大部分放射性核素的测量方法都有国家标准，但有些标准并不是为环境监测专用。监测标准与测量标准是有区别的，除了探测下限和测量范围可能不同外，前者还包含现场采样/监测的采样方法、点位布设、监测频次、环境条件、运行工况等规范性内容，后者则往往没有。

第一节　分析方法的一般要求

辐射环境监测可以在野外环境或实验室中进行，所采用的监测方法应当满足如下要求。

(1)仪器设备适合于特定辐射类型和能量的测量；

(2)满足最低和最高辐射水平或放射性活度浓度的规定要求；

(3)满足测量的介质、点位和频度；

(4)适应监测时的环境条件。

监测方法的选择和技术要求取决于监测目的。用于低水平测量的设备和方法，其探测下限(MDC)必须比用于管理或控制的相应放射性核素活度限值(如评价限值、指导水平、导出浓度、参考水平、行动水平、干预水平，具体可参见《电离辐射防护与辐射源安全基本标准》(GB 18871—2002)或其他特定辐射源的辐射防护环境保护标准)低1~2个数量级。如果规定的限值等于或低于本底水平，那么探测下线能保证测到低于本底水平即可。

辐射环境监测方法的标准，应优先选用生态环境主管部门发布的环境监测专用的环境标准；没有环境标准的，使用适合的国家标准；没有国家标准的，选用适合的其他部门行业标准，或适合的国际标准。如果某监测方法只有测量标准，还需补充完善现场采样/监测的采样方法、点位布设、监测频次、环境条件、运行工况等规范性内容，以作业指导书等文件形式予以规范。在采用一种监测方法时，要特别注意关键技术指标能否满足环境监测的需要。

初次使用标准方法前，应进行方法验证。包括对方法涉及的人员培训和技术能力、设施和环境条件、采样及分析仪器设备、试剂材料、标准物质、原始记录和监测报告格式、方法性能指标(如刻度曲线、判断限、探测下限、准确度、精密度)等内容进行验证，并根据标准的适用范围，选取不少于一种实际样品进行测定。使用非标准方法前，应进行方法确认。包括对方法的适用范围、干扰和消除、试剂和材料、仪器设备、方法性能指标(如刻度曲线、判断限、探测下限、准确度、精密度)等要素进行确认，并根据方法的适用范围，选取不少于一种实际样品进行测定。非标准方法应由不少于3名本领域高级职称及以上专家进行审定。环境监测机构应确保其人员培训和技术能力、设施和环境条件、采样及分析仪器设备、试剂材料、标准物质、原始记录和监测报告格式等符合非标准方法的要求。

第二节 空气样品中放射性核素活度浓度的测量

根据辐射监测技术规范要求,空气中放射性核素监测原则上在厂区边界处、厂外烟羽最大浓度落点处、半径10 km内的居民区或敏感区设3~5个采样点,至少每周测量一次总β或/和γ能谱。当总β活度浓度大于该站点周平均值的10倍或γ能谱中发现人工放射性核素异常升高,则将滤膜样品取回实验室进行γ能谱等分析。一般分析其总β、γ核素、^{90}Sr、^{14}C、^{131}I等。

一、气溶胶总β放射性测量

采用大流量或超大流量采样器抽取定量体积的空气,使空气中气溶胶粒子被截留在滤膜上,滤膜经400 ℃条件下灼烧处理得到固体残渣。准确称取相同质量厚度的固体残渣和标准物质,分别转移到测量盘内均匀铺平制成样品源和标准源,在采样结束至少96 h后开始用低本底α/β测量仪测量气溶胶中总β放射性。

1. 制样

(1)炭化、灰化

将滤膜剪碎放入已恒重称量的坩埚中,置于电炉上缓慢加热至滤膜完全融化,蒸干、炭化直至无烟状态,然后转入马弗炉缓慢升温至400 ℃灼烧至少2 h,直到成灰,取出坩埚放入干燥器中冷却至室温,准确称量灰样残渣总质量。将坩埚壁的灰粉尽可能全部刮下捣碎磨细,均匀混合。若必要时残渣用研钵研磨。

若灰样残渣总质量不足10A mg(此处A为测量盘的面积值,单位为cm^2),则应在坩埚中加入硫酸钙(硫酸钙纯度应为优级纯),使灰样总质量达到13A mg,再沿坩埚内壁加入无水乙醇30 mL,搅拌混匀后烘干。

(2)样品源及标准源制备

称取(10~13)A mg灰样残渣粉末到测量盘中,用滴管吸取无水乙醇,滴到残渣粉末上,将浸润在有机溶剂中的残渣粉末均匀平铺在测量盘内,然后将测量盘晾干或置于干燥设备中烘干(烘箱、红外灯和红外箱均可),即可制成样品源。

将β标准物质在烘箱中105 ℃干燥恒重后,直接称取与样品源相同质量的标准物质于测量盘中,按照样品源的制备步骤制备β标准源。

(3)空白样的制备

将硫酸钙在烘箱中105 ℃干燥恒重后,称取与样品源相同质量于测量盘,按样品源的制备步骤制成空白样。

(4)实验室全过程空白样的制备

取采集1次气溶胶所需的空白滤膜量剪碎放入已恒重称量的坩埚中,加入与气溶胶样品总残渣相近质量的硫酸钙,按灰化、炭化和样品源制备方法操作,然后称取与样品源相同质量的残渣，制成实验室全过程空白样。

2. 测量

(1)仪器本底测量

取干净无污染的测量盘，用无水乙醇浸泡 1 h 以上，取出烘干，置于低本底 α/β 测量仪上连续测量仪器的本底计数率 8~24 h，取平均值，以计数率 n_B(单位为 min^{-1})表示。

(2)仪器探测效率的测定

将标准源置于低本底 α/β 测量仪上测量计数率，以计数率 n_S(单位为 min^{-1})表示。按公式(4.2-1)计算仪器探测效率：

$$\varepsilon=\frac{n_S-n_B}{60\times A_S} \tag{4.2-1}$$

式中 ε——仪器探测效率，%；

n_S——标准源的计数率，min^{-1}；

n_B——本底计数率，min^{-1}；

60——单位转换系数，s/m；

A_S——标准源的活度，Bq。

(3)样品源的测定

在采样结束至少 96 h 后进行样品源测量。在低本底 α/β 测量仪上读取计数率(单位 min^{-1})，并记录测量起始时刻和测量时长。测量时间的长短取决于样品和本底的计数率及所要求的精度。

(4)空白样的测定

将空白样在低本底 α/β 测量仪上读取总 β 计数率。计数率应保持在仪器本底平均计数率的 3 倍标准偏差范围内，否则以当前计数率作为本底计数率参与公式计算，或者更换试剂重新测量。

(5)全过程空白样的测定

将实验室全过程空白样在低本底 α/β 测量仪上测量总 β 计数率。计数率应保持在仪器本底平均计数率的 3 倍标准偏差范围内，否则以当前计数率作为本底计数率参与公式计算，或者更换试剂重新测量。

3. 活度浓度计算

活度浓度按式(4.2-2)计算：

$$A=\frac{n_S-n_B}{60\times\varepsilon\cdot V\cdot F}\cdot\frac{M}{m} \tag{4.2-2}$$

式中 A——气溶胶样品中总 β 的活度浓度，Bq/m^3；

ε——仪器对一定厚度 β 标准源的探测效率，%；

n_S——样品的计数率，min^{-1}；

n_B——本底计数率，min^{-1}；

V——转换成标准大气压下的采集气溶胶样品的总体积，m^3；

F——滤膜的收集效率，%；

M——气溶胶灼烧后的残渣总质量,g;

m——样品源的质量,g。

二、气溶胶γ核素测量

通过大流量或超大流量采样器抽取定量体积的空气,使空气中气溶胶粒子被截留在滤膜上,滤膜经压片处理后用高纯锗γ能谱仪分析其γ放射性核素组成及浓度。

1. 制样

(1)样品制备

将滤膜放入干燥设备中进行氡子体衰变,根据氡子体活度确定衰变时间,一般为3~5天;如果测量^{41}Ar、^{88}Kr等半衰期特别短的核素,可不进行氡子体衰变。取出滤膜,立即用天平称量(m_2)。用酒精棉清洁压片机模具和工作台。打开滤膜,将受尘面向上平放在工作台上折叠(如果滤膜附有支持层,应先除去支持层)。需要将多张滤膜制备成一个样品,可将滤膜依次叠加整齐后折叠。折叠后的滤膜塞入压片机模具底部,将压片机模具放在压片机中心位置,用不少10吨的压力压实滤膜,保持2分钟以上。用游标卡尺测量高度(h),用天平称量。折叠和压片时防止滤膜上的积尘洒落。压片后的样品表面平整,积尘分布均匀,不易变形,直径与效率刻度源相同,高度尽量与效率刻度源相近,必要时可采用与空白滤膜依次叠加整齐后折叠压片等方法。在压片后的样品表面标识滤膜编号,装入样品容器并固定,密封后标识样品标签,在洁净、室温环境下保存。

(2)空白样品制备

取与采样滤膜同样尺寸的空白滤膜,按照与样品制备相同的操作步骤制备空白样品。

2. 测量

(1)仪器刻度

①能量刻度执行《高纯锗γ能谱分析通用方法》(GB/T 11713—2015)的相关规定。刻度时记录能量为477.6 keV、1 460.8 keV的道址。

②效率刻度执行《高纯锗γ能谱分析通用方法》(GB/T 11713—2015)的相关规定。效率刻度曲线有个"接点"E_e,对γ射线能量$E<E_e$的低能段,选择3~5个能量的γ射线,对γ射线能量$E>E_e$的高能段至少选择5个能量的γ射线。刻度时刻度源中心轴与探测器中心轴重合,必要时可采用定位架,测量结束检查刻度源与探测器的相对位置是否偏移。效率刻度测量时间满足特征γ射线全吸收峰净计数的统计误差小于0.25%。

(2)样品测定

测量前用酒精棉清洁制备好的样品并检查样品标签。测量时样品和效率刻度源与探测器的相对位置应严格一致,必要时可采用定位架。测量时间一般为24小时或满足待测核素特征γ射线全吸收峰净计数的统计误差小于5%。测量结束,检查样品与探测器的相对位置是否偏移。检查γ能谱内^{7}Be 477.6 keV和^{40}K 1 460.8 keV γ射线全吸收峰峰位变化,如果峰位变化超过1道,应重做能量刻度。按照与样品测定相同的操作步骤进行空白样品的测定,测量时间与样品测量时间相同。

3. 活度浓度计算

样品中待测核素的活度浓度按照公式(4.2-3)计算:

$$A=\frac{K\cdot(n_s-n_b)}{V\cdot\varepsilon\cdot F\cdot\gamma} \tag{4.2-3}$$

式中 A——样品中待测核素的活度浓度，Bq/m^3；

n_s——样品中待测核素特征γ射线全吸收峰净计数率，s^{-1}；

n_b——与 n_s 相对应的特征γ射线本底净计数率，s^{-1}；

V——标准状况下的采样体积，m^3；

ε——待测核素特征γ射线全吸收峰效率，$s^{-1}\cdot Bq^{-1}$；

F——样品相对于效率刻度源自吸收和高度修正因子，$F=F_1F_2$，F_1 为样品相对于效率刻度源自吸收修正因子，如果样品与效率刻度源密度相近，F_1 可取值 1，F_2 为样品相对于效率刻度源高度修正因子，如果样品与效率刻度源高度相近，F_2 可取值 1；

γ——待测核素特征γ射线的发射概率；

K——待测核素衰变修正因子，$K=K_CK_WK_D$。K_C 为采样开始至结束待测核素衰变修正因子，K_W 为采样结束至测量开始待测核素衰变修正因子，K_D 为样品测量期间待测核素衰变修正因子。

$$K_C=\frac{\lambda\cdot t_C}{1-e^{-\lambda\cdot t_C}} \tag{4.2-4}$$

式中 K_C——采样开始至结束待测核素衰变修正因子，如果待测核素半衰期与样品采样时间的比值大于 100，K_C 可取值 1；

t_C——采样开始至结束的时间，s；

λ——待测核素衰变常数，s^{-1}。

$$K_W=\frac{1}{e^{-\lambda\cdot t_W}} \tag{4.2-5}$$

式中 K_W——采样结束至测量开始待测核素衰变修正因子，如果待测核素半衰期与样品采样结束至测量开始时间的比值大于 100，K_W 可取值 1；

t_W——采样结束至测量开始的时间，s；

λ——待测核素衰变常数，s^{-1}。

$$K_D=\frac{\lambda\cdot t_D}{1-e^{-\lambda t_D}} \tag{4.2-6}$$

式中 K_D——样品测量期间待测核素衰变修正因子，如果待测核素半衰期与样品测量时间的比值大于 100，K_D 可取值 1；

t_D——测量开始至结束的时间，s；

λ——待测核素衰变常数，s^{-1}。

采样体积按照下列公式计算：

$$V=Q_n\cdot t=Q\cdot t\cdot\frac{273.15P}{101.325T} \tag{4.2-7}$$

式中 V——标准状态下的采样体积，m^3；

Q_n——标准状态下的采样流量，m^3/h；

t——采样开始至结束的时间，h；

Q——实际采样流量，m^3/h；

P——采样时环境大气压，kPa；

T——采样时环境温度，K。

三、气溶胶中^{90}Sr测量

气溶胶中^{90}Sr分析测量方法尚未有国家及行业标准，推荐方法主要参考《辐射环境监测技术规范》(HJ 61—2021)，《水和生物样品灰中锶-90的放射化学分析方法》(HJ 815—2016)和《土壤中锶-90的分析方法》(EJT 1035—2011)。

1. 制样与测量

将气溶胶滤布置于瓷蒸发皿中，加入0.5 mL锶载体、1.00 mL钇载体和1.00 mL铋载体溶液，在马弗炉中600 ℃处理1 h后取出冷却，加入140 mL 6.0 mol/L盐酸溶液，加热煮沸1 h，冷却离心，上清液收集于500 mL烧杯中，再用40 mL 1.0 mol/L盐酸溶液洗涤残渣一次，将上清液和洗涤液合并(浸取液)，弃去残渣。

向浸取液中加40 g草酸，加热溶解，加入适量氢氧化钠溶液，调节溶液pH值至3(若无白色沉淀出现再加适量草酸)；然后在沸水浴上加热，不断搅拌，使氢氧化铁沉淀完全消失。得到带有白色沉淀的亮绿色溶液，继续加热15 min，冷却至室温。

用定量滤纸过滤沉淀，用草酸溶液洗涤两次，每次20 mL，弃去溶液；将沉淀连同滤纸移入100 mL瓷坩埚中，烘干炭化后，在马弗炉中于600 ℃灼烧1 h。

坩埚冷却后，将残渣转入150 mL烧杯中，先用少量6.0 mol/L硝酸溶液湿润残渣，再用浓硝酸将其完全溶解，然后加入1 mL H_2O_2脱色，将其在砂浴上加热，得到无色透明溶液。

离心，将溶液转移到200 mL烧杯中，用适量硝酸溶液把不溶物转移到另一烧杯中，加入1~2滴氢氟酸，加热破坏硅酸盐和磷酸盐，将其和200 mL烧杯中的溶液合并，冷至室温。

轻轻摇动溶液并滴加0.5mL硫化钠溶液，生成黑色的硫化铋沉淀；离心或过滤。收集的溶液加热至微沸，冷却后用水稀释，使体积为90~100 mL，酸度小于1.0 mol/L。

浸取液以0.6~0.8 mL/min的流速通过HDEHP-kel-F色层柱，记下从开始过柱到过柱完毕的中间时间，作为锶-90-钇-90的分离时间t_1；用50 mL 1.0 mol/L盐酸溶液和40 mL 1.3 mol/L硝酸溶液以相同的流速洗涤柱子。

用50 mL 6.0 mol/L硝酸溶液以0.4 mL/min的流速解吸钇。解吸液收集于烧杯中，加入5 mL饱和草酸溶液，用氢氧化铵调至pH值为1.5~2.0，将烧杯置于水浴中煮10 min。

沉淀转移到铺有已称重定量滤纸的可拆卸式漏斗中，抽吸过滤，依次用1%草酸溶液、无水乙醇各5 mL洗涤沉淀；将其固定在测量盘上，烘干测量，记下从开始测量到测量完毕的中间时间，作为测量时间t_2。

测量后的样品源置于110 ℃烘30 min，冷却室温，称至恒重，计算钇的化学回收率。

2. 活度浓度计算

快速法测量锶-90时，按下式计算试样中锶-90的含量：

$$A=\frac{N}{E_f \cdot m \cdot Y_Y \cdot e^{-\lambda \cdot (t_2-t_1)}} \cdot \frac{J_0}{J} \qquad (4.2-8)$$

式中 A——样品中锶-90 的活度浓度,Bq/g;

N——样品源的净计数率,s^{-1};

Y_Y——钇的化学回收率;

m——称取样品量 g;

E_f——钇-90 的探测效率,$s^{-1} \cdot Bq^{-1}$;

J_0/J——锶-90-钇-90 参考源效率比;

$e^{-\lambda \cdot (t_2-t_1)}$——钇-90 的衰变因子;

t_1——锶钇分离的时刻,h;

t_2——钇-90 测量进行到一半的时刻,h;

$\lambda=0.693/T$,T 为钇-90 半衰期,$T=64.2$ h。

沉降物和气溶胶的活度浓度要根据具体要求转换成需要的单位。

四、空气中^{14}C测量分析

用抽气泵抽取一定体积的空气,通过高温氧化铜或钯催化剂床及其接的装有 NaOH 碱液的吸收瓶,使取样空气中原有的 CO_2 和由 CO、有机碳氧化生成的 CO_2 完全被碱液吸收捕集。使溶液中被吸收的 CO_2 转化为 $CaCO_3$ 沉淀,用乳化闪烁液的固体悬浮物测量技术直接测定 $CaCO_3$ 粉末中^{14}C 的比活度,从而估算出空气中^{14}C 的活度浓度。本方法对 Na_2CO_3 转化为 $CaCO_3$ 沉淀的化学回收率高于98%,对标样的 $CaCO_3$ 粉末液闪计数的相对标准偏差小于±3.0%。主要参考文件为《辐射环境检测技术规范》(HJ 61—2021)和《空气中^{14}C 的取样与测定方法》(EJ/T 1008—1996)。

1. 制样与测量

在实验室里,将 2 个吸收瓶中的 NaOH 溶液倒入烧杯中,对每个吸收瓶分别加入 30 mL 蒸馏水清洗 2 次,并将清洗液一并倒入烧杯中。

在磁力搅拌的同时,在烧杯内的溶液中加入一定体积的 2 mol/L 的 NH_4Cl 溶液,调节 pH 值到 10.5。

用滴定管缓慢滴加一定体积的 2 mol/L $CaCl_2$ 溶液,使 $CaCO_3$ 沉淀完全析出。

抽吸过滤,弃取上清液,用蒸馏水和乙醇反复洗涤 $CaCO_3$ 沉淀物 3 次,以消除 $Ca(OH)_2$ 可能产生的影响。

将滤纸上纯净的 $CaCO_3$ 沉淀放入烘箱内,在 100 ℃下烘干,取出后用天平称重,记录生成 $CaCO_3$ 的质量。

将烘干称重后的 $CaCO_3$ 用研钵研磨成粉状,保存在干燥器中备用。从制备的 $CaCO_3$ 粉末中用天平称取 4 g 放入 20 mL 计数瓶中,加入 6 mL 水,再加入 10 mL 甲苯-TritonX-100 闪烁液,加盖密封,振荡摇均。

将加好闪烁液样品的计数瓶振荡 1 min,放入暗室避光 24 h 后在液闪谱仪上进行计数测量,样品测量时间一般为 10 800 s。

2. 空气中^{14}C的活度浓度计算

$$C=\frac{M\cdot(n_c-n_b)}{60\varepsilon\cdot W\cdot V} \tag{4.2-9}$$

式中 C——空气中^{14}C的活度浓度,Bq/m^3;

W——$CaCO_3$粉末质量,g;

M——由吸收CO_2的碱液生成的$CaCO_3$粉末总质量,g;

V——取样空气体积,m^3;

n_c——样品计数率,cpm;

n_b——本底计数率,cpm;

ε——液闪谱仪的计数效率,%。

或

$$A=\frac{(n_c-n_b)}{60\varepsilon\cdot W\times 12\%} \tag{4.2-10}$$

式中 A——空气中^{14}C的活度浓度,Bq/g·碳;

60——单位换算系数,s/m;

12%——$CaCO_3$中C的百分含量;

W——$CaCO_3$粉末质量,g;

n_c——样品计数率,cpm;

n_b——本底计数率,cpm;

ε——液闪谱仪的计数效率,%。

五、空气中^{131}I测量分析

用取样器收集空气中微粒碘、无机碘和有机碘。微粒碘收集在玻璃纤维滤纸上,元素碘及非元素无机碘主要收集在活性炭滤纸上,有机碘主要收集在浸渍活性炭滤筒内。取样器结构如图 4.1-1 所示。用低本底γ谱仪测量样品中^{131}I的能量为 0.365 MeV 的特征γ射线。

1. 测量

用低本底γ谱仪分别测定玻璃纤维滤纸、活性炭滤纸和滤筒中^{131}I能量为 0.365MeV 的特征γ射线的净计数。放置滤筒时应把进气表面朝上。应选择适当的测量时间,使在 95%置信度下净计数的误差不大于±10%。

空气中^{131}I活度浓度计算如下:

$$A=\frac{n}{\gamma\cdot\eta\cdot V_0\cdot E\frac{1}{\lambda\cdot t_1}(1-e^{-\lambda\cdot t_1})\cdot e^{\lambda\cdot\Delta t}\frac{1}{\lambda\cdot t_2}(1-e^{-\lambda\cdot t_2})} \tag{4.2-11}$$

式中 A——样品中^{131}I的活度浓度,Bq/m^3;

n——样品谱 364.48 keV 特征峰在t_2内的净计数率(已扣除峰下连续谱),s^{-1};

γ——^{131}I的 364.48 keV 峰γ射线分支比;

V_0——标准状况下的累积采样体积,m^3;

η——^{131}I 的 364.48 keV 峰效率；

E——收集效率；

λ——^{131}I 的衰变常数；

t_1——样品采集开始到采集结束的时间，s；

Δt——样品采集结束到样品测量开始时的时间差，s；

t_2——样品测量的实时间，s。

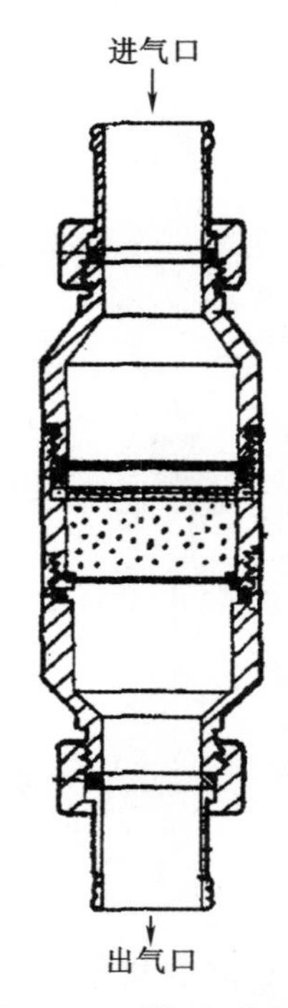

图 4.1-1　^{131}I 气体取样器

空气采样体积修正如下：

$$V_{nbi}=K\cdot V_i\cdot\frac{T}{T_i}\cdot\frac{P_i}{P} \tag{4.2-12}$$

式中　V_{nbi}——标准状态下第 i 段的累计采样总体积，m^3；

V_i——第 i 段在 P_i 和 T_i 条件下的采样体积读出值，m^3；

P_i——采样时的大气压，kPa；

$$P_i=\frac{P_{i1}+P_{i2}}{2} \tag{4.2-13}$$

P_{i1}——第 i 段采样开始时的气压，kPa；

P_{i2}——第 i 段采样结束时的气压，kPa；

P_0——标准状态下的大气压，101.325 kPa；

T_i——第 i 段采样时的绝对温度，为采样时的摄氏温度值与 273.15 之和，K；

$$T_i=\frac{T_{i1}+T_{i2}}{2} \tag{4.2-14}$$

T_{i1}——第 i 段采样开始时的温度值,K;

T_{i2}——第 i 段采样结束时的温度值,K;

T——标准状态下的绝对温度,$T=273.15$ K;

设 K 为根据气溶胶取样器校准证书得到的流量计校准因子,计算公式为

$$K=\frac{\text{采样仪器实测流量}}{\text{采样仪器示值流量}} \tag{4.2-15}$$

当进行 n 次分段取样,总的取样体积为

$$V_0 = \sum_{i=1}^{n} V_{\mathrm{nb}i} = K \cdot \frac{T_0}{P_0} \cdot \sum_{i=1}^{n} \left[V_i \cdot \frac{P_i}{T_i} \right] \tag{4.2-16}$$

2. 碘盒收集效率的修正

当碘盒的尺寸、吸附材料及处理方式等与《空气中碘-131 的取样与测定》(GB/T 14584—1993)要求一样时,可直接用该国标推荐的下述公式计算在相对湿度为 H、气流面速度为 v_{f} 的收集效率:

$$E = E_H = \sum_{i=1}^{20} (\mathrm{e}^{\alpha} - 1)\mathrm{e}^{-\alpha x_i} \tag{4.2-17}$$

式中 E——滤筒总收集效率;

α——分布参数,mm^{-1};

x_i——离滤筒进气表面的垂直距离,mm。

在相对湿度小于等于 50%时,分布参数 α 与相对湿度无关,碘在碘盒中的分布参数随气流面速度变化的计算公式为

$$\alpha_{v_{\mathrm{f}}}=3.58\times10^{-1}-1.04\times10^{-3}v_{\mathrm{f}}-1.12\times10^{-6}v_{\mathrm{f}}^2 \tag{4.2-18}$$

式中 $\alpha_{v_{\mathrm{f}}}$——分布参数,mm^{-1};

v_{f}——气流面速度,$\mathrm{cm}\cdot\mathrm{s}^{-1}$

$$v_{\mathrm{f}}=\frac{1\,000/60\cdot v}{S}=\frac{1\,000/60\cdot v}{\pi d^2/4}=\frac{66.67v}{\pi d^2} \tag{4.2-19}$$

其中 v——取样流量,$\mathrm{L}\cdot\mathrm{min}^{-1}$;

S——碘盒的有效截面积,cm^2;

d——碘盒的内径,cm。

在相对湿度大于 50 %时,α 随相对湿度的增大而减小。在面速度为 16.7 $\mathrm{cm}\cdot\mathrm{s}^{-1}$ 时,相对湿度在 50%~100%范围内,分布参数随相对湿度的变化关系如下:

$$\alpha_H=7.28\times10^{-1}-8.88\times10^{-1}H+2.55\times10^{-1}H^2 \tag{4.2-20}$$

可用在 $H=50\%$的 α 计算归一化因子,修正不同面速度下的分布参数,α 计算公式为

$$\alpha=\alpha_{v_{\mathrm{f}}}\cdot\frac{\alpha_H}{\alpha_{H=50\%}} \tag{4.2-21}$$

如果碘盒的尺寸、材料等参数不完全与《空气中碘-131 的取样与测定》(GB/T 14584—1993)要求一样时,且生产厂商提供了不同面速度下的收集效率,可直接以厂商提供的参考相对湿度归一化修正收集效率。

第三节　土壤样品中放射性核素活度浓度的测量

土壤中放射性核素的污染将直接影响到土壤中种植的农作物。根据辐射监测技术规范要求土壤中放射性核素监测范围原则上在核电厂周边小于 10 km,16 个方位角内(主导风下风向适当加密)。一般分析其^{90}Sr、γ 能谱,每个方位最近的 1 个点加测^{239}Pu 和^{240}Pu。

一、土壤中^{90}Sr 分析

推荐土壤中^{90}Sr 的分析方法包括快速法和放置法 2 种。快速法适用于已达到$^{90}Sr-^{90}Y$长期平衡的样品,主要步骤是盐酸浸取土壤中待分析元素、草酸盐沉淀形式浓集锶和钇、硫化铋沉淀形式除^{210}Bi、磷酸二(2-乙基己基)酯(HDEHP)色层分离 Y^{3+}、草酸钇沉淀制源、低本底 β 计数器装置测量^{90}Y。放置法适用未达$^{90}Sr-^{90}Y$ 平衡的样品,将快速法中经 HDEHP 色层分离后的流出液调节 pH 值,放置 14 天后使$^{90}Sr-^{90}Y$ 达到衰变平衡,再次用萃淋树脂 HDEHP 色层分离,置于低本底 β 测量装置测量^{90}Y。主要参考标准为《辐射环境监测技术规范》(HJ 61—2021)和《土壤中锶-90 的分析方法》(EJ/T 1035—2011)。

1. 制样与测量

称取 50 g 土壤样品放入坩埚中,加入 0.5 mL 锶载体、1.00 mL 钇载体和 1.00 mL 铋载体溶液,在马弗炉中 600 ℃处理 1 h 后取出冷却,加入 140 mL 6.0 mol/L 盐酸溶液,加热煮沸 1 h,冷却、离心,收集上清液于 500 mL 烧杯中,再用 40 mL 1.0 mol/L 盐酸溶液洗涤残渣一次,将上清液和洗涤液合并(浸取液),弃去残渣。

向浸取液中加 40 g 草酸,加热溶解,加入适量氢氧化钠溶液,调节溶液 pH 值至 3(若无白色沉淀出现再加适量草酸);然后在沸水浴上加热,不断搅拌,使氢氧化铁沉淀完全消失。得到带有白色沉淀的亮绿色溶液,继续加热 15 min,冷却至室温。

用定量滤纸过滤沉淀,用草酸溶液洗涤两次,每次 20 mL,弃去溶液;将沉淀连同滤纸移入 100 mL 瓷坩埚中,烘干、炭化后,在马弗炉中于 600 ℃灼烧 1 h。

坩埚冷却后,将残渣转入 150 mL 烧杯中,先用少量 6.0 mol/L 硝酸溶液湿润残渣,再用浓硝酸将其完全溶解,然后加入 1 mL H_2O_2 脱色,将其在砂浴上加热,得到无色透明溶液。

离心,将溶液转移到 200 mL 烧杯中,用适量硝酸溶液把不溶物转移到另一烧杯中,加入 1~2 滴氢氟酸,加热破坏硅酸盐和磷酸盐,将其和 200 mL 烧杯中的溶液合并,冷却至室温。

轻轻摇动溶液并滴加 0.5 mL 硫化钠溶液,生成黑色的硫化铋沉淀;离心或过滤。收集的溶液加热至微沸,冷却后用水稀释,使体积为 90~100 mL,酸度小于 1.0 mol/L。

浸取液以 0.6~0.8 mL/min 的流速通过 HDEHP-kel-F 色层柱,记下从开始过柱到过柱完毕的中间时间,作为锶-90-钇-90 分离时间 t_1;用 50 mL 1.0 mol/L 盐酸溶液和 40 mL 1.3 mol/L 硝酸溶液以相同的流速洗涤柱子。

用 50 mL 6.0 mol/L 硝酸溶液以 0.4 mL/min 的流速解吸钇。解吸液收集于烧杯中,加入 5mL 饱和草酸溶液,用氢氧化铵调至 pH 值 1.5~2.0,将烧杯置于水浴中煮 10 min。

沉淀转移到铺有已称重定量滤纸的可拆卸式漏斗中，抽吸过滤，依次用1%草酸溶液、无水乙醇各5 mL洗涤沉淀；将其固定在测量盘上，烘干、测量，记下从开始测量到测量完毕的中间时间，作为测量时间t_2。

测量后的样品源置于烘箱110 ℃烘干30 min，冷却至室温，称至恒重，计算钇的化学回收率。

2. 活度浓度计算

快速法测量锶-90时按下式计算试样中锶-90的含量：

$$A=\frac{N}{E_{\mathrm{f}}\cdot m\cdot Y_{\mathrm{Y}}\cdot \mathrm{e}^{-\lambda(t_2-t_1)}}\cdot\frac{J_0}{J} \tag{4.3-1}$$

式中 A——样品中锶-90的活度浓度，Bq/g；

N——样品源的净计数率，s^{-1}；

Y_{Y}——钇的化学回收率；

m——称取样品量，g；

E_{f}——钇-90的探测效率，$s^{-1}\cdot Bq^{-1}$；

J_0/J——锶-90-钇-90参考源效率比；

$\mathrm{e}^{-\lambda(t_2-t_1)}$——钇-90的衰变因子；

t_1——锶钇分离的时刻，h；

t_2——钇-90测量进行到一半的时刻，h；

$\lambda=0.693/T$，T为钇-90半衰期，$T=64.2$ h。

二、土壤中γ能谱分析

根据检测目的采集具有代表性的环境或生物样品，经物理或化学方法预处理制成具有一定体积或形状的测量样品，使用γ能谱仪获取待分析样品的特征γ射线全能峰，经能量刻度和效率刻度，对样品中放射性核素的种类和活度进行定性（特征峰位）和定量（特征峰面积）的分析，从而给出所分析放射性核素在样品中的活度浓度。

1. 能量刻度

（1）能区范围与道址

标准源中放射性核素所发射的γ射线的能量宜尽可能均匀分布在所需刻度的能区（通常为40～2 000 keV），且最少需要4个能量点。刻度的能区范围（脉冲幅度分析器满量程）可通过调节系统的增益来完成。如果所分析的能区为40～2 000 keV，应调节系统增益，使^{137}Cs的661.66 keV γ射线的全能峰峰位大约在多道分析器总道数的1/3处。若多道分析器取8 192道，则该峰位约在3 000道附近。

γ能谱仪系统调至合适的工作状态并待稳定后，将能量刻度标准源置于探测器适当位置，获取一个至少包含均匀分布于整个能区的4个孤立全能峰的γ能谱，记录标准源的特征γ辐射的能量及其全能峰峰位。

（2）刻度曲线的拟合

采用谱分析软件获得全能峰峰位，确定峰位和能量之间的关系，用谱分析软件进行γ

射线能量与全能峰峰位的拟合。处于良好工作状态的 γ 能谱系统的能量刻度曲线非线性不能超过 0.5%(拟合曲线的二次项与之后各项之和不能超过总贡献的 0.5%)。

(3)刻度曲线的核查

在样品测量期间,至少用 2 个能量点的全能峰峰位对谱仪进行定期检查,所用 γ 射线的能量应分别靠近刻度能区的低能端和高能端。如果峰位基本保持不变,则刻度数据保持适用。若多道分析器取 8 192 道,要求对 ^{60}Co 的 1 332.5 keV γ 射线的全能峰峰位置于 6 000 道附近时,24 h 内峰位漂移应不超过 2 道。

2. 效率刻度

(1)标准源选择与谱获取

标准源应选择与待测样品的几何形状和大小相同、基质一样或类似(或质量密度相等或相近)、核素活度和 γ 射线能量已知,以及源容器材料和样品容器材料相同的标准源。效率刻度标准源的放射性核素总活度应小于 1 000 kBq,能量分布应适当,用于效率曲线刻度时的能量点应分布在需刻度的能区内(通常为 40 ~ 2 000 keV),选择至少 9 个能量的 γ 射线。

将谱仪系统调至合适工作状态并待稳定后,把效率刻度标准源置于与样品测量时几何条件完全相同的位置上获取刻度 γ 能谱,并使 γ 能谱中用于刻度的全能峰净面积计数统计引入的相对扩展不确定度不超过 1%($k=2$)。

(2)γ 射线全能峰探测效率刻度程序

以效率刻度标准源谱获取时间归一,得到归一后的基体本底谱的有关核素的本底数据(简称基体本底归一谱)。从效率刻度标准源谱中扣除基体本底归一谱,得到刻度核素的净谱。从净谱中选择该核素的特征 γ 射线的全能峰,并求得其净峰面积。计算所选特征 γ 射线的全能峰净峰面积,与在获取效率刻度标准源能谱同一时间间隔内效率刻度标准源中总放射性活度的比值,即为该能量 γ 射线的全能峰探测效率。如果所选特征 γ 射线是级联辐射,在计算净峰面积时,应对级联辐射的相加效应做出修正。拟合探测效率与 γ 射线能量之间的关系曲线,此曲线即为效率刻度曲线。

(3)相对比较法

对于待测样品与效率刻度标准源的几何形状相同、性状相似,所分析的核素或 γ 射线能量相同的情况,则该能量 γ 射线的全能峰探测效率可直接用于相对比较法的刻度。

(4)效率曲线法拟合

对于待测样品与效率刻度标准源的几何形状、性状等相同,只是核素或 γ 射线能量不同的情况,射线全能峰探测效率刻度可用全能峰效率曲线法。在常用能区内(如 40 ~ 2 000 keV),至少选择 9 个能量孤立的 γ 射线能峰,并计算它们的全能峰探测效率。

用谱分析软件完成 γ 射线全能峰探测效率与 γ 射线能量的关系曲线拟合,即 γ 射线全能峰效率刻度曲线。通常采用系统自带的谱分析软件进行 γ 射线能量与全能峰效率的拟合。

(5)效率刻度修正

采用相对比较法和效率曲线法时,当效率刻度标准源与样品的装样量或密度间差异较大时,应对效率刻度做出修正,特别是在能量低于 200 keV 的特征 γ 射线核素活度分析时,密度差异不能忽略,应进行样品自吸收修正。采用效率曲线法时,如果使用的效率刻度标准源中某种核素具有级联 γ 辐射,而且 γ 能谱是在效率刻度标准源距离探测器较近情况下获取的,则用于计算效率的峰面积应做符合相加修正。当效率刻度标准源中,使用的基质中固有的放射性核素(通常是天然放射性核素)与加入的标准源溶液或标准物质的 γ 能量一样或相近,宜考虑它们对刻度谱峰面积的影响。一般可以用制作效率刻度标准源的基质单独制作一个"基体"本底样,并在同样条件下获取其 γ 能谱,然后从刻度谱(或对应的全能峰面积)中扣除"基体"本底。对反康普顿 γ 能谱仪系统的全能峰效率刻度,应特别注意级联 γ 辐射核素的相应全能峰面积处理。通常可以利用其同时获取的非反符合谱中相应峰面积,经符合相加修正后,再计算全能峰探测效率。

3. 制样与测量

(1)样品制备原则

样品制备方法可根据实际使用的谱仪类型、数据处理方法、实验分析目的等具体情况选择。短半衰期核素检测项目要尽快进行预制备和测定、分析,对含有易挥发核素或伴有放射性气体。生成的样品,以及需要使母子体核素达到平衡后再测量的样品,要将测量容器密封,并待其达到放射性平衡时再开始测量,否则在数据处理时,要对非平衡核素做出合理的校正。在不影响测量精度的情况下,尽量减少处理步骤,缩短环节,采用简单的方法,以最大限度减少。由处理过程引入的测量结果的不确定度(如核素丢失、污染等)。

(2)γ 能谱获取

测量前检查 γ 能谱仪,待进入正常工作状态,设定高压、测量时间等有关参数,把制好的样品置于 γ 能谱仪探测器的合适位置进行测量。采用与获取效率刻度标准源 γ 能谱相同的几何条件和工作状态下测量样品 γ 能谱。测量时间视 γ 能谱仪探测效率、样品中放射性强弱和对特征峰面积统计精确性要求而定。低活度样品的长期测量中应注意和控制谱仪的工作状态变化对样品谱的可能影响,测量过程中可暂停获取谱数据(或作为一个单独谱存储一次并分析处理。对于天然核素活度低的样品分析时,应在测量样品之前或之后(或者前后各一次)测量基体本底谱,用于谱数据分析时扣除本底谱的贡献。

(3)核素识别

根据确定的峰位,用能量刻度的系数或曲线内插值求出相应的特征峰能量,根据所确定的 γ 特征峰能量查找能量-核素数据表(库),即可得知样品中存在的核素。但有时需要根据样品核素半衰期(具体可测量峰面积的衰变曲线),一种核素的多个 γ 特征峰及其发射分支比比例或核素的低能特征 X 射线等辅助方法加以鉴别。

(4)核素活度浓度确定

根据鉴别的核素的特征,原则上尽量选择了射线发射分支比大,受其他因素干扰小的一个或多个 γ 射线全能峰作为分析核素的特征峰。伴有短半衰期核素而难以选定时,可利用不同时间获取的 γ 能谱做适当处理。根据样品谱特征峰的强弱和具体条件选择合适的方法计算特征峰面积。受干扰小的孤立单峰,可直接使用谱分析软件计算得到的特征峰面积。

当分析重峰或受干扰严重的峰时,应使用具有重峰分解能力的曲线拟合程序。可以通过选取适当本底谱和峰形拟合方法,将谱分段,确定进行拟合的谱段。对选定的谱段进行非线性最小二乘法拟合,求出拟合曲线的最佳参数向量。对拟合的最佳峰形函数积分或直接由有关参数计算峰面积和相关量。在重峰的情况下,运用适当的剥谱技术,或通过总峰面积的衰变处理,或其他峰面积修正方法。达到分解重峰或消除干扰影响的目的。

4. 活度浓度计算

采用全能峰效率曲线法刻度的γ能谱仪时,按下式计算采样时刻样品中核素活度浓度

$$A_b=\frac{(N_s/T_s-N_b/T_b)F_1F_3}{F_2\varepsilon Pme^{-\lambda\Delta t}} \tag{4.3-2}$$

式中 A_b——采样时刻样品中核素活度浓度,Bq/kg、Bq/L 或 Bq/m^3;

N_s——样品测量的全能峰净面积计数;

T_s——样品测量活时间,s;

N_b——本底峰净面积计数;

T_b——本底测量活时间,s;

F_1——短寿命核素在测量期间的衰变修正因子,如果被分析的核素半衰期与样品测量的时间相比大于100,F 可取为1;

F_3——符合相加修正系数,对发射单能γ射线核素,或估计被分析γ射线的相应修正系数不大时,F_3 可取1;

F_2——样品相对于效率刻度标准源γ自吸收修正系数,如果样品密度和效率刻度标准源的密度相同或相近,F_2 可取1;

ε——相应能量γ射线全能峰探测效率,s^{-1}/Bq;

P——相应能量γ射线发射分支比;

m——测量样品的质量或体积(当测量样品不是采集的样品直接装样测量时,则为相应于采集时的样品质量或体积),kg、L 或 m^3;

λ——放射性核素衰变常数,s^{-1};

Δt——核素衰变时间,即从采样时刻到样品测量时刻之间的时间间隔,s。

三、土壤中^{239}Pu和^{240}Pu分析

经过预处理的样品制备成6~8 mol/L 的 HNO_3 样品溶液。经过还原、氧化调节钚的价态后,钚以 $Pu(NO_3)_5^-$ 或 $Pu(NO_3)_6^{2-}$ 阴离子形式存在于溶液中。用三正辛胺-聚三氟氯乙烯色层粉萃取色层吸附钚,用盐酸和硝酸淋洗以进一步纯化钚。用草酸-硝酸混合溶液解吸。在低酸度下进行电沉积制源。最后用低本底α谱仪测量钚的活度。

1. 制样与测量

从土壤试样中称取30.0 g的试样,准确到0.1 g,置于250 mL烧杯中加入一定量的钚化学产额指示剂^{242}Pu,缓慢加入体积比1:1的硝酸70 mL,搅拌均匀后放在电炉上加热煮沸10~15 min(防止迸溅和溢出),冷却至室温后将浸取液和沉淀转移至100 mL离心管中离心10~15 min(转速为3 000 r/min),收集上层清液。再用40 mL体积比1:1的硝酸将沉淀转移至原烧杯中再重复加热浸取一次,将两次上层清液合并。沉淀用30 mL 3 mol/L 硝酸、30 mL去离子水分别洗涤一次,离心,上层清液与前两次上层清液合并(称为A液)。

按每100 mL上述A溶液加入0.5mL氨基磺酸亚铁溶液,进行还原,放置5~10 min,再

加入 0.5 mL 4 mol/L 亚硝酸钠溶液,进行氧化,放置 5~10 min,然后在电炉上煮沸溶液,使过量的亚硝酸钠完全分解,冷却至室温。将上述溶液的酸度调至 6~8 mol/L,并以 2 mL/min 的流速通过已装好的色层柱。用 10 mL 体积比 1∶1的硝酸分多次洗涤原烧杯,洗涤液以相同的流速通过色层柱。依次用 20 mL 10 mol/L 盐酸,30 mL 3 mol/L 硝酸以 2 mL/min 的流速洗涤色层柱,最后用 2 mL 蒸馏水以 1 mL/min 的流速洗涤色层柱。

在不低于 10 ℃条件下,用 0.025 mol 草酸-0.150 mol 硝酸溶液,以 1 mL/min 的流速解吸钚,并将解吸液收集到已准备好的电沉积槽中,用体积比 1∶1的氢氧化铵调节电沉积槽中的解吸液的 pH 值为 1.5~2.0。

将上述电沉积槽置于流动的冷水浴中,极间距离 4~5 mm,电流密度在 500~800 mA/cm^2 下,电沉积 60 min,然后加入 1~2 mL 质量分数 25%~28%的氢氧化铵,继续电沉积 1~3 min,断开电源,弃去电沉积液,并依次用水和无水乙醇洗涤镀片,而后在红外灯下烘干。在电炉上 400 ℃下灼烧 1~3 min。

将镀片置于低本底 α 谱仪上测量。

2. 活度浓度计算

钚的放射性活度浓度,按照下式进行计算:

$$A=\frac{n}{\varepsilon \cdot Y \cdot m} \tag{4.3-3}$$

式中 A——试样中钚的放射性活度浓度,Bq/kg;

n——试样源的净计数率,s^{-1};

ε——仪器对钚的探测效率,s^{-1}/Bq;

Y——钚的全程放化回收率,%;

m——土壤试样质量,kg。

在经烘干、研磨后定量分析的土壤样中,加入一定量的钚(^{242}Pu)指示剂,按上述分析步骤操作,并按照下式计算钚的全程放化回收率 Y:

$$Y=\frac{A_1}{A_0} \tag{4.3-4}$$

式中 A_1——试样源中^{242}Pu 的活度,Bq;

A_0——试样中加入^{242}Pu 的活度,Bq。

第四节 生物样品中放射性核素活度浓度的测量

生物样品是环境放射性向人体转移的重要生物链,因而生物样品的监测一直为人们所重视。根据辐射监测技术规范要求,生物样品中放射性核素一般分析其^{3}H(TFWT,OBT)和^{14}C、^{131}I、^{90}Sr 等。

一、生物样品中^{3}H(TFWT,OBT)和^{14}C 分析

组织自由水氚(TFWT)的分析:新鲜生物样品经真空冷冻后,存在于组织、细胞和细胞间隙中的游离态水升华后结冰,成为自由水。水经纯化后,与闪烁液混匀,用液体闪烁计数

器测定样品中氚的放射性活度浓度。

有机结合氚(OBT)和^{14}C的分析:冻干或烘干后的生物样品,置于管式氧化燃烧装置内通氧燃烧,氢和碳被氧化成水和二氧化碳。水经冷凝收集,纯化后与闪烁液混匀,用液体闪烁计数器测定有机结合氚的放射性活度浓度;二氧化碳经氢氧化钠溶液吸收,制成碳酸钙沉淀,采用悬浮法或吸收法,与闪烁液混匀,用液体闪烁计数器测定^{14}C的活度浓度。

1. 制样

(1)试剂和材料

①高锰酸钾($KMnO_4$),纯度≥99.0%;

②氧化铜粉(CuO),纯度≥99.0%;

③无水碳酸钠(Na_2CO_3),纯度≥99.0%;

④过硫酸钾($K_2S_2O_8$),纯度≥99.0%;

⑤氢氧化钠(NaOH),纯度>99.5%;

⑥氢氧化钠溶液,2~4 mol/L。

注:氢氧化钠溶液随配随用,或由放置1个月以上的饱和氢氧化钠溶液稀释。

⑦过氧化钠(Na_2O_2),纯度>99.0%;

⑧氯化铵(NH_4Cl),纯度>99.5%;

⑨氯化钙($CaCl_2$),纯度≥99.5%;

⑩饱和氯化钙溶液称量74 g氯化钙,溶于100 g去离子水中;

⑪葡萄糖($C_6H_{12}O_6$),纯度≥99.9%;

⑫无水乙醇(C_2H_5OH),纯度≥98.0%;

⑬闪烁液,光谱纯,市售;

⑭甲苯-TritonX-100乳化闪烁液。

0.4%2,5-二苯基恶唑(PPO)和0.03%1,4-双-[5-苯基恶唑基-21-苯(POPOP),溶于甲苯溶液,与乳化剂乙二醇聚氧乙稀异辛基酚醚(TritonX-100)的体积比为2.5:1。配置后,常温避光保存,有效期两年。亦可购买市售的具有相同效果的闪烁液。

标准溶液,活度浓度推荐0.5~10.0 Bq/g,须经国内外权威机构认定或计量检定机构检定/校准,并持有相应的活度浓度证明。

^{14}C标准溶液,含^{14}C的碳酸钠溶液,活度浓度推荐1.0~10.0 Bg/g,须经国内外权威机构认定或计量检定机构检定/校准,并持有相应的活度浓度证明。亦可直接使用$CaCO_3$标准物质。

本底水,氚计数率尽量低的水,如活度浓度小于0.1 Bq,或与外界交换较少的深层地下水。氧化燃烧用气体,氧气或氧-氙、氧-氮混合气体(配比为1:1),纯度不小于99.9%。

(2)样品处理及氧化燃烧装置调试

样品处理及氧化燃烧装置设置参考《生物中氚和碳-14的分析方法 管式燃烧法》(HJ 1324—2023)。

(3)制备氚测量试样、标准试样和待测试样

用氚本底水制备本底样,取300 mL的氚本底水放入蒸馏烧瓶中,加入0.3 g高锰酸钾常压蒸馏。一般情况下,弃去前50 mL馏出液,收集电导率低于10 μS/cm的中间馏出液。

用分析天平称取质量为 m 的馏出液于计数瓶中,加入体积为 V 的闪烁液,加盖密封,充分振荡,使本底水和闪烁液混合成均相,制成本底试样,备用。

用分析天平称取质量为 m 的氚标准溶液于计数瓶中,加入体积为 V 的闪烁液,加盖密封,充分振荡,使标准溶液和闪烁液混合成均相,制成标准试样,备用。

用分析天平分别称取质量为 m 的组织自由水样品和有机结合水样品于计数瓶中,加入体积为 V 的闪烁液,加盖密封,充分振荡,使水样和闪烁液混合成均相,制成组织自由水氚和有机结合氚待测试样,备用。

(4)制备^{14}C测量试样、标准试样和待测试样

称取一定量的无水碳酸钠于烧杯中,加入除二氧化碳气体的去离子水溶解。加入氯化铵调节溶液 pH 值至 10~11,缓慢滴加饱和氯化钙溶液,直至无白色沉淀产生为止。过滤白色沉淀,弃去上清液,用 20 mL 去离子水和无水乙醇各洗涤 3 次。沉淀在烘箱内于(105±5)℃下烘至恒重,制成本底碳酸钙粉末,置于干燥器内冷却,研磨,备用。用分析天平准确称取 2.000 g 本底碳酸钙粉末于 20 mL 计数瓶中,加入 14 mL 闪烁液和 4 mL 去离子水,加盖密封,充分振荡、混匀,制成^{14}C本底试样。

准确称取一定量的无水碳酸钠于烧杯中,加入去除二氧化碳气体的去离子水溶解,再加入一定量的^{14}C标准溶液,搅拌均匀。加入氯化铵,调节溶液 pH 值至 10~11,缓慢滴加饱和氯化钙溶液,直至无白色沉淀产生为止。过滤白色沉淀,弃去上清液,用 20 mL 去离子水和无水乙醇各洗涤 3 次。沉淀在烘箱内于(105±5)℃下烘至恒重,制成 $CaCO_3$ 标准物质,置于干燥器内冷却,研磨,备用。如直接使用 $CaCO_3$ 标准物质,先置于烘箱中于(105±5)℃下烘干至恒重,置于干燥器内冷却,研磨、备用。

用分析天平准确称取 2.000 g $Ca^{14}CO_3$ 标准物质于 20 mL 计数瓶中,加入 14 mL 闪烁液和 4 mL 去离子水,加盖密封,充分振荡、混匀,制成^{14}C标准试样。

称量吸收 CO_2 气体后的碱液吸收瓶质量,记为 m_4。将已吸收了二氧化碳的氢氧化钠溶液转入到 1 000 mL 烧杯中,加入氯化铵,调节溶液 pH 值至 10~11,缓慢滴加饱和氯化钙溶液,直至无白色沉淀产生为止。过滤白色沉淀,弃去上清液,用 20 mL 去离子水和无水乙醇各洗涤 3 次。沉淀在烘箱内于(105±5)℃下烘至恒重,制成样品碳酸钙粉末,置于干燥器内冷却,研磨,备用。

用分析天平准确称取 2.000 g 样品碳酸钙粉末于 20 mL 计数瓶中,加入 14 mL 闪烁液和 4 mL 去离子水,加盖密封,充分振荡、混匀,制成^{14}C待测试样。

2. 测量

(1)氚试样测量

将氚本底试样、氚标准试样和氚待测试样,分别放入液体闪烁计数器内暗适应 2~24 h。选择氚测量模式,设置样品循环次数和单次测量时间(需满足计数要求)。测量时选择用外标源或者淬灭源测量样品的淬灭参数,并与标准试样和本底试样比较,若差别较大,则应考虑样品前处理引入的测量误差。

(2)^{14}C试样测量

将^{14}C本底试样、^{14}C标准试样和^{14}C待测试样,分别放入液体闪烁计数器内暗适应 2h

以上。选择^{14}C测量模式，设置样品循环次数和单次测量时间（需满足计数要求）。测量时选择用外标源或者淬灭源测量样品的淬灭参数，并与标准试样和本底试样比较，若差别较大，则应考虑样品前处理引入的测量误差。

3. 活度浓度计算

（1）生物样中组织自由水氚活度浓度计算公式为

$$A_{TFWT}=1000\cdot\frac{(n_x-n_b)\omega_1}{60\varepsilon_H m_H} \tag{4.4-1}$$

式中 A_{TFWT}——生物样中组织自由水氚活度浓度，Bq/(kg·鲜)；

n_x——组织自由水氚样品的计数率，min^{-1}；

n_b——氚本底样品的计数率，min^{-1}；

ω_1——生物样品的含水率；

m_H——氚测量所量取的水样质量，g；

ε_H——仪器对氚的探测效率。

（2）生物样中有机结合氚活度浓度计算公式为

$$A_{OBT}=1\ 000\cdot\frac{(n_x-n_b)m_{OBT}(1-\omega_1)}{60\varepsilon_H m_H Y_H M} \tag{4.4-2}$$

式中 A_{OBT}——生物样中有机结合氚活度浓度，Bq/(kg·鲜)；

n_x——有机结合氚样品的计数率，min^{-1}；

n_b——氚本底样品的计数率，min^{-1}；

m_{OBT}——生物样品氧化燃烧后产生的水样量，g；

ω_1——生物样品的含水率；

m_H——氚测量所量取的水样质量，g；

ε_H——仪器对氚的探测效率；

Y_H——氧化燃烧装置对生物中有机结合水的回收率，%；

M——加入的生物干样质量，g。

（3）生物样中^{14}C活度浓度计算公式为

$$A_{C1}=\frac{(n_x-n_b)}{60m_C\varepsilon_C 0.12} \tag{4.4-3}$$

式中 A_{C1}——生物样中^{14}C活度浓度，Bq/(g·碳)；

n_x——^{14}C待测试样的计数率，min^{-1}；

n_b——^{14}C本底试样的计数率，min^{-1}；

m_C——制备^{14}C待测试样时称量的碳酸钙粉末质量，g；

ε_C——仪器对^{14}C的探测效率。

（4）生物样中^{14}C活度浓度计算公式

$$A_{C2}=1\ 000\frac{(n_x-n_b)m_{CO_2}(1-\omega)}{60m_C\varepsilon_C Y_C M\cdot 0.44} \tag{4.4-4}$$

式中 A_{C2}——生物样中^{14}C活度浓度，Bq/(g·鲜)；

n_x——^{14}C 待测试样的计数率，min^{-1}；

n_b——^{14}C 本底试样的计数率，min^{-1}；

m_{CO_2}——生物样品氧化燃烧后收集到的二氧化碳质量，g；

ω——生物样品的含水率；

m_C——制备^{14}C 待测试样时称量的碳酸钙粉末质量，g；

ε_C——仪器对^{14}C 的探测效率；

Y_C——氧化燃烧装置对生物样品中碳的回收率，%；

M——加入的生物样品干样质量，g。

二、生物样品中^{90}Sr 分析

生物样品中^{90}Sr 分析方法分为快速法和放置法。

快速法：样品经过预处理，调节酸度后，其溶液通过涂有磷酸二(2-乙基己基)酯(HDEHP)的聚三氟氯乙烯(简称 kel-F)色层柱吸附钇，再以 1.5 mol/L 硝酸淋洗色层柱，洗脱钇以外的其他被吸附的锶、铯、铈、钷等离子，并以 6 mol/L 硝酸解吸钇，以草酸钇沉淀的形式进行 β 计数和称重。

放置法：样品的预处理方法与快速法相同，调节酸度后，通过 HDEHP-kel-F 色层柱，将流出液放置 14 天后使^{90}Sr-^{90}Y 达到衰变平衡，再次通过色层柱分离和测定钇-90。主要参考标准为《辐射环境监测技术规范》(HJ 61—2021)和《水和生物样品灰中锶-90 的放射化学分析方法》(HJ 815—2016)。

称取 5~30 g 生物样品灰样，准确到 0.01 g，置于 100 mL 瓷坩埚内，加入 2.00 mL 锶载体溶液和 1.00 mL 钇载体溶液。用少许水润湿后，加入 5~10 mL 8 mol/L 硝酸，3 mL 体积分数 30%过氧化氢。置于电热板上蒸干。移入 600 ℃马弗炉中灼烧至试样无炭黑为止。取出试样，冷却至室温。用 30~80 mL 6 mol/L 盐酸加热浸取两次。经离心或过滤后，浸取液收集于 250 mL 烧杯中。再用 6 mol/L 盐酸洗涤不溶物和容器。离心或过滤。洗涤液并入浸取液中。弃去残渣。加入 5~15 g 草酸，用体积比为 1∶1的氢氧化铵调节溶液的 pH 值至 3。在水浴中加热 30 min 冷却至室温。用中速滤纸过滤沉淀，用 20 mL 饱和草酸溶液洗涤沉淀两次。弃去滤液。将沉淀连同滤纸移入 100 mL 瓷坩埚中，在电炉上烘干，炭化后，移入马弗炉保持在 600 ℃中灼烧 1 h。取出坩埚，冷却。先用少量 8 mol/L 硝酸溶解沉淀，直至不再产生气泡为止。再加入 40 mL 1 mol/L 硝酸使沉淀完全溶解。溶解液用慢速滤纸过滤，滤液收集于 150 mL 烧杯中，用 1 mol/L 硝酸洗涤沉淀和容器，洗涤液经过滤后合并于同一烧杯中，弃去残渣。滤液体积控制在 60 mL 左右。

滤液后续的分离纯化及制源、测量过程可参考本书土壤中^{90}Sr 分析方法内容。

三、牛(羊)奶中^{131}I 分析

水和牛奶样品中^{131}I，用强碱性阴离子交换树脂浓集、次氯酸钠解吸、四氯化碳萃取、亚硫酸氢钠还原、水反萃、制成碘化银沉淀样。用低本底 β 测量仪或低本底 γ 谱仪测量。

1. 制样与测量

(1)试剂耗材

①碘载体溶液溶解 13.070 g 碘化钾于蒸馏水中,转入 1 L 容量瓶。加少许无水碳酸钠,稀释;

②^{131}I 参考溶液:核纯;

③次氯酸钠(NaClO):活性氯含量 5.2%以上,低温下保存;

④次氯酸钠(NaClO):活性氯含量 2.6%以上,低温下保存;

⑤四氯化碳($CC1_4$):质量浓度 99.5%;

⑥盐酸羟胺溶液:$c(NH_2OH \cdot HCI)=3$ mol/L;

⑦硝酸银溶液($AgNO_3$):质量浓度 1%;

⑧亚硫酸氢钠溶液($NaHSO_3$):质量浓度 5%;

⑨氢氧化钠溶液(NaOH):质量浓度 5%;

⑩氢氧化钠溶液:$c(NaOH)=1$ mol/L;

⑪硝酸(HNO_3):质量浓度 65.0%~68.0%;

⑫硝酸溶液(HNO_3):1+1;

⑬盐酸溶液:$c(HCl)=1$ mol/L;

⑭亚硝酸钠溶液:$c(NaNO_2)=5$ mol;

⑮过氧化氢(H_2O_2):质量浓度 30%;

⑯2mol/L 氢氧化钠溶液+2 mol/L 氢氧化钾溶液的混合溶液:(3+2);

⑰甲醛(CH_2O):质量浓度 37%;

⑱201x7C1-型阴离子交换树脂,20~50 目;

⑲251x8C1-型阴离子交换树脂,20~50 目;

⑳树脂柱处理与回收:将新树脂用蒸馏水浸泡 2 h,洗涤并除去漂浮在水面的树脂。用质量浓度 5%的氢氧化钠溶液浸泡 16 h,弃去氢氧化钠溶液。蒸馏水洗涤树脂至中性。再用 1 mol/L 盐酸溶液浸泡 2 h 后,弃盐酸溶液,树脂转为 C1-型。用蒸馏水洗至中性。将上述树脂装入玻璃交换柱中,柱床高 10.4 cm,柱的上下端用少量聚四氟乙烯细丝填塞。再用 20 mL 蒸馏水洗柱。用 50 mL 蒸馏水将树脂洗至中性。再用 50 mL 1 mol/L 盐酸溶液以 1 mL/min 的流速通过树脂柱,树脂转为 Cl-型。最后用蒸馏水洗至中性。

(2)分析测量

每份试样 4 L,装入 5 L 烧杯中。加入 30 mg 碘载体,用电动搅拌器搅拌 15 min。加入 30 mL 阴离子交换树脂,搅拌 30 min,静置 5 min,将牛奶转移到另一个 5 L 烧杯中,再加入 30 mL 阴离子交换树脂,重复以上步骤。将树脂合并于 150 mL 烧杯中,用蒸馏水漂洗树脂中残余牛奶。

向装有树脂的烧杯中,加入硝酸溶液 40 mL,在沸水浴中沸煮 1 h(不时搅拌)。冷却至室温,把树脂转入玻璃解吸柱内,弃酸液。加入 50 mL 蒸馏水洗涤树脂,弃洗液。

向玻璃解吸柱内加入 30 mL 次氯酸钠,用电动搅拌器搅拌 30 min,解吸的适宜温度控制在 10~32 ℃。将解吸液收集到 500 mL 分液漏斗中,重复一次上次解吸程序。再用 15 mL 次氯酸钠和 15 mL 蒸馏水搅拌解吸 20 min,合并三次解吸液。用 40 mL 蒸馏水分两次洗涤解吸柱,每次搅拌 3 min~5 min,将洗液与解吸液合并于 500 mL 分液漏斗中。

向解吸液中加入四氯化碳 30 mL、8 mL 盐酸羟胺溶液。搅拌下加硝酸调水相酸度,至 pH 值为 1(水相酸度用精密 pH 试纸从分液漏斗下端管口取少许水相测试)。振荡 2 min(注意放气),静置。把有机相转入 250 mL 分液漏斗中,再重复萃取两次。每次用四氯化碳 15 mL 合并有机相,弃水相,将有机相转入另一个 250 mL 分液漏斗中。用等体积蒸馏水洗涤有机相,振荡 2 min,静置分相,有机相转入另一个 250 mL 分液漏斗中,弃水相。

在有机相中加等体积的蒸馏水,加亚硫酸氢钠溶液 8 滴。振荡 2 min(注意放气)。紫色消退,静置分相,弃有机相。水相移入 100 mL 烧杯中。

将上述烧杯加热至溶液微沸,除净剩余的四氯化碳。冷却后,在搅拌下滴加浓硝酸,当溶液呈金黄色时,立即加入 7 mL 硝酸银溶液。加热至微沸,取下冷却至室温。

将碘化银沉淀转入垫有已恒重滤纸的玻璃可拆式漏斗抽滤。用蒸馏水和无水乙醇各洗三次。取下载有沉淀的滤纸,放上不锈钢压源模具,置烘箱中,于 110 ℃烘干 15 min。在干燥器中冷却后称重。计算化学产额。

将沉淀源夹在两层质量厚度为 3 mg/cm^2 的塑料薄膜中间(塑料薄膜的本底应在仪器本底涨落范围内),放好封源铜圈。将高频热合机刀压在封源铜圈上。加热 5 s,封好后取下,剪齐外缘,待测。

2. 活度计算

牛奶中^{131}I 活度浓度的计算如下:

$$A_{\beta}=\frac{(n_{C}-n_{b})\cdot F}{\eta_{\beta}\cdot\varepsilon\cdot Y\cdot V\cdot e^{-\lambda t}} \tag{4.4-5}$$

式中　A_{β}——^{131}I 活度浓度,Bq/L;

n_{C}——试样测得的计数率,s^{-1};

n_{b}——空白试样本底计数率,s^{-1};

η_{β}——β 探测效率,$s^{-1}\cdot Bq^{-1}$;

ε——^{131}I 的自吸收系数;

Y——化学回收率;

V——所测试样的体积,L;

λ——^{131}I 的衰变常数,s^{-1};

t——采样到开始测量的时间间隔,s;

F——样品在测量期间的衰变校正因子。

第五节　水样品中放射性核素活度浓度的测量

人们饮用的水中总会存在人类活动产生的或是天然存在的放射性物质。当这些放射性污染物被居民饮入后,部分核素会并长期积蓄在人体内部。根据辐射监测技术规范要求,水样品中放射性核素一般分析其总 α/β、^{3}H、^{14}C、^{90}Sr 等。

一、水中总 α/β 分析

在环境监测中,常见核素发射的 α 粒子,其能量在 2~8 MeV 之间,其 α 粒子在物质中的射程质量厚度在 10 mg/cm^2 以下。按待测样品的厚度(相对于 α 粒子射程)不同,总 α 放射性测量分为薄层样法(薄源法)、中间层厚度样法和厚层样法(厚源法)。

(1)薄源法

样品盘内被测物质的厚度小于 1 mg/cm^2,这时仪器的探测效率可近似认为与薄 α 放射源(电镀源)直接刻度的探测效率相等,也就忽略了样品的自吸收。薄源法的优点是制样快、计算简单,尤其是对污染的水样品或其他液体样品,可直接滴入样品盘内,烘干后即可测量;缺点是灵敏度较低,样品厚度在样品盘内的均匀性不易控制。

(2)中间层厚度样法

中间层厚度样法,被测样品在样品盘内的质量厚度不可忽略,但又未达到饱和层厚度。因为灵敏度低和制样困难,很难制成薄又均匀的中间层厚度样品。该方法一般很少使用,除非被测样品很少或来源有限。

(3)厚源法

又称为饱和层厚度法,被测样品在样品盘内的质量厚度 h 必须等于或大于 α 粒子在样品中的饱和层厚度 δ(δ 和 h 都必须用质量厚度表示,单位 mg/cm^2)。当样品盘中被测样品厚度等于或大于 α 粒子在样品中的饱和层厚度时,若继续增加样品层厚度,仪器的 α 计数率保持不变。优点是样品层的厚度容易实现,探测下限低,测量的灵敏度和准确度高,是总 α 测量的常用方法;缺点是制样时间长,制样过程中样品的均匀性不宜控制。

1. 水中总 α 样品制备

(1)前期准备

根据残渣含量估算实验分析所需量取样品的体积,以满足水样蒸干后残渣总质量略大于 0.1A mg,A 为样品盘的面积值,单位为 mm^2。残渣量的范围参照表 4.5-1。

表 4.5-1 各类水体的残渣量范围

序号	样品类别	残渣量范围/(g/L)	均值和标准偏差/(g/L)	样品数
1	自来水	0.12~0.44	0.24±0.09	23
2	地表水	0.10~1.35	0.43±0.25	288
3	地下水	0.16~1.01	0.42±0.21	15
4	处理前废水	0.20~216.1	28.5±59.9	40
5	处理后废水	0.093~28.7	2.0±3.8	72

资料来源:《水质总 α 放射性的测定厚源法》(HJ 898—2017)。

硫酸钙:优级纯,使用前应在 105 ℃下恒重,保存于干燥器中。硫酸钙粉末中可能含有痕量的 ^{226}Ra 和 ^{210}Pb,使用前,应称取与样品相同质量的硫酸钙粉末于测量盘内铺平,在低本底 α、β 测量仪上测量其总 α 计数率,应保持在仪器总 α 平均本底计数率的 3 倍标准偏差范围内,否则应更换硫酸钙粉末或采用硫酸钙粉末的总 α 计数率代替仪器本底计数率。

(2)浓缩

为防止操作过程中的损失,确保试样蒸干、灼烧后的残渣总质量略大于 0.1*A* mg(*A* 为测量盘的面积,mm^2),灼烧后的残渣总质量按 0.13*A* mg 估算取样量。

量取估算体积的待测样品于烧杯中,置于可调温电热板上缓慢加热,蒸发浓缩。为防止样品在微沸过程中溅出,烧杯中样品体积不得超过烧杯容量的一半,若样品体积较大,可以分次陆续加入。全部样品浓缩至 50 mL 左右,放置冷却。将浓缩后的样品全部转移到蒸发皿中,用少量 80 ℃以上的热去离子水洗涤烧杯,防止盐类结晶附着在杯壁,然后将洗液一并倒入蒸发皿中。

对于硬度很小(如以碳酸钙计的硬度小于 30 mg/L)的样品,应尽可能地量取实际可能采集到的最大样品体积来蒸发浓缩,如果确实无法获得实际需要的样品量,也可在样品中加入略大于 0.13*A* mg 的硫酸钙,然后经蒸发、浓缩、硫酸盐化、灼烧等过程后制成待测样品源。

(3)硫酸盐化

向蒸发皿中加入 1 mL 浓硫酸,为防止溅出,把蒸发皿放在红外箱内或红外灯下,加热直至硫酸冒烟,再把蒸发皿放到可调温电热板上(温度低于 350 ℃),继续加热至烟雾散尽。

(4)灼烧

将装有残渣的蒸发皿放入马弗炉中,在 350 ℃下灼烧 1 h 后取出放入干燥器内冷却,准确称量,根据蒸发皿的差重求得灼烧后残渣的质量。用玻璃棒或角匙在瓷坩埚中研细残渣,混匀。

注意:蒸发皿一般为石英或瓷质材料,200 mL。使用前将蒸发皿洗净、晾干或在烘箱内于 105 ℃下烘干后,置于马弗炉内 350 ℃下灼烧 1 小时,取出在干燥器内冷却后称重,连续两次称量(时间间隔大于 3 小时,通常不少于 6 小时)之差小于±1 mg,即为恒重,记录恒重值。

(5)样品源的制备

将残渣全部转移到研钵中,研磨成细粉末状,准确称取不少于 0.1*A* mg 的残渣粉末到测量盘中央,用滴管吸取无水乙醇(纯度≥95%)或丙酮(纯度≥95%),滴到残渣粉末上,使浸润在有机溶剂中的残渣粉末均匀平铺在测量盘内,然后将测量盘晾干或置于烘箱中烘干,制成样品源。

(6)空白试样制备

准确称取与样品源相同质量的硫酸钙,按与样品源相同的制备步骤制成空白试样。

实验室全过程空白试样的制备方法如下:

量取 1 L 去离子水至 2 L 玻璃烧杯中,加入 20 mL 硝酸溶液(1+1),搅拌均匀后,加入 0.13*A* mg 的硫酸钙,按上述浓缩、硫酸盐化、灼烧、样品源制备步骤操作,然后称取与样品源相同质量的残渣,制成实验室全过程空白试样。

(7)标准源的制备

准确称取 2.5 g 的硫酸钙于 150 mL 烧杯中,加入 10 mL(1+1)硝酸溶液,搅拌后加入 100 mL 的热水(80 ℃以上),在电热板上小心加热以溶解固态物质。把所有溶液转入 200 mL 蒸发皿中,准确加入 5~10 Bq 的标准物质(以 ^{241}Am 标准溶液为总 α 标准物质,活度浓度值推荐 5.0~1 000 Bq/g),在红外箱内或红外灯下缓慢蒸干,再置于马弗炉内 350 ℃下灼烧 1 h,取出,放入干燥器内冷却后称重,获得含有^{241}Am 的硫酸钙标准粉末。根据加入的^{241}Am 总活度和灼烧后得到的硫酸钙残渣总质量,计算得含有^{241}Am 的硫酸钙标准粉末量,按照下式计算硫酸钙标准粉末的总放射性活度浓度 α_S:

$$\alpha_S = \frac{A_S M_S}{m_S} \tag{4.5-1}$$

式中 α_S——硫酸钙标准粉末的总 α 放射性活度浓度,Bq/g;

A_S——加入的^{241}Am 标准溶液的活度浓度,Bq/g;

M_S——加入的^{241}Am 标准溶液质量,mg;

m_S——灼烧后硫酸钙的残渣总质量,mg。

将硫酸钙标准粉末研细,称取与样品源相同的质量于测量盘中,按样品源制备的步骤制成标准源,记录铺盘的日期和时间。也可直接购买有证^{241}Am 固体粉末标准物质,使用前在 105 ℃下恒重后,直接称取、铺盘、测量。

(8)饱和层厚度 δ 的确定方法

确定 δ 值的方法有实验测定法和理论估算法。实验测定方法有两种,分别为样品自吸收法和铝箔吸收法。本节只介绍样品自吸收法。

将含有一定活度浓度的 α 放射性物质,在样品盘内制成一系列厚度不等的样品源,测出每个样品源的计数率,以样品质量厚度为横坐标,计数率为纵坐标作图(图 4.5-1),曲线的拐点处对应的横坐标即为 δ。

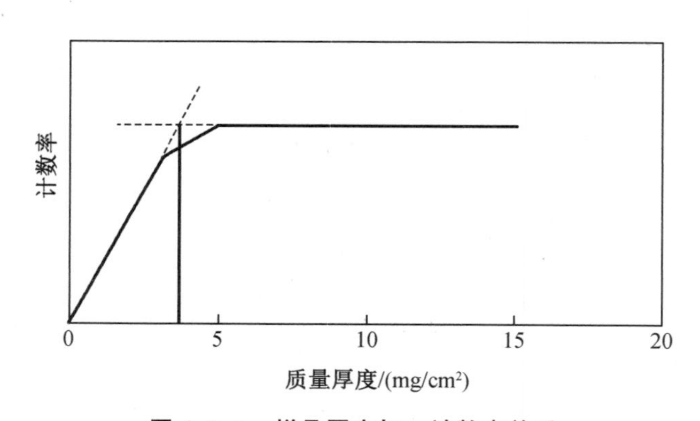

图 4.5-1 样品厚度与 α 计数率关系

2. 水中总 β 样品制备

(1)沉降物和固体样品

沉降物和固体样品中总 β 测量样品制备方法与饱和层厚度法总 α 测量样品制备方法相同。

(2)水中总 β 制样

①水中总 β 制样方法(除标准源的制备)参照厚度法总 α 测量样品制备。

②标准源的制备

先将标准物质(以优级纯氯化钾为总 β 标准物质,使用前在 105 ℃干燥恒重后,置于干燥器中保存),准确称取与样品源相同质量的标准物质于测量盘中,与样品源的制备步骤相同(总 α 测量样品制备),制成标准源,记录铺盘的日期和时间。

3. 总 α、总 β 样品制备注意事项

（1）样品整个预处理过程中，从取样、浓缩、转移、洗涤、灰化、称重等一系列环节，操作必须认真仔细，尽量减少误差；

（2）严禁引入干扰物质和组分，严防交叉污染；

（3）防止样品对低本底实验设施设备的污染；

（4）废水样品残渣和废渣样品最好要经过灼烧处理；

（5）样品在蒸干和灰化后，可能会产生不适合放射性测量的残渣，因为它吸湿或难于铺样，影响测量结果，需进行硫酸盐化处理；

（6）制备样品源和标准源时残渣一定要研细混匀，且保证源平整。

4. 低本底测量仪测量总 α、总 β

（1）本底测量

选取干净、无污染的样品测量盘，置于低本底 α、β 测量仪内部进行测量。记录测量的开始时间，结束时间以及测量日期。

（2）标准源测定

将制备的标准源置于低本底 α、β 测量仪上进行测量，记录测量计数时刻、时间间隔等参数。

（3）样品源测量

将制备的样品源晾干后即放置在低本底 α、β 测量仪上进行测量，记录测量计数时刻，时间间隔等测量参数。必要时应对同一样品进行多次测量，取平均值作为最终结果。

（4）注意事项

①对于流气式测量仪，开机启动前应先通入工作气体以满足仪器正常工作的要求；

②本底测量盘规格应与制备测量源所用测量盘一致，并定期测量其本底值，必要时对测量盘进行清洁；

③测量源和样品时要防止样品沾污探测器和测量腔室。例如，当测量盘边缘有沾污时，用镊子夹持酒精棉球，对测量盘边缘进行擦拭。使用的酒精棉球不宜过湿，擦拭时应保持方向一致，力度不宜过大，避免直接接触到样品；

④当空白试样、全过程空白试样与仪器本底计数有显著差别时，应查找原因予以纠正；

⑤测量样品后对仪器本底、标准源进行测量，并对测量腔室、样品托架表面进行清洁。

5. α 标准源的选择和效率测定

（1）α 标准源选择方法

选择 α 标准源时，需要重点考虑 α 粒子的能量。一般情况下，能量越高，仪器的探测效率越高。例如，某单位工作人员使用 BH1216 型低本底 α、β 测量装置，在相同的测量条件下获得对 4 种不同核素电镀源的 2π 探测效率值 $\eta_{2\pi}$，其结果如表 4.5-2 所示。

表 4.5-2　BH1216 型低本底 α、β 测量仪对不同核素电镀源探测效率

核素	^{148}Cd	天然铀	^{239}Pu	^{241}Am
α 粒子平均能量/MeV	3.18	4.54	5.15	5.48
2π 探测效率/%	60	72.7	82.5	85.5

由上表可知,进行样品的总 α 测量时,应尽可能知道样品中含有的放射性核素,并选择与待测样品中可能存在的放射性核素类型相近的标准源,如若不然,在进行总 α 测量时将会出现较大偏差。

在^{241}Am和^{239}Pu标准溶液之间,优先选用^{241}Am。这是由于^{239}Pu源中常会存在^{241}Pu,其通过 β^-衰变至^{241}Am导致^{241}Am增长,从而影响测量,因而使用^{239}Pu标准溶液需持续对其进行纯化。

在用铀标准溶液和市购 U_3O_8 标准物质制备标准源时,需要明确其由天然铀制备得到。使用 U_3O_8 配制标准溶液时,必须在称量前将 U_3O_8 粉末置于 850 ℃的马弗炉内灼烧 1 h,并使其恢复为化学计量形式的 U_3O_8。但是也需要注意,天然纯铀粉末源的 α 放射性活度浓度太强,不宜直接用作标准源。

此外,在选购国内天然放射性标准物质作为 α 放射性标准时,需注意 U-Ra 平衡粉末源不能用作总 α 标准源。U-Ra 平衡源经过 4 代 α 衰变后,生成了氡气,如果用 U-Ra 平衡源作为总 α 放射性标准源,很难确定氡射气在粉末中的含量。Rn 在样品中扩散系数无法确定,因而很难准确知道样品源射出的 α 粒子数。

纯^{232}Th粉末源也不能作为总 α 放射性测量的标准源,因为^{232}Th衰变成^{228}Ra,而^{228}Ra的半衰期为 5.7 年,^{228}Ra与^{232}Th达成平衡至少需要 70 年,天然钍的生产年份一般都不知道,故无法计算有几代 α 粒子发射。

(2)α 效率的测定

对于直接引用 α 探测效率的测量,只需将制备好的标准源置于测量仪内部,测量开启后记录测量的开始时间,结束时间以及测量日期即可,并按照下式计算探测效率:

$$\eta_\alpha=\frac{n_S-n_0}{A} \tag{4.5-2}$$

式中 η_α——计数系统的 α 计数效率,%;

n_S——标准源的 α 计数率,s^{-1};

n_0——测量系统的 α 本底计数率,s^{-1};

A——样品盘中标准物质粉末的 α 放射性活度,Bq。

当测量采用此种方法时,需要注意对 α 源的自吸收校正。校正因子等于通过样品源的表面发射出的 α 粒子数与源在同一时间内的放射性核素衰变发射的总 α 粒子数之比,记为 f_S。假设 α 粒子在样品源中的射程为 R,源的厚度为 H,则对于无限大的源,f_S 可表述为

当 $H\leqslant R$ 时

$$f_S=1-\frac{1}{2}\cdot\frac{H}{R} \tag{4.5-3}$$

当 $H>R$ 时

$$f_S=\frac{1}{2}\cdot\frac{H}{R} \tag{4.5-4}$$

在实际分析中,自吸收校正一般通过实验刻度确定。

当引用标准源比活度进行测量时,此时标准源比活度可表示为

$$\alpha_S=\frac{A_S\cdot M_S}{m_S} \tag{4.5-5}$$

式中　α_S——硫酸钙标准粉末的总 α 放射性活度浓度，Bq/g；

A_S——加入的^{241}Am 标准溶液的活度浓度，Bq/g；

M_S——加入的^{241}Am 标准溶液质量，mg；

m_S——灼烧后硫酸钙的残渣总质量，mg。

（3）效率刻度中存在的问题

①测定效率时，要求标准源与被测样品的几何形状大小与测量条件需完全一致。当标准源活性面积较小而样品盘面积较大时，可采用多点测量然后取平均值近似求出探测效率。

②在使用相对比较法进行测量时，只要样品源和标准源的几何形状相同、源物质的原子序数相近、发射的 α 粒子能量相近，就可以将样品源与标准源在同一测量装置的相同几何条件下做比较，计算出被测量样品的活度浓度。

③当采用质量厚度关系曲线时，需要使用已知活度浓度的标准物质，制成一系列不同质量厚度的标准源，在计数装置上测量，并给出仪器探测效率 η 与质量厚度（单位 mg/cm^2）的关系曲线，然后测量样品源。测量样品源的厚度和净计数率，并利用效率曲线计算被测样品的活度浓度。被测样品中含有多种放射性核素时，作为标准源的 α 射线能量不可能与被测样品源一致，此时测量结果中应说明使用的标准源核素类型。

6. 总 α、总 β 测量

（1）测量准备

①使用镊子夹持酒精棉球，对托盘底部与上边沿处进行擦拭。

②将制备好的样品源（已制备为测量形态），置于仪器内；将样品置于测量仪内，关闭屏蔽室门，进行测量。

③记录测量的开始时间、结束时间以及测量日期。

（2）总 α 测量

本节介绍饱和厚度层法即厚层样法测量方式，这是测量样品总 α 放射性最常用的方法。样品盘中被测样品厚度 h 必须等于或大于 α 粒子在样品中的饱和层厚度 δ（δ 和 h 都必须用质量厚度表示，单位为 mg/cm^2）。

此时样品的 α 放射性计算公式为

$$A_\alpha=\frac{(n-n_b)\times10^6}{30n_s\cdot\delta\cdot\eta_\alpha} \tag{4.5-6}$$

当采用相对比较法进行测量时，样品的 α 放射性计算公式为

$$A_\alpha=\frac{(n-n_b)\cdot 1\,000\cdot\alpha_s}{(n_s-n_b)} \tag{4.5-6}$$

式中　n_s——样品源的总 α 计数率，s^{-1}；

1 000——由 mg 到 g 的换算系数；

α_s——标准源比活度，Bq/g。

(3)总β测量

β粒子的能量是连续谱,由零开始到某一最大值。核素不同,所发射的β粒子的最大能量也不相同。β粒子比α粒子的贯穿本领大得多,很难采用饱和层法,也很难采用薄样法。在实际测量总β放射性时,通常都是将样品均匀铺于盘内,厚度在10^2~50 mg/cm^{2}之间,一般以20 mg/cm^{2}为宜。过厚时,低能β损失过大,将会带来较大的测量误差。测量样品总β放射性的计算公式为

$$A_\beta=\frac{(n-n_b)\times10^6}{60\eta_\beta\cdot m} \tag{4.5-7}$$

式中 A_β——被测样品的总β放射性活度浓度,Bq/kg;

n——样品源的β计数率,min^{-1};

n_b——仪器的β本底计数率,min^{-1};

m——样品盘内被测样品的质量,mg;

η_β——仪器的总β探测效率。

上式适用于样品中β放射性核素的测量计算。对于液体样品及生物样品的测量,需要结合实际情况对相关参数进行修改,并注意计量单位换算与统一。如水样的测量中,需要考虑水中所含残渣量以及样品的回收率。

当采用相对比较法进行测量时,样品的β放射性计算公式为

$$A_\beta=\frac{(n-n_b)\cdot1\,000\cdot\beta_s}{(n_s-n_b)} \tag{4.5-8}$$

式中 A_β——被测样品的总β放射性活度浓度,Bq/kg;

n——样品源的总β计数率,s^{-1};

n_b——本底计数率,s^{-1};

n_s——标准源的总β计数率,s^{-1};

1 000——由mg到g的换算系数;

β_s——标准源比活度,Bq/g。

将制备好的样品源晾干后,立即在低本底α、β测量仪上测量总α、β计数率,并记录测量开始时间、终止时间。为了获得较低的探测限,目前广泛采用厚源法进行测量。

(4)总β测量中存在的问题

在环境水样总β测量分析中,常需要除去^{40}K的贡献。^{40}K是天然存在的,与稳定态钾成一固定比例,除去^{40}K的贡献的放射性测定有两种方法,即减钾法和去钾法。

①减钾法:先测定包括^{40}K在内的总β放射性,再用化学方法测定样品中的钾含量,根据^{40}K的丰度计算^{40}K的放射性,最后用总β放射性减去^{40}K的放射性,即可得水中总β放射性的真实水平。

②去钾法:用化学方法沉淀除^{40}K以外的β放射性核素,直接测定沉淀的β放射性。

当测量仪器可同时测量α和β计数时,β射线对α道及α射线对β道的串道比不能忽略。

二、水中^{3}H分析

在辐射环境监测中,需要分析测定氚活度浓度的水样有两:一类是环境水,另一类是核

设施(如核电站)的排放水。环境水包括江水、河水、湖水、雨水、井水和海水等。核电站的排放水包括与三回路冷却水混合前的工艺废水,这些工艺废水中的氚活度浓度通常较高。工业排放物中的氚虽有少量以气体氚化氢、氚气或氚化甲烷的形态存在,但由于它们具有化学不稳定性,在潮湿的空气中能较快地转变成氚化水形态,所以在辐射环境监测中,氚的活度浓度监测一般仅考虑氚化水形态的氚的活度浓度。

目前,我国生态环境部门监测环境水中的氚活度浓度,所采用的是现行的标准《水中氚的分析方法》(HJ 1126—2020)。该标准规定了分析水中氚的方法,水样中加入高锰酸钾,经常压蒸馏后,馏出液与闪烁液按一定比例混合,待测试样中氚发射的β射线能量被闪烁液中的溶剂吸收并传递给闪烁体分子,闪烁体分子退激发射的可见光光子被液体闪烁计数器内的光电倍增管探测,从而测得样品中氚的计数率,经本底、探测效率校正后,得出水样中氚的活度浓度。对于部分环境水样,可采用碱式电解浓集或固体聚合物电解质电解浓集的方法,利用氢同位素比氚同位素更快被电解成气体的现象,将样品中氚浓集后进行分析和测量。

1. 制样与测量

水中^3H的分析测量方法依据和采用的测量分析仪器如图4.5-2所示。

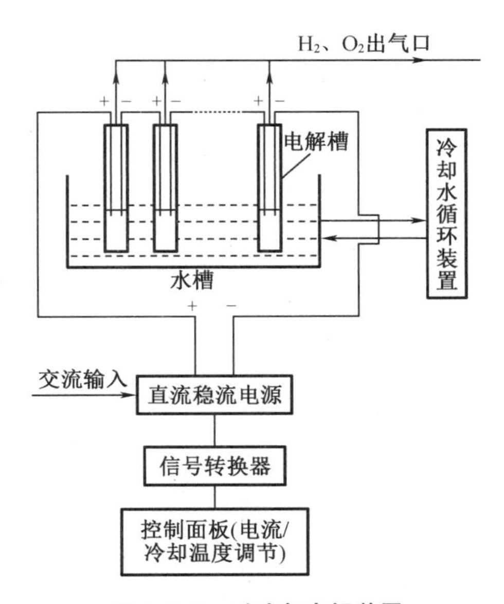

图4.5-2　碱式氚电解装置

测量分析步骤如下:

取300 mL水样,放入500 mL蒸馏烧瓶中,加入适量高锰酸钾,加热蒸馏。

将150~200 mL的蒸馏液加入电解浓集装置500 mL的储液瓶中,接通电解系统的半导体致冷器电源,在电解过程中注意检查电解电流与半导体冷阱的温度指示。电解的时间约为5天。当电解池的液面下降到输液管三通交叉点位置时,停止电解。收集浓集液,称重,并做好记录。

将浓集液在不断通入CO_2气体的条件下,进行蒸馏纯化,收集馏出液体。

取 8 mL 馏出液,加入 12 mL 闪烁液,混合均匀后放入仪器内测量,样品测量时间一般为 10 800 s。

2. 活度浓度计算

计算水中氚的活度浓度公式为

$$A=1\ 000\cdot\frac{(n_s-n_b)\cdot V_f}{60V_1\cdot V_m\cdot\varepsilon}\tag{4.5-9}$$

式中 A——水中氚的放射性活度, Bq/L;

V_f——电解浓缩后水样的体积,mL;

V_1——电解浓缩前水样的体积,mL;

n_s——样品总计数率:cpm;

n_b——本底计数率,cpm;

V_m——测量时所用水样体积,mL;

ε——液闪谱仪的计数效率,%。

三、水中 ^{14}C 分析

1. 分析步骤

水中 ^{14}C 的分析测量方法依据和采用的测量分析仪器如图 4.5-3 所示。

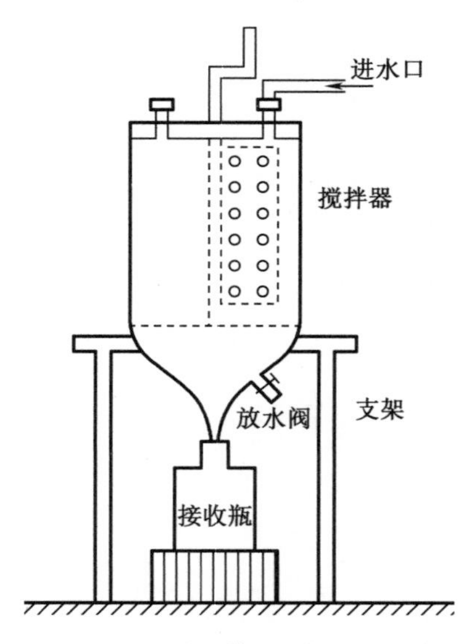

图 4.5-3 水中 ^{14}C 分析采样仪器

测量分析步骤如下:

①将水样抽入或灌入水样处理的装置(容器)中;向容器中加入 5 g 七水合硫酸亚铁,搅拌均匀。

②向容器中加入氢氧化钠(NaOH),搅拌均匀,直至溶液的 pH>10 为止,这时水中的碳将全部以碳酸盐形式存在,从此时起要盖好容器的盖子,使之与大气隔绝,以防空气中 CO_2 的混入,仅在加试剂时短暂打开盖子。

③向溶液中加入 500 mL 的饱和氯化钡溶液($BaC1_2 \cdot 2H_2O$),盖好盖子,搅拌 5 min,此时产生大量的白色沉淀,水中的碳均生成碳酸钡沉淀。

④为加快沉淀速度,向容器中加入 40 mL 聚丙稀酰胺溶液(由 5 g 聚丙稀酰胺溶于 100 mL 煮沸的蒸馏水制得),此时沉淀物变成絮团状迅速下沉。

⑤抽滤,弃去上清液,用去离子水和乙醇洗涤碳酸钡沉淀;将滤纸和沉淀放入烘箱内,在 100 ℃下烘干,冷却到室温后称重,记录生成沉淀的重量;将沉淀碳酸钡研磨成粉状,称取 2.000 g 放入 20 mL 计量瓶中,加入 18 mL 闪烁液,加盖密封,振荡摇匀。

⑥在液闪谱仪上进行计数测量。

2. 活度浓度计算

水中^{14}C 的活度浓度计算公式如下:

$$A=\frac{(n_c-n_b)\cdot M}{60W\cdot V\cdot \varepsilon} \tag{4.5-10}$$

式中 A——地表水中^{14}C 活度浓度, Bq/L;

W——测碳酸钡粉末质量,g;

M——沉淀总重量,g;

V——水样体积,L;

n_c——样品计数率,cpm;

n_b——本底计数率,cpm;

ε——液闪谱仪的计数效率,%。

四、水中^{90}Sr 分析

锶(Sr)由英国化学家汉弗里·戴维在 1808 年首次分离。自然界中锶的含量较少,约占地壳质量的 0.042%,主要存在于海水中。在锶的同位素中,天然存在的稳定同位素为锶-84、锶-86、锶-87、锶-88,其余均为放射性同位素。其中,大部分为短寿命放射性核素,锶-90 是最重要的长寿命放射性核素。锶-90 可用作核电池、β 辐射源等,在军事、科研、发光仪表制造及医学上均有重要应用。

锶-90 是铀-235 和钚-239 的裂变产物,在乏燃料后处理厂废物中含量较高。自然界中的锶-90 主要有三种来源:核爆炸落下灰、核事故的释放和核燃料循环后段设施运行的排放。在环境中植物通过根对锶-90 的吸收很少,锶-90 主要沉降在叶片上。锶-90 进入人体和动物体内的主要途径是摄入含有锶-90 的叶类蔬菜。锶与钙的生化性质类同,是一种典型的亲骨性核素。锶-90 进入生物体后,超过 99%的锶-90 蓄积于骨骼和牙齿中,其排出生物体内所需的时间长,生成的高能 β 射线会对骨骼组织和造血器官产生较大的辐射损伤,远期效应可以致癌。

1. 水中锶-90 的分析方法

(1)发烟硝酸法

发烟硝酸法是一种利用钙、锶和钡的硝酸盐在浓硝酸中的溶解度差别来分离锶-90 的分析方法。首先,用碳酸盐沉淀法使钙、锶和钡等元素共沉淀。将沉淀溶解后,用发烟硝酸(浓度 90%~97.5%)沉淀钡和锶,去除钙和大部分其他干扰元素。将沉淀再次溶解后,用氨水去除稀土等放射性核素，接着用铬酸钡沉淀去除钡、镭和铅等元素。最后从纯化后的锶样品溶液中沉淀出碳酸锶，并放置 14 天后，用低本底 α、β 装置进行测量。发烟硝酸法准确度和精密度高，使用该方法回收海水样品中锶-90 的回收率为 90%，纯度达到 99%，但操作较为烦琐，且发烟硝酸腐蚀性强，故不适用于大量样品的测定。

(2) 二-(2-乙基己基)磷酸(HDEHP)萃取色层法

由于锶与钙、钡及镭属于同族元素，分离困难，而锶-90 的衰变子体钇-90 属于稀土元素，与碱土金属离子分离较容易，所以可以通过锶-90 的衰变子体钇-90 的含量来确定锶-90 的活度。二-(2-乙基己基)磷酸(HDEHP)萃取色层法包括快速法和放置法。

快速法的步骤是：通过涂有磷酸的聚三氟氯乙烯色层柱定量吸附钇，使钇与锶、铯等低价离子分离。再以不同浓度的硝酸淋洗色层柱，清除钇以外的其他被吸附的铈、钷等稀土离子，最后以草酸钇沉淀形式进行 β 计数。

放置法的预处理与快速法相同，将过柱后的溶液保留，加入钇载体，放置 14 天以上，使锶-90 和钇-90 重新达到放射性平衡，再次通过色层柱分离和测定钇-90。

萃取色层快速法具有化学分离速度快的特点，便于对环境样品进行分析监测，适用于批量样品的测定。

主要参考标准为《辐射环境监测技术规范》(HJ 61—2021)和《水和生物样品灰中锶-90 的放射化学分析方法》(HJ 815—2016)

(3) 锶特效树脂法

采用碳酸铵和氯化铵作为沉淀剂，在铵根离子的存在下，有效抑制镁的沉淀，使样品中的锶和钙以碳酸盐的形式共沉淀，从而实现锶的浓集；用稳定锶作为载体，计算锶-90 的化学回收率；使用锶树脂分离纯化样品中的锶。锶特效树脂法适用于在常规监测和应急监测情况下对水中锶-90 的快速测定。

2. 制样与测量

(1) 快速法：取水样 1~50 L，用硝酸调节 pH 值至 1.0，加入 2.00 mL 锶载体溶液和 1.00 mL 钇载体溶液。加热 50 ℃左右，用氨水调节 pH 值 8~9，搅拌每升水加入 8 g 碳酸铵。每升水样加入 2~3 mL NaOH(10 mol/L)，搅拌下每升水样加入 20 mL 饱和 $NaCO_3$ 溶液(大体积样每升水样加 0.8 g 无水碳酸钠)，调节 pH 值 8~10 继续搅拌 40 分钟，如无明显浑浊沉淀，可适当加入 10 mol/L NaOH，有浑浊沉淀，停止搅拌，继续加热近沸，使沉淀凝聚，取下冷却，静置 10 小时过夜。

用虹吸法吸去上层清液，将余下部分离心，用 1%(m/m)碳酸铵溶液洗涤沉淀。弃去清液。沉淀转入烧杯中，逐滴加入 6 mol/L 硝酸至沉淀完全溶解，滤去不溶物。滤液用氨水调节 pH 值至 1.0。溶液以 2 mL/min 流速通过 HDEHP-kel-F 色层柱。记下从开始过柱至过柱完毕的中间时刻，作为锶、钇分离时刻。

流出液收集于 100 mL 烧杯中，再用 30 mL 0.1 mol/L 硝酸洗涤色层柱，流出液收集于同一烧杯中，将流出液转入 100 mL 容量瓶中，供放置法测定锶-90 用。

用 40 mL 1.5 mol/L 硝酸以 2 mL/min 流速洗涤色层柱，弃去流出液。再用 30 mL 6 mol/L 硝酸以 1 mL/min 流速解吸钇，解吸液收集于另一 100 mL 烧杯中。向解吸液中加入 5 mL 饱和草酸溶液，用氨水调节溶液 pH 值至 1.5~2.0，加热至近沸，再冷却至室温。

沉淀在可拆卸式漏斗上抽吸过滤。依次用0.5%(m/m)草酸溶液、水、无水乙醇各10 mL洗涤沉淀,将沉淀连同滤纸固定在测量盘上,在红外灯下烘干。在低本底β测量仪上进行β计数。记下测量的中间时刻。

(2)放置法:将上述操作得到的放置14天后的溶液以2 mL/min流速通过色层柱,记下锶、钇分离的时刻。

3.活度浓度计算

钇的化学回收率计算公式如下:

$$Y_Y=\frac{2\cdot(V_{EDTA}-V_{Zn})}{V_Y}\times100\% \tag{4.5-11}$$

式中　Y_Y——钇的化学回收率;

V_{EDTA}——滴定时加入EDTA量,mL;

V_{Zn}——滴定时消耗锌溶液量,mL;

V_Y——钇载体加入量,mg;

2——1.00 mL EDTA相当于2.00 mg钇。

锶的浓度计算公式(快速法)如下:

$$A_V=\frac{n\cdot J_0}{\varepsilon_f\cdot V\cdot Y_Y\cdot \exp[-\lambda(t_3-t_2)]\cdot J} \tag{4.5-12}$$

式中　A_V——水中^{90}Sr的浓度,Bq/L;

n——样品源的净计数率,cps;

ε_f——^{90}Y的探测效率,%;

V——分析水样的体积,L;

Y_Y——钇的化学回收率,%;

$\exp[-\lambda(t_3-t_2)]$——^{90}Y的衰变因子;

t_2——锶、钇分离的时刻,h;

t_3——^{90}Y测量进行到一半的时刻,h;

$\lambda=0.693/T$,T为^{90}Y的半衰期,$T=64.2$ h;

J_0——标定测量仪器的探测效率时,所测得的检验源的计数率;

J——测量样品时,检验源的计数效率。

锶的活度浓度计算公式(放置法)如下:

$$A_V=\frac{N\cdot J_0}{E_f\cdot V\cdot Y_{Sr}\cdot Y_Y\cdot[1-\exp(-\lambda t_1)]\cdot \exp[-\lambda\cdot(t_3-t_2)]\cdot J} \tag{4.5-13}$$

式中　A_V——水中^{90}Sr的活度浓度,Bq/L;

N——样品源的净计数率,cps;

E_f——^{90}Y的探测效率,%;

V——分析水样的体积,L;

Y_{Sr}——锶的化学回收率,%;

Y_Y——钇的化学回收率,%;

$\exp[-\lambda(t_3-t_2)]$——^{90}Y 的衰变因子；

t_1——^{90}Y 的生长时间，h；

t_2——锶、钇分离的时刻，h；

t_3——^{90}Y 测量进行到一半的时刻，h；

$\lambda=0.693/T$，T 为^{90}Y 的半衰期，$T=64.2$ h；

J_0——标定测量仪器的探测效率时，所测得的检验源的计数率；

J——测量样品时，检验源的计数效率。

第五章　核电厂流出物采样监测及排放管理

2020 年，生态环境部正式发布《生态环境监测规划纲要（2020—2035 年）》，提出了健全环境监测标准规范体系的要求，明确了监测标准规范体系。同年国家核安全局以“国核安发〔2020〕44 号”文件发布了《核电厂流出物放射性监测技术规范（试行）》（以下简称“44 号文”），开展流出物监测标准体系建设，这已成为我国新形势下核电厂辐射环境安全的重点工作。

第一节　核电厂流出物监测管理要求

核电厂发电的同时会产生放射性物质，随着我国核能的迅速发展，核电厂流出物管理标准体系的建设和完善越来越受到国家的重视，与核电厂流出物监测和管理相关的法律法规不断发布，《中华人民共和国核安全法》和《核安全信息公开办法》对流出物监测和排放管理提出了标准化和规范化的要求。因此，放射性流出物的排放管理必须贯彻落实“合理可行尽量低”的原则。

核设施的流出物是经过严格处理的，其所含的放射性核素的活度浓度很低，通常可以达到清洁解控水平或核安全监管机构所建立的豁免水平，已不属于放射性污染物，就其放射性水平而言与其他普通工业的流出物没有本质的差别，因而不属于“排污收费、超标罚款”的监管范围。但流出物的排放仍然需要执行严格的管理标准，国内外对流出物的管控制定了一些基本原则和法规标准。

一、基本安全原则

在正常运行期间，核电厂某些工艺和活动会产生少量放射性气载和液态流出物，这些放射性核素可能使公众和环境受到低水平的辐射照射（IAEA G SG-9）。国际原子能机构（IAEA）在 GS RPART3 中明确了有关各方必须确保按照批准书对放射性废物和放射性物质向环境的排放进行管理。在排放时需要考虑如下方面：

（1）必须确定拟排放物质的特性和活度，以及可能的排放点和排放方法；

（2）必须通过适当的运行前研究，确定排放的放射性核素可能引起对公众成员照射的所有重要的照射途径；

（3）必须评价由计划排放引起的代表人所受的剂量；

（4）必须按照监管机构的要求，结合防护和安全系统的特性从总体上考虑放射性环境影响；

（5）必须向监管机构提交以上（1）项至（4）项的结果，作为对监管机构根据前文（监管机构必须制定或核准与公众照射有关的运行限值和条件，包括经批准的排放限值）制定批准的排放限值及其执行条件的一项输入。

开展流出物监测标准体系建设，已成为新形势下我国核电厂辐射环境安全的重点工作，目前我国核与辐射安全法规体系正在不断完善。

二、有关法规标准要求

《中华人民共和国放射性污染防治法》规定我国核电厂流出物监测实行“双轨制”，即环保部门主导的监督性监测和核电厂自主监测两条途径。《核电厂核事故应急管理条例》（HAF002，1993 年国务院令第 124 号）规定了核电厂应开展应急环境辐射监测。《核电厂运行安全规定》（HAF103，1991 年国家核安全局令第 1 号）提出了核电厂必须按照有关规定向国家核安全部门递交《辐射防护大纲》的要求，其内容包括了流出物监测。

目前核电厂流出物监测相关标准和导则，主要涉及《电离辐射防护与辐射源安全基本标准》（GB 18871—2002）、《核动力厂环境辐射防护规定》（GB 6249—2011）、《核电厂流出物监测技术规范（试行）》（国核安发〔2020〕44 号）、《辐射环境监测技术规范》（HJ 61—2021）、《核电厂放射性排出流和废物管理》（HAD 401/01，1990 年国家核安全局发布）。

1.《电离辐射防护与辐射源安全基本标准》（GB 18871—2002）

我国在《电离辐射防护与辐射源安全基本标准》（GB 18871—2002）中明确了放射性物质向环境排放的控制。

注册者和许可证持有者应保证，由其获准的实践和源向环境排放放射性物质时符合下列所有条件，并已获得审管部门的批准：

（1）排放不超过审管部门认可的排放限值，包括排放总量限值和浓度限值；

（2）有适当的流量和浓度监控设备，排放是受控的；

（3）含放射性物质的废液是采用槽式排放的；

（4）排放所致的公众照射符合本标准附录 B 所规定的剂量制要求；

（5）已按本标准的有关要求使排放的控制最优化。

注册者和许可证持有者不得将放射性废液排入普通下水道，除非经审管部门确认时满足以下条件方可直接排入流量大于 10 倍排放流量的普通下水道，并应对每次排放作好记录：

（1）每月排放的总活度不超过 10ALImin；

（2）每一次排放的活度不超过 1ALImin，并且每次排放后不少于 3 倍排放量的水进行冲洗的低放废液。

注册者和许可证持有者在开始由其负责的源向环境排放任何液态或气载放射性物质之前应根据需要完成：

（1）确定拟排放物质的特性与活度及可能的排放位置和方法；

（2）通过环境调查和适当的运行前试验或数学模拟，确定所排放的放射性核素可能引起公众照射的所有重要照射途径；

（3）估计计划的排放可能引起的关键人群组的受照剂量，并将结果书面报告审管部门。

注册者和许可证持有者在其所负责源的运行期间应：

（1）使所有放射性物质的排放量保持在排放管理限值以下可合理达到的尽量低水平；

（2）对放射性核素的排放进行足够详细和准确的监测，以证明遵循了排放管理限值，并可依据监测结果估计关键人群组的受照剂量；

(3)记录监测结果和所估算的受照剂量;

(4)按规定向审管部门报告监测结果;

(5)按审管部门规定的报告制度、及时向审管部门报告超过规定限值的任何排放。

注册者和许可证持有者应根据运行经验的积累和照射途径与关键人群组构成的变化,对其所负责源的排放控制措施进行审查和调整,但任何调整均需在书面征得审管部门的同意后才能实施。

2.《核动力厂环境辐射防护规定》(GB 6249—2011)

《核动力厂环境辐射防护要求》(GB 6249—2011)明确了流出物排放总量控制要求:任何厂址的所有核动力堆向环境释放的放射性物质对公众中任何个人造成的有效剂量,每年不得超过 0.25 mSv 的剂量约束值;每堆实施流出物年排放总量的控制,对于 3 000 MW 热功率的反应堆,其控制值如表 5.1-1 所示。对于热功率大于或小于 3 000 MW 的反应堆,^{3}H 和 ^{14}C 的排放量控制值应按照功率进行调整。对于同一堆型的多堆厂址,所有机组的年总排放量应控制在表中规定值的 4 倍以内。对于不同堆型的多堆厂址以及以单一流出物类型排放的厂址,所有机组的年总排放量控制值应另行论证。核电厂放射性排放量设计值应不超过表中规定确定的年排放量控制值。营运单位应针对核电厂厂址的环境特征及放射性废物处理工艺技术水平,遵循可合理达到尽量低的原则,申请流出物排放量。申请的流出物排放量不得高于放射性排放量设计值。

表 5.1-1 流出物排放量控制值 单位:Bq/a

<table>
<tr><th>流出物类型</th><th>类别</th><th>轻水堆</th><th>重水堆</th></tr>
<tr><td rowspan="5">气载流出物</td><td>惰性气体</td><td colspan="2">6.0×10^{14}</td></tr>
<tr><td>碘</td><td colspan="2">2.0×10^{10}</td></tr>
<tr><td>粒子(半衰期≥8 d)</td><td colspan="2">5.0×10^{10}</td></tr>
<tr><td>碳-14</td><td>7.0×10^{11}</td><td>1.6×10^{12}</td></tr>
<tr><td>氚</td><td>1.5×10^{13}</td><td>4.5×10^{14}</td></tr>
<tr><td rowspan="3">液态流出物</td><td>氚</td><td>7.5×10^{13}</td><td>3.5×10^{14}</td></tr>
<tr><td>碳-14</td><td>1.5×10^{11}</td><td rowspan="2">2.0×10^{11}</td></tr>
<tr><td>其余核素</td><td>5.0×10^{10}</td></tr>
</table>

核电厂年总排放量控制值由审管部门批准,年度排放总量不得超过所批准的年排放量,不超过设计值。年排放总量按季度控制,每季度排放总量不应超过所批准的年排放量的 1/2。若超出或预计将超出,须及时向审管部门报告或提出排放许可申请;核电厂应根据审管部门的批准值,制定各机组的放射性流出物排放量年度管理目标值,并按照季度累计排放量不超过年度管理目标值的 1/2,年累计排放量不超过年度管理目标值进行内部管控。

根据滨海和内陆核电厂液态流出物受纳水体稀释能力的差异及水功能的差异,GB 6249—2011 制定了不同的排放浓度控制值,以确保液态流出物近零排放。

对于液态流出物受纳水体为海洋的核电厂厂址,其槽式排放口处的流出物中除氚和碳-14外其他放射性核素浓度不应超过1 000 Bq/L；对于受纳水体为河流或湖库的核动力厂厂址，其槽式排放口处的流出物中除氚、碳-14外其他放射性核素浓度不应超过100 Bq/L，并保证排入环境水体的具体位置的下游1 km处受纳水体中总β放射性（扣除钾-40后）不超过1 Bq/L，氚浓度不超过100 Bq/L。

第二节　流出物的采样及预处理

采样是核电厂流出物监测的一个重要手段，采样代表性是关系核电厂流出物监测数据准确性的重要因素。对气载流出物的采样，我国于1998年发布了《气载放射性物质取样一般规定》（HJ/T 22—1998），该标准以1969年发布的美国标准 *Guide to sampling airborne radioactive materials in nuclear facilities*（ANSIN 13.1—1969）作为蓝本制订。但是ANSIN 13.1已经过多次修订，并于2011年发布了最新的版本，其技术要求已得到全方位的更新，因此HJ/T 22—1998也面临全面修订。

一、采样的基本要求

采样系统在保证采样代表性的同时，还要考虑可达性和冗余性。根据排放核素来源、浓度及排放计划等，核电厂应编制采样方案。采样方案应包括采样方法、采样频次、采样时间和采样点位等；采样方式根据排放方式确定，对于连续排放，应采用连续取样，对于批量排放，应在混匀后采取单次采样。流出物采样的基本要求如下：

（1）采样规程：核电厂应对采样方法进行充分论证或实验论证，制定采样规程，明确每项流出物的取样点、取样方法及取样量，并应给出监测系统的流程图。

（2）采样容器：采样容器应由天然放射性核素含量低、无人工放射性污染的材料制成，容器壁不应吸收或吸附待测的放射性核素，容器材质不应与样品中的成分发生反应；洗涤塑料容器时一般可以用对该塑料无溶解性的溶剂、如乙醇等。如采样桶应使用1+10盐酸洗涤，再用除盐水洗净，盖上盖子；塑料容器被金属离子或氧化物沾污，可用1+3的盐酸溶液浸泡洗涤。

（3）采样记录：流出物样品采集和预处理的原始记录表格设计应全面、详实、可追溯，内容包括样品名称、样品唯一性编码、监测项目、取样开始时间、采样结束时间，采样体积、采样现场温度、采样设备编码、采样位置、采样人等信息；样品标签应包括样品名称、样品唯一性编码、采样时间，采样体积、采样位置、采样人等信息；流出物样品采集和预处理要及时填写采样记录和样品标签，填写应清楚、详细、准确并有他人复核。

（4）采样人员行为规范：采样前确认样品名称，准备相应的取样操作单，选择对应的专用取样工具，取样过程必须穿戴好相关的防护用品；取样操作人员必须遵守现场有关的各项安全规定和工作组织过程，采样时应使用防止人因失误工具，至少有2名人员进行，1人采样1人监护，严格按照采样操作单步骤逐一执行和确认，注意核对设备编码，谨防阀门错误操作；对于取样过程中出现的任何异常情况，应及时汇报；取样后样品应及时分析，尽量缩短存放时间；样品在运输过程中必须旋紧样品瓶瓶盖，样品放入样品箱内携带，避免污染扩散。

(5)样品的代表性:取样前确认拟排放的废液槽已混合均匀,取样过程中废液储存箱对应的循环泵仍处于运行状态;避免交叉污染,如手部不能直接与样品(如滤纸)直接接触。

(6)采样频次:根据流出物所含核素种类以及排放的速率变化,确定合适的采样频次,正常情况下除烟囱取样周期为每周1次外,其他流出物监测点根据运行部门的排放申请单取样,当出现计划外释放,应增加采样次数;采样量应满足监测方法、探测下限及质量保证的技术要求。当出现计划外的排放时,则应增加采样频次。

二、流出物采样系统技术要求

核电厂流出物监测的主要目的是确保核设施运行过程中产生的放射性废物得到有效控制和监管。因而流出物取样系统技术要求非常重要。其取样系统可分为气载流出物和液态流出物取样系统。

1. 液态流出物采样的技术要求

液态流出物排放贮罐应具有循环或搅拌功能,采样前贮罐中的废液需要循环3次以上,确保充分混合均匀,使胶体和悬浮物的放射性核素沉积能够均匀分布于贮罐废液中;

采样期间循环泵保持运行状态,用样品冲洗采样管道3倍以上的体积,定期清理液态流出物储罐,减少淤泥和悬浮物。

2. 气载流出物采样的技术要求

气载流出物的实验室测量需要通过气载流出物监测系统的采样,以判断被测介质中放射性核素的活度浓度。所采样品必须在空间、时间和物理、化学特性上具有代表性。气载流出物应匀速采样,最大限度减少样品在采样管路弯头中的沉积及传送过程中的损失。将采样流量换算成标况流量,建议采用质量流量计。

通过抽气泵进行抽气使气流分成多路以实现气溶胶碘和气态^{3}H、^{14}C的连续采样,然后进入惰性气体、气溶胶和碘连续监测装置,整个气载流出物监测系统处于微负压的状态,如果出现厂房空气漏入的情况,会导致测量数据偏低,所以定期检查采样系统气密性非常重要。如果在烟囱采样口和真空泵前各安装一个质量流量计,定期巡检流量是否一致,可以方便地发现气载流出物监测系统的气密性。

气载流出物的气溶胶滤膜采样是获取气溶胶样品的途径,过滤滤材主要有纤维滤材、多孔膜滤材、毛细管孔膜式滤材、颗粒床滤材和多孔泡沫滤材等,其中多孔膜滤材和毛细管膜式滤材的压力降比较高,多孔泡沫滤材的收集效率很低,均不适用于大流量气溶胶采样。纤维滤材包括玻璃纤维和有机纤维滤材,收集效率范围较宽和压阻比较低,通常选用纤维滤材进行气溶胶的采样。考虑采样后续测量,玻璃纤维滤材不易压片和不易大量消解。应定期检查滤材的截留效率,应$\geqslant 95\%$。

气载流出物中的碘包括元素碘和甲基碘,采用浸渍活性炭进行富集,应定期检查吸附效率,效率应$\geqslant 95\%$。气载流出物通过抽气泵进入^{3}H和^{14}C高温催化炉,将各种形态的^{3}H和^{14}C转化转化为THO和$^{14}CO_2$,催化剂中毒或微孔堵塞都会导致转化效率降低。鼓泡器的鼓泡头孔径直接影响除盐水或碱溶液对THO和$^{14}CO_2$的吸收置换效率,如果气泡细度过大吸收置换效率就比较低,而气泡细度过小压降就会很高;

核电厂应开展气载流出物监测系统效率的论证和评价工作,包括采样管道沉积试验和论证及碘损失的试验和论证。对烟囱底部的水平烟道进行气流分布实测确定气流已充分混合均匀;在不同流速和不同粒度下进行模拟试验进行粒度谱调查,以确认:在正常工况下无论是水平采样管还是垂直采样管粒子沉积损失;在事故情况下水平采样管、弯头和阀门损失粒子损失。

采集效率用于修正在线分析仪和实验室测量数据。核电厂营运单位可以委托相关研究单位定期进行试验和评价,采集效率的确定应是偏保守的,即应保证由此计算的气载流出物放射性总量不应偏小。

三、液态流出物的采样和预处理

分析项目包括^{3}H和^{14}C、γ能谱分析、纯β核素分析、总α和总β的实验室检测。采样前确认申请排放的废液储存箱循环泵处于运行状态,循环次数不小于3次,并且采样过程中废液储存箱对应的循环泵仍处于运行状态,以确保取得代表性的样品。图5.2-1和图5.2-2所示分别为常规岛和核岛废液的采样流程图。

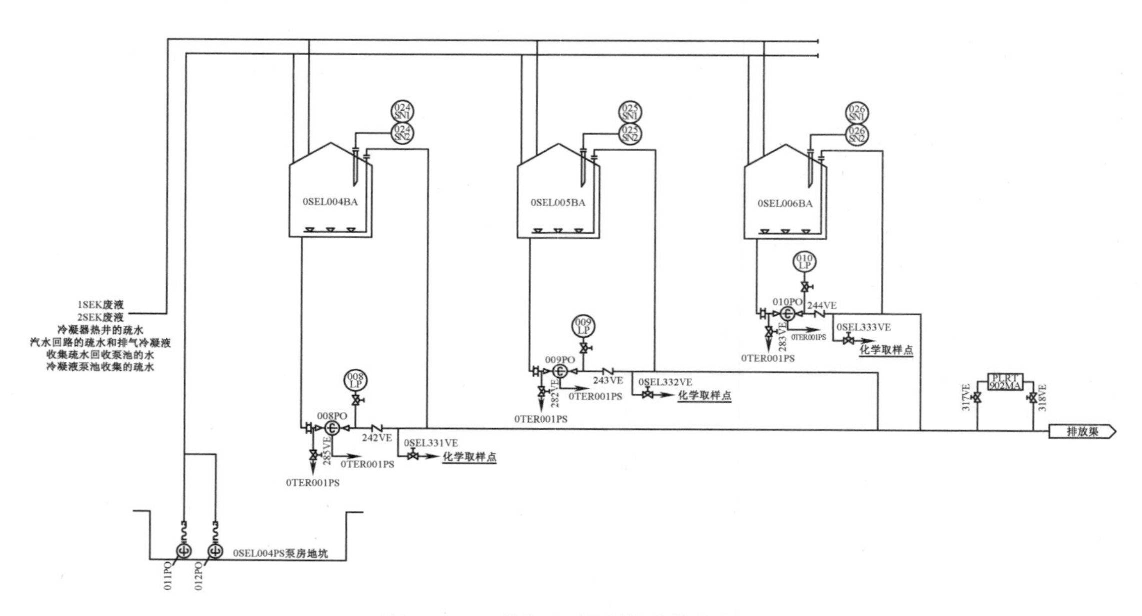

图5.2-1 常规岛废液的采样流程图

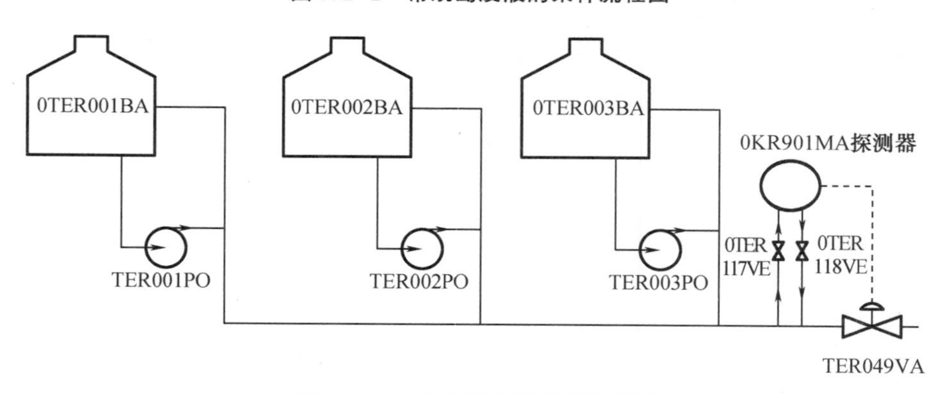

图5.2-2 核岛废液的采样流程图

根据采样规程确认申请单上所需采样的样品名称对应的采样阀和循环泵，打开采样阀扫液 1 分钟以上，满足扫液量超过采样管道体积的 3 倍。

1. 液态流出物的采样

用样品水冲洗采样桶 3 次后进行采样，采样量 2.5 L 左右。采样完成后关闭相应的采样阀门，等待 10 秒以上，确认采样口无滴漏。在采样容器的标签上记录采样人、采样时间、样品编号、采样体积等采样信息。

2. 液态流出物样品的预处理

采样容器为聚乙烯塑料小口桶(25 L)。首先，采样容器用洗液或洗涤剂清洗、除去油污后，用自来水冲洗干净，再用 10%硝酸或盐酸浸泡 8 h 后，用自来水冲洗至 pH 值为 7，最后用蒸馏水或去离子水清洗至少 3 次，贴好标签备用。

采集水样时，先用待采水样清洗 3 次，再将水样按采样量采集于采样容器中。采样时尽量不要将空气混入样品中，采样容器装满后必须加盖，以避免放射性核素与空气中的 O_2、CO_2 等反应形成悬浮物。

放射性液态流出物废液罐中一般含有淤泥、絮状物、悬浮物和胶体，而且除了^{3}H 和^{14}C 等少数几种核素之外，大多以胶体或悬浮物形态存在，因此放射性核素会附着在颗粒物上，或随悬浮颗粒共沉淀和沉降，或附着于采样容器内表面。所以除用于测量^{3}H 和^{14}C 的水样外，用于其他项目的水样采集后，用浓硝酸酸化到 pH 值为 1~2，尽快分析测定。

四、气载流出物的采样和预处理

气载流出物的采样项目包括气态氚和^{14}C、惰性气体、碘和气溶胶，分析项目为：^{3}H 和^{14}C，气溶胶($T_{1/2}$>8 d)粒子的 γ 能谱分析、碘盒^{131}I 和^{133}I 的 γ 能谱分析、惰性气体的 γ 能谱分析、^{85}Kr 的液闪分析。

采样器具包括工具包/箱 1 个、1 000 mL 氚收集瓶 1 个、1 000 mL 碳收集瓶 1 个、惰性气体收集罐 1 个、1 mol/L 的氢氧化钠溶液约 1 000 mL、约 1 000 mL 除盐水、气溶胶滤纸≥1 张、碘盒≥1 个、彩色自封袋≥2 个、镊子、滤纸碘样品盒、乳胶手套、压力表、采样操作单、笔和防污染垫布等。采样时应戴好乳胶手套，所有的操作必须在防污染垫布上进行，样品不得直接放置在地面上。

气载流出物采样时应避开反应堆厂房扫气和含氢废气衰变箱的排放。若有排放，应等待排放结束后再采样；确认气载流出物监测系统气路通畅，流量稳定。注意观察氚采样装置和^{14}C 采样装置的催化温度，采样装置的瞬时流量。

采样过程中严格按照规程的步骤执行，不确定时暂停，有异常时立即汇报处理。气溶胶采样时，避免手指与滤纸样品接触形成交叉污染，影响样品的代表性；氚碳采样时防止采样瓶内溶液倾洒出来造成污染，将采样瓶内吸收溶液正确移入相应的样品收集瓶，也要注意向各采样瓶内添加正确的吸收介质。

质量流量计应具有显示瞬时流量和累计体积的功能，瞬时流量和累计体积的不确定度应不超过 10%。现场环境温湿度应满足采样装置正常运行要求，采样气体流速、吸收液液位和冷却回路温度应满足采样器正常运行要求。采样装置应定期进行维护，如检漏、清洁、吹扫等。为保证气态氚或^{14}C采样监测的有效性，应定期检查转化炉的效率，并考虑采样装置的冗余性。

图 5.2-3 所示为气载流出物采样系统示意图。

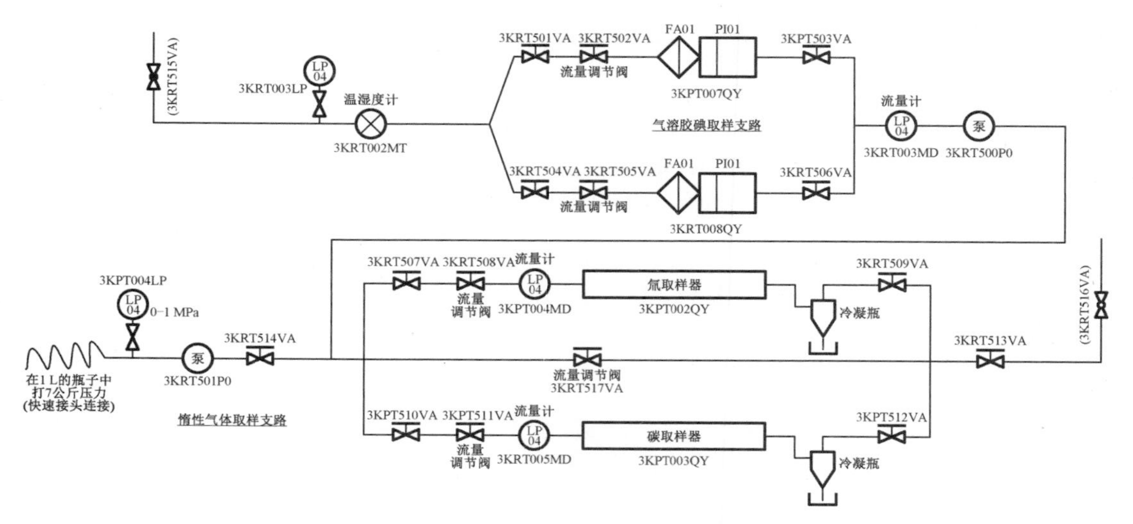

图 5.2-3　气载流出物采样系统示意图

1. 气溶胶滤纸和碘盒采样和放样

气溶胶和碘采样器（图 5.2-4）用于吸附气体中的气溶胶和碘，装置两端有快速接头，可以方便地接入系统进行采样，按照气流方向放置滤纸（带紫色线面朝下）和碘盒（箭头朝下）。取下气溶胶、碘采样器，将滤纸和碘盒样品分别装入彩色自封袋，在彩色自封袋上张贴采样标签并填写采样信息后放入样品盒；检查采样器密封圈完好，将准备好的干净滤纸、碘盒依气流方向（滤纸带紫色线面朝下，碘盒箭头朝下）装入气溶胶、碘采样器后回装到采样系统中；确认气溶胶、碘采样器上下游快速接头连接到位。

图 5.2-4　气溶胶和碘采样器

2. 惰性气体采样

将金属软管与惰性气体收集罐连接，打开采样阀；打开电气柜“惰性气体增压泵”开关，开始惰性气体采样；机柜面板显示惰性气体采样结束时，断开与惰性气体收集罐连接的金属软管，使用压力表测量气体采样罐的表面压力值；采样后关闭采样泵开关按钮，断开电气柜内的惰气增压泵开关，关闭采样阀；记录惰性气体采样时间，并在惰性气体收集罐的采样标签上填写采样信息。

3. 氚或^{14}C采样和放样

气态氚或^{14}C采样装置由管道、阀门、过滤装置、质量流量计、氚采样器或^{14}C采样器(含三通阀、防倒吸阀、高温催化装置、气泵、冷却回路以及鼓泡吸收装置)等组成；过滤装置中放置气溶胶滤纸和活性炭滤纸，以过滤掉气流中的固体颗粒、气溶胶和碘。为了在气态^{14}C采集阶段去除^{14}C吸收液中的氚，可将^{14}C采样装置与氚采样装置串联，将其设置在氚采样装置下游，氚和^{14}C采样装置共用一个过滤装置。氚或^{14}C采样装置示意图如5.2-5所示。

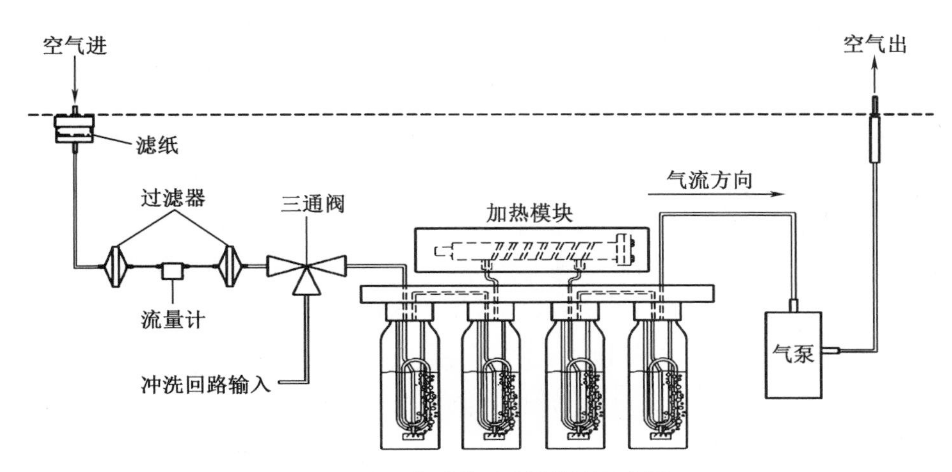

图5.2-5 氚或^{14}C采样装置示意图

第三节 流出物^{3}H和^{14}C的测量

^{14}C和^{3}H是压水堆核电厂流出物排放的重要核素，与核电厂其他放射性核素比较，^{3}H和^{14}C与环境的相互作用很特殊，它们的稳态形式在人体、食物和饮水中构成占比较大的份额，特别是^{14}C的半衰期很长，以CO_2形态存在的^{14}C，与空气中的非放射性CO_2混合，参与植物的光合作用，进入人类的食物链，对环境和人体产生影响。

气载流出物经过滤器去除固体颗粒、气溶胶和碘后，通过催化氧化及装有吸收液的鼓泡瓶吸收捕获，得到氚水和$^{14}CO_3^{2-}$的样品供实验室分析。流出物监测系统与装有蒸馏水和碱溶液的鼓泡器相连，样品以一定的速率缓慢通过鼓泡器，转化效率高。

一、氚的测量方法

目前氚的测量方法有直接法和间接法。直接测量法包括电离室法和正比计数法；间接测量法包括液体闪烁计数和质谱法等。

^{3}H属于低能β辐射，基于测量方法中现有技术的成熟度、操作复杂性考虑，目前所有核电厂均采用液体闪烁计数器进行测量。对于气态排放的^{3}H，核电厂气载流出物监测系统先将其催化氧化为氚水，然后用除盐水鼓泡器吸收，加入闪烁液后用液体闪烁计数器进行测

量。国内的监测方法有《水中氚的分析方法》（HJ 1126—2020）、《水中氚的分析方法》（GB/T 12375—1990）和《核电厂气态流出物中氚分析技术规范》（T/BSRS 005—2019）等。

二、^{14}C的测量方法

^{14}C属于低能β辐射，目前所有的核电厂均采用液体闪烁计数器进行测量。对于气体中的^{14}C，遵循的基本技术路线都是先将其氧化为$^{14}CO_2$，然后用碱液吸收，吸收液加入闪烁液，用液体闪烁计数器进行测量。催化氧化技术较适合核电厂痕量挥发性有机^{14}C的氧化转化，样品在催化炉中加热，在Pt、Cu等的催化下，有机物热破坏比直接燃烧法更快、温度更低、转化效率更高。我国针对核电厂气态流出物^{14}C检测分析还在摸索中，仅有团体标准《核电厂气态流出物^{14}C分析技术规范》（TBSRS 007—2019）供参考。催化炉的转化效率是影响测量数据准确度的关键因素。

液态中^{14}C的制样方法是多种多样的，目前被国际组织机构和国内标准所认可的氧化方法有燃烧法、湿法氧化和紫外氧化法等，这些方法可单独或联合使用，其核心是将所有形态的^{14}C全部转化成$^{14}CO_2$，通入载气吹扫并用碱液吸收，同时也实现了^{14}C与液态样品中其他放射性核素的分离。我国目前测定液态^{14}C的分析方法主要参考《核动力厂液态流出物中^{14}C分析方法—湿法氧化法》（HJ 1056—2019）。影响测量数据准确度的关键因素是湿法氧化的转化效率，因为低分子有机物容易挥发，不能与氧化剂充分接触和反应，导致转化效率偏低。

三、流出物实验室常用的分析方法

待测液态试样中的氚或^{14}C发射的β射线能量被闪烁液中的溶剂吸收并传递给闪烁体分子，闪烁体分子退激发射的可见光光子被液体闪烁计数器内的光电倍增管探测，从而测得样品中氚或^{14}C的计数率，经本底、探测效率以及其他因子校正后，得出液态样品中氚或^{14}C的活度浓度。

1. 氚的监测

（1）气态流出物中氚的监测技术

对于气载流出物中氚的监测，由于压水堆核电厂排放的氚浓度往往并未达到可用电离室直接测量的水平，因此在实践中多采用累积采样、实验室分析的方式。与环境空气中氚的监测方法不同，气载流出物中氚的监测往往在采样后直接制样测量，没有经过蒸馏纯化的步骤，采样阶段其他核素的干扰未能在制样阶段予以消除，可能会在后续的液闪测量中产生干扰。例如核电厂气态流出物排放的^{14}C会在氚水捕集液中有一定的溶解，在液闪测量中也会有计数。

根据液体闪烁仪的测量原理和核素的衰变性质，^{3}H发生β衰变能量区间为0～18.6 keV，而^{14}C能量区间在0～156 keV之间，且压水堆核电厂气态^{3}H的活度浓度与^{14}C相近，这样原理上就存在^{3}H与^{14}C的能量重叠区。

直接采用水鼓泡法取得的样品，未经蒸馏纯化直接使用液闪计数仪测量时，应考虑气载流出物中^{14}C对氚监测结果的影响。在鼓泡采样阶段，^{14}C在氚吸收液中的溶解量随温度变化而变化,10 ℃时 CO_2 在 300 mL 氚吸收液中的含量为 0.70 g,当样品中氚、^{14}C 活度浓度相同时,^{14}C 对氚测量结果的贡献接近 20%;当样品中氚的活度浓度是 ^{14}C 活度浓度的 10 倍时,^{14}C 对氚测量结果的贡献约 3.0%。

(2)液态流出物中氚的监测技术

核电厂液态流出物每批次排放前进行现场采样后送实验室分析,^{3}H 和 ^{14}C 监测结果低于限值后再进行排放。压水堆核电厂液态流出物中 ^{3}H 活度浓度比 ^{14}C 和其他核素都要高出几个数量级,因此直接取一定体积样品加闪烁液后使用液闪谱仪进行直接测量,可以得到比较准确的结果。

2. ^{14}C 的监测

(1)气载流出物中 ^{14}C 监测技术

对于气载流出物中 ^{14}C 的监测,气态流出物监测系统将有机 ^{14}C 全部催化氧化后使用碱溶液鼓泡法捕集,^{14}C 的形态为 $^{14}CO_3{}^{2-}$,由于 ^{3}H 的两级吸收液在前,而且压水堆核电厂的气态 ^{14}C 比活度与 ^{3}H 基本相同,所以液闪谱仪直接测量鼓泡器的 ^{14}C 样品时,^{3}H 不会出现脉冲叠加而影响 ^{14}C 的计数,即直接测量可以得到比较可信的 ^{14}C 活度浓度数据。

(2)液态流出物中 ^{14}C 监测技术

压水堆核电厂废液贮槽中 ^{14}C 的形态主要是低分子有机物,如甲醛、甲醇、乙醛和少量的 C_nH_m,且 ^{3}H 的活度浓度比 ^{14}C 高出 2 个数量级以上。只有将废液样品中的 ^{3}H 和 ^{14}C 进行分离,单独提取 ^{14}C 核素进行测量,才能够从原理上解决和消除 ^{3}H 及其他放射性核素的干扰。

湿法氧化法是通过对液体样品酸化、加入氧化剂(过硫酸盐),使样品中不同形态的 ^{14}C 转化为 $^{14}CO_2$,通入载气吹扫入碱液吸收瓶中,吸收液中加入闪烁液后用液体闪烁计数器测量 ^{14}C 活度。

但是低分子有机物的挥发性较强,本方法不能将挥发性的 ^{14}C 全部转化成 $^{14}CO_2$,原因是过硫酸盐的氧化能力不够强,且在氧化反应器内挥发性的 ^{14}C 会转移到气空间,挥发性的 ^{14}C 无法与氧化剂充分接触和反应,在此情况下湿法氧化分离 ^{14}C 的转化吸收效率范围在 60%~80%之间,且转化率不是很稳定。高温氧化法是一种能确保所有有机碳被氧化的方法,样品水加热后产生羟基自由基·OH,在高温条件下·OH 与碳氢化合物反应形成 CO_2 和 H_2O。高温氧化炉的碳转化率高达 97%,完成一个液态样品的 ^{14}C 分离仅需 3 min。

^{14}C 的能量区间在 0~156 keV 之间,分离后的液体样品可以直接使用液体闪烁计数仪测量。

第四节 流出物样品中 γ 核素的测量

对流出物样品中的 γ 能谱测量,现有几个标准的技术要求基本相近,包括《高纯锗 γ 能谱分析通用方法》(GB/T 11713—2015)、《环境及生物样品中放射性核素的 γ 能谱分析方法》(GB/T 16145—2022)、《空气中放射性核素的 γ 能谱分析方法》(WS/T 184—2017)。

一、流出物样品中γ核素的性质

压水堆核电厂流出物主要γ核素有^{51}Cr、^{54}Mn、^{58}Co、^{59}Fe、^{60}Co、^{95}Zr、^{106}Ru、^{110m}Ag、^{124}Sb、^{125}Sb、^{131}I、^{133}I、^{134}Cs、^{137}Cs 等,可采用高纯锗γ能谱仪分析。

1. ^{51}Cr 的性质

^{51}Cr 是压水堆核电厂一回路的活化腐蚀产物,不锈钢和镍基合金中 Cr 的含量很高,腐蚀产物进入堆芯后被热中子活化,吸收截面 15.9 b,中子反应^{50}Cr(n,γ)产生^{51}Cr,靶核^{50}Cr 的丰度为 4.35%。^{51}Cr 的半衰期为 27.7 d,^{51}Cr 的辐射类型为γ、能量 0.320 MeV,分支比 10.08%;在液态流出物中,^{51}Cr 主要以胶体形态存在。

2. ^{54}Mn 的性质

^{54}Mn 是压水堆核电厂一回路的活化腐蚀产物,靶核是^{54}Fe 和^{55}Mn,这两种核素存在于不锈钢和镍基合金中,腐蚀产物在堆芯被快中子活化,反应截面分别为 0.082 b 和 3.00×10^{-4} b,核反应为^{54}Fe(n,p)^{54}Mn 和^{55}Mn(n,2n)^{54}Mn,^{54}Mn 的辐射类型为γ,能量为 0.835 MeV,分支比 100%;在液态流出物中,^{54}Mn 在废液中主要以胶体形态存在,废液中的锰难溶于水,颗粒直径约 0.2 μm,容易与废液中的其他悬浮杂质共沉淀。

3. ^{58}Co 的性质

^{58}Co 是压水堆核电厂最典型的活化腐蚀产物,靶核^{58}Ni 是一回路主管道和蒸发器传热管的主要成分,快中子吸收截面为 0.111 b,^{58}Ni 在堆芯的中子反应^{58}Ni(n,p)产生^{58}Co。^{58}Co 半衰期 71.4 d,辐射类型为β^+和γ,β^+能量为 0.474 MeV,分支比为 15.5%,γ能量为 0.811 MeV,分支比为 99.34%。废液中的^{58}Co 全部以胶体形态存在。

4. ^{59}Fe 的性质

^{59}Fe 主要来源为反应堆中腐蚀产物被中子活化产生,其可能的反应类型为^{58}Fe(n,γ)^{59}Fe,靶核^{58}Fe 是一回路不锈钢和镍基合金的主要成分,热中子吸收截面为 1.28 b。^{59}Fe 的半衰期为 45.1 d,它可以发射β和γ射线:β^-能量 0.461 MeV 分支比 51%,β^-能量 0.269 MeV 分支比 47%;γ能量 1.099 MeV 分支比 56.5%,γ能量 1.292 MeV 分支比 43.2%。

5. ^{60}Co 的性质

^{60}Co 生成过程为^{59}Co(n,γ)^{60}Co,靶核^{59}Co 来自于 Stellite 合金和镍基合金,Stellite 合金钴含量 62%~68%,被认为是最合适的耐磨损材料而大量使用,钴也是镍基合金的杂质,含量约 0.01%,^{59}Co 的热中子吸收截面为 37.45 b。^{60}Co 的半衰期 5.27 a,发射β和γ射线,β^-能量 0.318 MeV 分支比 99.8%,γ能量 1.173 MeV 分支比 100%,γ能量 1.332 MeV 分支比 100%。

6. ^{95}Zr 的性质

^{95}Zr 的前驱母体^{95}Kr、^{95}Rb、^{95}Sr 和^{95}Y 等,半衰期很短,在^{235}U 或^{239}Pu 裂变反应发生后很快衰变为^{95}Zr,这是^{95}Zr 的一个来源;冷却剂中^{95}Zr 的主要来源是燃料包壳的活化。^{94}Zr 热中子吸收截面为 0.05 b,^{94}Zr(n,γ)^{95}Zr 活化产生的^{95}Zr 在冲刷和腐蚀下进入一回路系统,^{95}Zr 的半衰期为 64.0 d,发射β和γ射线,β^-能量 0.360 MeV 分支比 43%,β^-能量 0.396 MeV 分

支比 55%，γ 能量 0.724 MeV 分支比 44.5%，γ 能量 0.757 MeV 分支比 54.6%。

^{95}Zr 通过 $^{95}Zr(n,\gamma)^{95}Nb$ 衰变产生 ^{95}Nb，^{95}Nb 半衰期为 35.0 d，发射 β 和 γ 射线，β^- 能量 0.160 MeV 分支比 99.9%；γ 能量 0.776 MeV 分支比 99.8%。

7. ^{106}Ru 的性质

^{106}Ru 是核裂变产物的主要放射性核素之一，放射毒性高，是纯 β 衰变核素，半衰期 373.6 d，子体为 ^{106}Rh，由于其放射性和独特的化学性质而在环境影响评价和严重事故后果分析中被作为关键核素，在国际上受到广泛的关注。

由于 ^{131}I 堆芯积存量高于 ^{106}Ru，^{131}I 的逃逸率系数为 $1.3\times10^{-8}/s$，^{106}Ru 的逃逸率系数为 $1.6\times10^{-12}/s$，而两种核素在一回路的去污因子相同，因此 ^{106}Ru 在一回路冷却剂中的比活度非常低，流出物排放量的份额极低。

^{106}Ru 是 GB 1121—1989 中规定的需要监测的核电厂流出物核素，之所以将 ^{106}Ru 纳入流出物监测要求，可能与早期大气核试验中 ^{106}Ru 的释放有关。考虑 ^{106}Ru 和 ^{106}Rh 处于平衡状态，因此采用 γ 多道谱仪间接测量 ^{106}Ru 不存在技术上的问题。

8. ^{110m}Ag 的性质

^{110m}Ag 由 ^{109}Ag 活化而产生，热中子吸收截面 4.7 b，核反应为 $^{109}Ag(n,\gamma)^{110m}Ag$。核电厂一回路中 Ag 元素的主要来源有两个：一是堆芯控制棒 Ag-In-Cd 合金，二是热交换器、反应堆压力容器（RPV）上封头、阀门、泵等的垫片使用含银材料。自然界中元素 Ag 的稳定同位素包括 ^{107}Ag 和 ^{109}Ag，其中 ^{109}Ag 的丰度为 48.2%，^{109}Ag 吸收中子产生亚稳态同位素 ^{110m}Ag。^{110m}Ag 半衰期为 249.85 d，能发射 4 种粒子、8 种电子束和 31 种 γ 射线，γ 射线能量与 ^{60}Co、^{58}Co 相近，其中能量 657.8 keV 的射线释放的概率是 94%，而能量 884.7 keV 的射线释放的概率是 73%。另一方面，^{110m}Ag 的活度-剂量转换系数比高，在相同的放射性活度条件下，^{110m}Ag 活度-剂量转换系数比是 ^{60}Co 的 1.2 倍，是 ^{58}Co 的 2.7 倍。

核电厂功率运行期间，^{110m}Ag 主要沉积在化容系统再生热交换器的下游，停堆氧化运行期间 ^{110m}Ag 进入冷却剂中，^{110m}Ag 主要以胶体形态存在，颗粒直径为 0.02～0.06 μm。

由于废液净化系统对 ^{110m}Ag 的去污因子较低，因此对于冷却剂中 ^{110m}Ag 比活度较高的核电厂，液体流出物中 ^{110m}Ag 的排放成为最关注的核素之一。

9. ^{124}Sb 和 ^{125}Sb 的性质

^{124}Sb 是压水堆核电厂的活化腐蚀产物，靶核为 ^{123}Sb，热中子吸收截面为 4.145 b，核反应为 $^{123}Sb(n,\gamma)^{124}Sb$，泵的轴承支座中渗入锑可提高泵轴的硬度，锑-铍（$^{123}Sb$-$^{9}Be$）二次中子源破损导致 $^{122}Sb/^{124}Sb$ 会进入一回路中，另外压水堆核电厂每年大约从补水中引入 1～1.5 g 的锑。^{124}Sb 的半衰期为 60.2 d，发射 β 和 γ 射线，β^- 能量 0.61 MeV 分支比 52%，β^- 能量 2.30 MeV 分支比 23%，γ 能量 0.603 MeV 分支比 97.8%，γ 能量 0.723 MeV 分支比 11.1%，γ 能量 1.691 MeV 分支比 49%。

^{124}Sb 的主要来源有：$^{124}Sb(n,\gamma)^{125}Sb(\beta^-)$，$^{124}Sn(n,\gamma)^{125}Sn$，$^{125}Sn \longrightarrow {}^{125}Sb+\beta^-$。燃料包壳 ZIRLO™ 与锆-4 合金含有约 1% 的 ^{124}Sn。^{124}Sb 半衰期为 2.8 a，发射 β 和 γ 射线。

10. ^{131}I 和 ^{133}I 的性质

^{131}I 和 ^{133}I 是 ^{235}U 的裂变产物。碘有 35 种同位素，8 种同质异能素，除了碘-127 为稳定核素外，其余均为放射性核素，其中重要的有碘-131、碘-129、碘-125。碘-131 是 β 衰变核

素,半衰期为8.04 d,发射β射线和γ射线,β射线最大能量为0.607 MeV,在空气中最大射程为3.63 mm,平均射程为0.48 mm;主要γ射线能量为0.364 MeV。碘-131属于中毒性核素,在人体内的有效半减期为7.6 d。碘-131的化学性质与元素碘相同。空气中碘采样器收集空气中的微粒碘、元素碘和有机碘。微粒碘收集在玻璃纤维滤纸上,元素碘及非元素无机碘主要收集在活性炭滤纸上;有机碘主要收集在浸渍活性炭筒内。

碘-131是人工放射性核素,能被高度选择性摄取,浓集于甲状腺内,服食碘片可以有效地"占满"甲状腺,使得碘-131无法在甲状腺富集,而被快速排出体外。在发生较大量放射性碘向大气释放的事件时,采取躲在室内、关闭门窗及通风系统等隐蔽措施可以明显减少放射性碘-131的吸入,避免食用被污染的食品可以有效减少碘-131的食入,碘片的服食由应急部门统一安排。

11. ^{134}Cs和^{137}Cs的性质

^{134}Cs和^{137}Cs是^{235}U的裂变产物,半衰期分别为2.062年和30.17年,对环境有长期影响,易随着风飘到很远的地方,沉降后落到植物表面,或通过食入和吸入进入动物体。^{137}Cs是β衰变核素,发射两种β射线,最大能量分别为0.514 MeV(94.0%)和1.176 MeV(6.0%)。^{137}Cs发射0.514 MeV的β射线后,转变为钡-137m。钡-137m的同质异能跃迁,产生的γ射线能量为0.662 MeV。^{137}Cs在放射性核素毒性分组中属于中毒组。

^{137}Cs是一种常用的γ辐射源,是工业中常用的放射性同位素之一。^{137}Cs标准源广泛用于辐射监测仪器、仪表的校准,早期还曾作为辐照装置的辐射源。按摄入计,^{134}Cs的剂量转换系数为0.019 μSv/Bq,^{137}Cs的剂量转换系数为0.013 μSv/Bq。^{134}Cs和^{137}Cs均发射β和γ射线。

12. ^{133}Xe的性质

氙的稳定性同位素以^{129}Xe、^{131}Xe、^{132}Xe、^{134}Xe、^{136}Xe为主,在自然界的丰度达到94%。氙的放射性同位素包括^{123}Xe、^{131m}Xe、^{133}Xe、^{133m}Xe、^{135}Xe、^{135m}Xe、^{137}Xe、^{138}Xe、^{139}Xe等,大部分为^{235}U和^{239}Pu的裂变产物,其中^{133}Xe半衰期5.2 d,^{133m}Xe半衰期2.2 d,^{135}Xe半衰期9.14 h,^{135m}Xe半衰期15 min。

在欧洲、北美和日本等核设施密集地区的地表空气中,^{133}Xe的活度浓度均值在3~10 mBq/m^3;世界范围内放射性^{133}Xe的活度浓度集中于1~100 mBq/m^{3}之间;浙江环境监测站对某地区为期2周的监测过程中,共采集分析了15个惰性气体样品,大气中^{133}Xe活度浓度低于0.2 mBq/m^3。根据UNSCEAR 2000年报告,在核电厂惰性气体排放总量中,^{133}Xe占惰性气体排放总量的50%。

二、流出物γ核素测量

在核电厂放射性同位素中,发射γ射线或其他衰变(如β衰变)伴随发射γ射线的,均可以采用γ能谱分析测量。对于一般气态流出物,主要是测量惰性气体(钢瓶收集)、卤素(气溶胶滤纸)、碘(碘盒);对于液态流出物,主要是采用马林杯测量。

采集到的样品经处理后制成具有一定体积或形状的测量样品,使用γ能谱仪获取待分析样品的特征γ射线全能峰,经能量刻度和效率刻度,对样品中放射性核素的种类和活度进行定性(特征峰位)和定量(特征峰面积)的分析,从而给出所分析放射性核素在样品中的活度浓度。流出物中放射性γ核素的测定,包括核岛废液、常规岛废液排放前采样制成的γ核素样品;安全壳扫气、废气衰变箱和气态流出物采样制成的惰性气体、滤纸、碘盒γ核素样品。

三、流出物实验室常用的γ核素分析方法

将采集到的样品经处理后制成具有一定体积或形状的测量样品,使用γ能谱仪获取待分析样品的特征γ射线全能峰,经能量刻度和效率刻度,对样品中放射性核素的种类和活度进行定性(特征峰位)和定量(特征峰面积)的分析,从而给出所分析放射性核素在样品中的活度浓度。

1. 气态流出物中γ核素的测量

气态流出物中γ核素的样品来源包括安全壳扫气、废气衰变箱和气态流出物采样制成的惰性气体、滤纸、碘盒。

充满空气(压力与采样时大致相同)的气体马林杯瓶制成惰性气体空白样;干净的碘盒、滤纸分别制成空白样品。高纯锗γ多道分析仪调至合适的工作状态,测量前检查γ能谱仪,将制好的马林杯空白样、惰性气体空白样、碘盒空白样或滤纸空白样置于与样品测量时几何条件完全相同的位置上测量,碘盒空白样和滤纸空白样叠在一起测量,顺序放置好滤膜和碘盒,分别独立测量获取空白样品谱,测量活时间与流出物样品测量活时间完全相同。

碘盒或滤纸样品用密封袋密封后按照图 5.4-1 所示一起放置在探头上方(滤纸在下、碘盒在上),碘盒、滤纸样品的采样体积应修正至标准状态下的体积。惰性气体样品用密封袋或塑料袋封装后放在探头的正上方,惰性气体的采样体积应修正至标准状态下的体积。

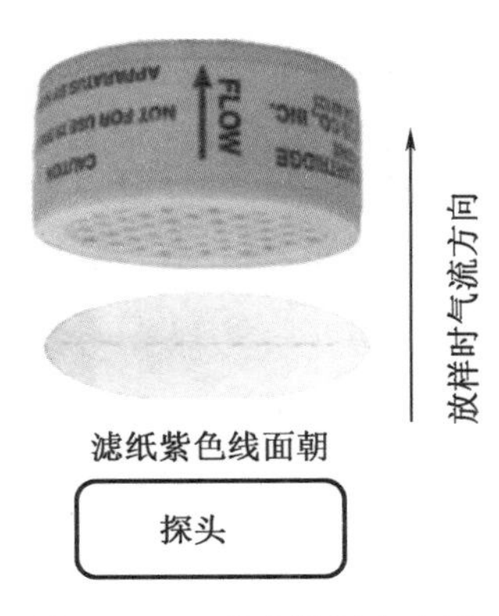

图 5.4-1 碘盒放置方式图

烟囱滤纸样品、碘盒样品和惰性气体样品的测量活时间均为 20 000 s,高纯锗γ多道分析仪调至合适的工作状态,测量前检查γ能谱仪,将制好的样品置于γ能谱仪探测器的合适位置进行测量。基于谱分析软件,可调用已保存好的的刻度文件和能量-核素数据库,得出各核素的活度浓度。

对于^{106}Ru 的检测,由于^{106}Ru 与^{106}Rh 很快达到平衡浓度,因此通过检测^{106}Rh 活度来计算^{106}Ru 活度,此时应将子体^{106}Rh 的半衰期修正为与母体^{106}Ru 相同的半衰期以进行衰变校正。

2. 液态流出物中 γ 核素的测量

流出物中放射性 γ 核素的测定,包括核岛废液、常规岛废液排放前采样制成的 γ 核素样品;为确保马林杯中 γ 放射性核素在液体流出物中均匀分布,最好对样品进行酸化和加热处理,将所有的 γ 核素溶解。

量取 1 000 mL 除盐水倒入塑料马林杯中,盖好、密封,制成马林杯空白样;测量前检查 γ 能谱仪,将制好的空白样品置于 γ 能谱仪探测器的合适位置进行测量。

核岛废液或常规岛废液充分混匀后量取 1 000 mL 样品倒入塑料马林杯中,盖好、密封。用密封袋或塑料袋封装待测马林杯样品,确保样品没有渗漏、外表面没有放射性沾污,以防污染探头。高纯锗 γ 多道分析仪调至合适的工作状态并稳定后,测量前检查 γ 能谱仪,将制好的样品置于 γ 能谱仪探测器的合适位置进行测量。

液态流出物样品的测量活时间均为 3 600 s。基于谱分析软件,可调用已保存好的刻度文件和能量-核素数据库,得出各核素的活度浓度。

对于核岛废液或常规岛废液排放前的采样监测,由于排放时间滞后于测量时间,因此对液态流出物样品不做衰变修正。

对于^{106}Ru 的监测,由于^{106}Ru 与^{106}Rh 很快达到平衡浓度,因此通过检测^{106}Rh 活度来计算^{106}Ru 活度,此时应将子体^{106}Rh 的半衰期修正为与母体^{106}Ru 相同的半衰期以进行衰变校正。

第五节　流出物样品中其他核素的测量

根据“44 号文”的要求,流出物测量还涉及其他一些放射性核素,如总 α、总 β、^{85}Kr、^{89}Sr、^{90}Sr、^{55}Fe、^{63}Ni 等部分核素。

一、流出物中总 α、总 β 的测量

对放射性液态流出物的总 α、总 β 测量,目前我国已有《水中总 α 活度测定方法 厚源法》(EJ/T 1075—1998)、《水中总 β 放射性测定 蒸发法》(EJ/T 900—1994)。一方面,这两个标准发布较早,与之相对应的国际标准化组织(ISO)标准则进行了多次更新,最新的版本为 ISO 9696—2017 和 ISO 9697—2015;另一方面,现有 EJ 标准在技术上仍有较多需要改进之处,例如 EJ/T 900—1994 规定的测量残渣为硝酸盐,易于吸潮,ISO 9697—2015 规定采用硫酸盐残渣测量;EJ/T 900—1994 在结果计算时未规定窜道的修正等。为此,2017 年我国以 ISO 标准为蓝本发布了《水质 总 α 放射性测定 厚源法》(HJ 898—2017)和《水质 总 β 放射性测定 厚源法》(HJ 899—2017)。这两个标准并非取代 EJ/T 1075—1998 和 EJ/T 900—1994,但更接近于实际要求,建议等效采用。在分析方法方面,现有标准只规定采用正比计数器的方法,而 ISO 还建立了液闪测量总 α、总 β 的标准 ISO 11704—2010。

1. 测量方法

对于空气样品,采用抽气过滤法采样,抽取一定体积的空气,使空气中的放射性气溶胶沉积在滤材上。采集好的样品至少放置 3 天以上,待样品中被采集的天然氡、钍等放射性子体所形成的 α 放射性衰变到可以忽略时,把样品放入探测装置中,测出样品中的 α、β 计数。

根据探测装置测量 α、β 计数效率，空白样品的本底计数，样品计数，计算出气溶胶样品中 α、β 的活度浓度。

2. 气态流出物气溶胶样品

气态流出物气溶胶样品收集结束后，将滤纸从采样装置中取出，轻轻放入密封袋中，带回实验室等待测量。由于存在氡钍子体的影响，烟囱气溶胶样品采样后需放置衰变 3 天以上再进行总 α/β 测量。

用镊子将吸附有气溶胶样品的滤纸夹放到测量样品盘中，注意滤纸的采样进气侧朝上。确保整个滤纸铺放到样品盘底部，否则可用镊子沿滤纸边缘压实、铺好。将铺好滤纸的样品盘，置于 α/β 计数器相应的测量通道，按照 α/β 计数器操作规程进行测量。测量时间设定为 3 600 s。

低本底分析仪同时测量总 α 和总 β 计数，则 α 射线和 β 射线的串道比不能忽略，应在计算放射性活度浓度时进行串道比修正。

3. 液态流出物样品

将一定量待测样品放置于红外灯下或电热板上缓慢蒸发，烘干过程中注意控制温度，防止样品沸腾从而导致样品损失，影响测量结果。蒸发至干后将其置于低本底 α/β 分析仪上测量样品的总 α/β 计数率，以计算样品中总 α、总 β 的放射性活度浓度。测量时间为 3 600 s。

低本底分析仪同时测量总 α 和总 β 计数，则 α 射线和 β 射线的串道比不能忽略，应在计算放射性活度浓度的计算时进行串道比修正。

二、气态流出物中^{85}Kr 的测量

核电厂^{85}Kr 主要通过^{233}U、^{235}U、^{239}Pu 的裂变反应产生，^{235}U 和^{239}Pu 的热中子裂变产额分别为 0.002 86 和 0.001 36。反应堆中裂变产生的^{85}Kr 绝大部分包容在包壳内。

^{85}Kr 是 β 放射性核素，半衰期 10.752a，β 射线最大能量为 687 keV，分支比为 99.56%，γ 衰变能量为 514 keV 的 γ 射线，分支比仅 0.435%。^{85}Kr 不易溶于水，主要通过一回路的下泄和扫气进入废气处理系统，经贮存或滞留衰变后以气态流出物的形式通过烟囱向环境排放。核电厂气态流出物排放源项中，放射性惰性气体排放量最大，^{85}Kr 是其中需要关注的重要核素之一。

压水堆核电厂^{85}Kr 归一化排放量 6.29 GBq/MWe.a（1974 年统计），比乏燃料处理排放的^{85}Kr 要小得多（1970—1997 年归一化释放量 6.9～13.92 PBq/MWe・a）。

世界发达国家和地区在核电厂放射性流出物监测的监管中，对于探测限都作了明确规定。如欧盟在 2004/2/EURATOM 中明确规定了核电厂流出物监测的放射性核素和其中的关键核素探测限，其中^{85}Kr 为 10^{-4} Bq/m^3，^{85}Kr 采取将样品衰变后进行 β 测量的方法。

《核动力厂环境辐射防护规定》（GB 6249—2011）对核设施流出物的监测作了监管要求，“44 号文”规定了核电厂流出物放射性的^{85}Kr 探测下限 10^2 Bq/m^3。

我国核电厂对于流出物中的^{85}Kr 监测采用 γ 谱仪分析的方法，探测限为 1.0×10^3 Bq/m^3，与欧盟建议书及“44 号文”的要求相差非常大。

关于气态流出物中^{85}Kr与^{133}Xe的关系，由于裂变产物在燃料包壳破损时燃料的燃耗不同，因而燃料中^{85}Kr与^{133}Xe积存量的比例是有变化的，另外^{85}Kr与^{133}Xe在一回路的滞留时间和在废气系统的衰变时间也有差别，因而气态流出物排放口的比例存在不确定性。从一回路源项占比来看，^{85}Kr比活度与^{133}Xe比活度的比值约2.0×10^{-3}，^{85}Kr所占惰性气体总量的比例仅为0.09%。衰变45天后，所占百分比为^{133}Xe 56.76%、^{85}Kr 43.24%，衰变60 d后，所占百分比为^{85}Kr 84.65%、^{133}Xe 15.35%，其他惰性气体核素可忽略。

1. 测量方法

^{85}Kr衰变时发射的β射线分支比高，液闪谱仪对β射线的探测效率高，采用液闪测量法降低^{85}Kr分析的探测限，这要求对样品中的Kr进行分离和纯化，包括脱水、去除CO_2、去除O_2、N_2和Xe等过程。图5.6-1所示为废气中Kr的色谱分离图。

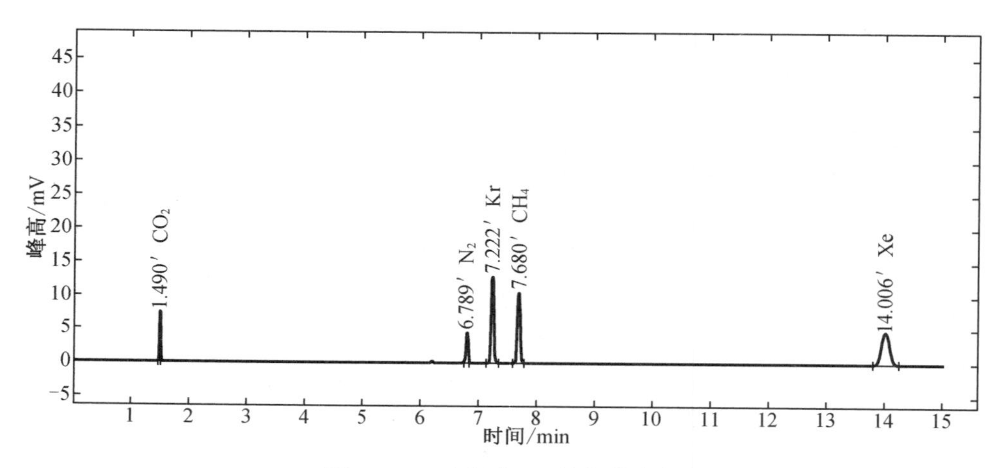

图5.6-1　废气中Kr的色谱分离图

(1)初步分离

通过干冰或液氮低温捕集吸附气体样品中的H_2O和CO_2，增加分子筛可以对其进一步去除，也有直接用分子筛吸附的，还可以增加冷凝管线长度以进一步去除CO_2。然后通过低温活性炭吸附去除O_2和N_2等杂质气体(活性炭对Kr的吸附率要较5A和13X型分子筛高一个数量级，在常压低温−78 ℃时对Kr的吸附效率均大于100 cm^3/g，而在25 ℃时仅为10 cm^3/g)。经过处理后气体中还含有Kr和Xe，通过加热解析实现Kr的初步分离。

(2)纯化

通过色谱柱(固定相如炭黑小球、分子筛、MOFS或COFS材料等)实现Kr的纯化，在Kr的峰出来时收集到专用容器中，去除了废气中的O_2、N_2、CH_4、^{133}Xe等，色谱柱分离需要综合考虑温度、载气流速、柱长等因素。Kr的保留时间一般通过热导检测器监测，目前大部分分离方法对Kr的回收率为60%~90%。

(3)闪烁液吸收

在进行分离和纯化后，需要用闪烁液吸收，考虑的因素包括闪烁液的选择、闪烁瓶材质及其泄漏、闪烁液的吸收效率及测量的刻度等。通过色谱柱分离后的Kr直接注入闪烁瓶，闪烁瓶为采用黄铜螺盖的石英闪烁瓶以防止Kr的泄漏；在闪烁瓶中放置一层硅胶可加强对

Kr 的吸附;为提高 Kr 在闪烁瓶的吸收率,可以在闪烁液加入聚碳酸酯。

(4)其他测量方法

经分离纯化后的^{85}Kr 也可采用 GM 管、正比计数器,或 CaF_2(Eu)无机闪烁体等测量设备进行测量。

对气态流出物样品,由于现场采样条件的限制,核电厂气态流出物可考虑采用 10 L 气体样品。根据估算,在确保液闪测量探测效率 60%、分离纯化全程回收率为 80%的条件下,采用低本底液闪谱仪测量,可以使得流出物样品中^{85}Kr 的探测限达到 3 Bq/m^3 的水平。图 5.6-2 为气态流出物中 Kr 的分离装置示意图。

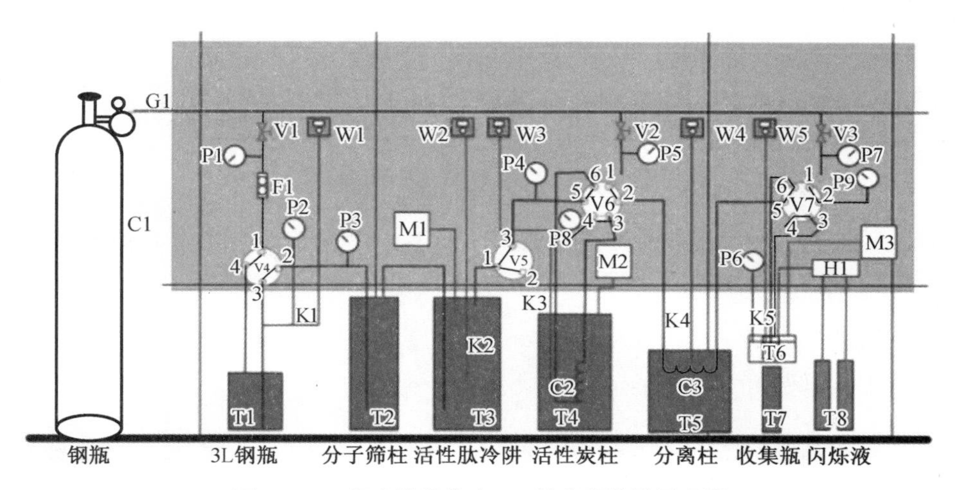

图 5.6-2 气态流出物中 Kr 的分离装置示意图

针对核电厂气态流出物中^{85}Kr 的分析,我国目前尚未制定标准分析方法。核电厂惰性气体排放量的计算一般通过连续在线监测设备及对气态流出物采样后进行实验室测量来得出惰性气体中放射性同位素的活度数据。利用增压泵将烟囱惰性气体打到一定体积的高压钢瓶中,将高压钢瓶拿到实验室进行 γ 谱仪测量,由于^{85}Kr 衰变时发射的 γ 射线分支比较小,仅为 0.435%,使得^{85}Kr 的 γ 谱测量法仅适用于较高活度浓度的样品。

2. 流出物实验室常用的分析方法

通过^{85}Kr 富集分离装置将^{85}Kr 从核电厂气态流出物排放的气体中富集分离,在低温下将^{85}Kr 吸附在活性炭冷阱中,通过程序控制温度,除去大量氧气和氮气,剩余的有用气体转移至活性炭柱冷阱中,随后转移至色谱柱。以氦气为载气,分离得到的纯 Kr 在液氮温度下收集,通过自动进样泵加入闪烁液,制成样品源,装置自动盖上瓶盖和密封,分析人员取出后放置到液闪计数仪上测量或者通过在线测量模块可以直接给出测量数据。

图 5.6-3 为^{85}Kr 分离测量系统示意图。分离装置运行时,装于取样气瓶中的气态流出物样品随氦气载气进入 5A 分子筛吸附柱,初步分离水分和 CO_2 后,进入活性炭冷阱。在液氮预冷的活性炭冷阱中,Kr、Xe 和少量的 N_2、O_2 将被吸附,其他气体将随氦气载气被排出;经加热至 80 ℃后,Kr、Xe 被保留,其他气体被解吸释放;加热活性炭冷阱至 200 ℃后,Kr、Xe 被解吸进入液氮预冷的活性炭柱收集保留,随后分阶段加热活性炭柱至 80 ℃和 200 ℃,Kr、

Xe 被转移进入 60 ℃恒温的气相色谱柱(填充 80~100 目 5A 分子筛)。色谱分离过程中通过气相色谱仪 TCD 检测 Kr 的出峰时间,在低液氮温度自动收集于装有硅胶颗粒的液闪计数瓶中,通过自动装瓶系统对计数瓶加盖密封制成样品源,然后在低本底液闪谱仪上进行放射性测量。

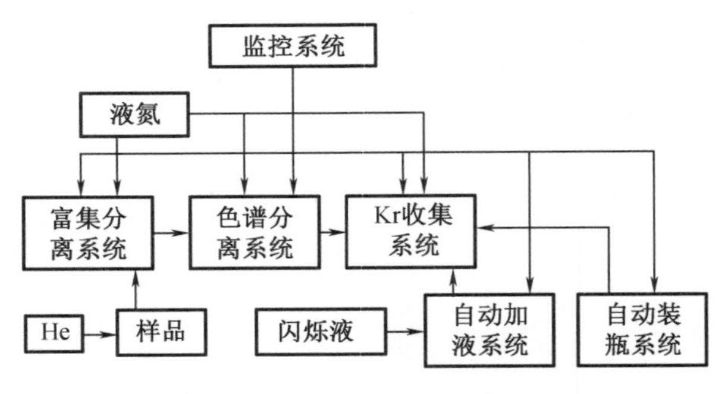

图 5.6-3　^{85}Kr 分离分析测量系统

选择液闪计数仪的测量能量范围为 0~700 keV,分别将空白样品和待测样品放在托盘中并将旗标向左推入重置位置。将样品暗化 60 min,在液闪计数仪上进行测定,测量时间 60 min。计算^{85}Kr 的活度浓度。

三、流出物中^{89}Sr、^{90}Sr 的测量

自然界中锶(stmntium)的含量较少,约占地壳质量的 0.042%,主要存在于海水中(约 8 mg/L)。在锶的 26 种同位素中,天然存在的稳定同位素为^{84}Sr、^{86}Sr、^{87}Sr 和^{88}Sr,其余均为放射性同位素。22 种放射性锶的同位素大部分为短寿命核素,^{90}Sr 是最重要的长寿命核素,在核裂变反应中产额高(5.76%),物理半衰期 28.1 a,生物半衰期约 7 a,^{89}Sr 半衰期为 50.6 d,β 射线最大能量 1.49 MeV,^{90}Sr 和^{89}Sr 均为^{235}U、^{239}Pu 裂变产物;^{90}Sr 经 β^- 衰变($E_{\beta max}$=546 keV)生成发射高能 β 射线($E_{\beta max}$=2.28 MeV)的子体^{90}Y,^{90}Y 也是 β 放射性核素,最大能量 2.288 MeV,半衰期 64.1 h。

锶的化学性质和生物化学性质类似于钙,放射性锶将会同钙一起从生物圈转移到食物链、人体骨骼和牙齿中,在人体内的有效半减期约为 16 年。联合国原子辐射影响科学委员会 2008 年向联合国大会提交的报告及科学附件中统计数据显示,由大气核试验产生并向全球范围扩散的^{90}Sr 总量为 6.22×10^{17} Bq。一些微小的放射性粉尘能悬浮在大气中很多年,随着降水等水循环运动进入地表径流。大量的^{90}Sr 是作为核燃料后处理工厂的副产品从回收铀和钚的高放射性废液中分离得到的。一旦发生核事故或燃料棒破损,放射性锶的大量释放将成为环境中放射性核素释放产生的辐射有效剂量的主要贡献者。

2011 年 3 月日本福岛核事故导致大量放射性核素释放到环境中,其中^{90}Sr 也是污染物之一。因此,在核事故或燃料棒破损情况下,应及时并准确测定环境样品中的^{89}Sr 和^{90}Sr,以评估这 2 种放射性核素对公众和工作人员的剂量贡献。^{89}Sr 和^{90}Sr 均为高辐射毒性的放射性核素,2017 年 10 月 27 日,世界卫生组织国际癌症研究机构将^{90}Sr 列入一类致癌物质清单。在压水堆核电厂液态流出物排放的放射性核素中,^{90}Sr 作为环境监测与评价中重点关注的

核素之一,《海水水质标准》中规定^{90}Sr 的最高允许浓度为 4 Bq/L。

1. 测量方法

常用低本底 β 射线测量装置有以下几种:气体放电计数器、闪烁计数器和半导体探测器。闪烁计数器是利用射线与物质作用发生闪光的仪器,低本底液体闪烁计数法已成为液体样品中放射性锶测量应用比较广泛的技术。^{90}Sr 经 β 衰变后产生子体^{90}Y,在用液闪计数仪测定^{90}Sr 时,根据测量原理的不同,可以分为:

(1)分离出纯净的^{90}Sr 后直接迅速测量;

(2)待^{90}Sr/^{90}Y 母子体达到放射性平衡后,通过测量样品中^{90}Y 的 β 计数来反推^{90}Sr 的放射性活度浓度;

(3)利用切伦科夫辐射测量。

因此,液闪测量适用于^{90}Sr 分离后可直接测量,可以满足快速分析的要求。

测量^{90}Sr 的干扰因素繁多,国内主要采用沉淀分离(发烟硝酸沉淀法)、溶剂萃取、固液分离等物理化学过程实现^{90}Sr 与干扰粒子的分离,操作过程非常烦琐。发烟硝酸法分析准确度高,但使用量大,仅有少数实验室应用。磷酸萃取色层法被实验分析人员普遍采用,但是当水质、树脂批次等客观条件发生变化时,测量结果不稳定性。

2016 年,环境保护部发布了《水和生物样品灰中锶-90 的放射化学分析方法》(HJ 815—2016)。明确了水样品中^{90}Sr 的放射性分析方法分别为二-(2-乙基己基)磷酸萃取色层法、发烟硝酸沉淀法、离子交换法。该标准是对《水中锶-90 放射化学分析方法二-(2-乙基己基)磷酸萃取色层法》(GB/T 6766—86)、《水中锶-90 放射化学分析方法发烟硝酸沉淀法》(GB/T 6764—86)、《生物样品灰中锶-90 的放射化学分析方法二-(2-乙基己基)磷酸萃取色层法》(GB/T 11222. 1—89)以及《水中锶-90 放射化学分析方法离子交换法》(GB/T 6765—86)的整合。其中 GB/T 6765—86 本已被废弃,在此次修订中又重新被启用。在分析方法原理上新标准与原标准基本一致,只是对部分内容作了修订,例如在二-(2-乙基己基)磷酸萃取色层法增加了“钙含量少的样品,应加入适量钙”的内容,新标准并未对分析方法做大的改进。国内某些研究所正在探索使用锶特效树脂来分离锶,但是均处于方法探索阶段。

很多核电大国都具有自己的水中^{90}Sr 放射化学分析方法,其中大部分是以 ASTM 发布的 Sr 特效树脂为基础并做了相应改进。除此以外,仍有研究机构致力于开发新的分析方法。

美国 3M 公司推出的 Empore™ Strontium Rad Disk 是一种直径 47 mm、厚度 0. 5 mm 的锶特效固相萃取片,其原理是将结合了特效萃取剂冠醚的 SiO_2 颗粒嵌入聚四氟乙烯纤维制成的薄片中,制成的锶特效固相萃取片保持了颗粒的全部化学活性,阻力较小,溶液可以快速通过。应用时,只需将待测样品通过萃取片,就在该片上完成^{90}Sr 的浓集、纯化及测量源制备,大大减少了操作步骤。萃取片对锶的饱和吸附容量约 2. 75 mg,对锶离子具有很好的吸附动力学,对不含酸的水体系中^{90}Sr 的吸附百分比为 33. 3%,所以过片前必须进行酸化;当样品体积为 1 000 mL、液闪计数仪测量时间 1 h 时,最小可探测活度浓度为 0. 05 Bq/L。

美国 IBC 公司开发的 Superlig620 固相萃取颗粒可在较宽的酸度范围内实现锶的定量吸附。

法国 TRISKEM 公司开发的锶特效树脂(二环已烷并-18-冠-6 衍生物)、DGA 树脂(N,N,N′,N′-四-2-乙基己基二羟基乙酰胺),通过普通阳树脂富集液态流出物中的锶,再使用锶特效树脂对锶进行分离和纯化,然后用低本底液体闪烁谱仪测量,能同时测量液态流出物中的^{89}Sr 和^{90}Sr,提高探测效率、缩短检测时间,实现液态流出物中^{89}Sr 和^{90}Sr 的快速测定。

2. 流出物实验室常用的分析方法

将采集到的样品经过一系列纯化处理,经过锶特效树脂,将^{89}Sr、^{90}Sr 吸附在树脂柱上,^{90}Sr 经过一段时间的衰变,生成放射性核素^{90}Y,用 8 mol/L 的硝酸将生成的^{90}Y 洗脱下来,通过液体闪烁计数器进行分析,可测得^{90}Sr 的活度;再通过 0.05 mol/L 的硝酸将^{89}Sr、^{90}Sr 洗脱下来,可测得总 Sr 的活度,两个活度相减即可获得^{89}Sr 的活度。

(1)液态样品预处理

样品通常为混合样品,保存在聚乙烯桶中,由于 Sr 容易沉积或吸附在采样桶内壁或附着在悬浮物上,在取出样品前要充分混合摇匀,最好先加入硝酸加热溶解,制备好样品后应尽快进行分析测定。

(2)烟囱气溶胶样品预处理(不可碳化的玻璃纤维滤膜)

取滤纸样品于 1L 烧杯中,向烧杯中加入 1 mL Sr 载体溶液。向烧杯中加入适量硝酸溶液使滤纸浸润并搅拌,放在控温电热板上加热至微沸,冷却后加入过氧化氢溶液。样品接抽滤泵抽滤后,用硝酸溶液洗涤烧杯和滤纸,收集滤液,尽快进行分析测定。

(3)烟囱气溶胶样品前处理(可碳化的滤膜)

取滤膜样品置于坩埚中,加水润湿,向坩埚中加入 Sr 载体,并在控温加热板上加热炭化。转至 700 ℃的马弗炉中灰化至少 30 min 后取出冷却。加入硝酸溶液使滤纸浸润,再加入过氧化氢溶液,转移到控温加热板上加热至不再产生气泡。冷却后加入硝酸溶液至坩埚中,溶液尽快进行分析测定。

(4)溶液中 Sr 的测量

①锶和其他阳离子的富集:取液态流出物样品 1 000 mL,硝酸调节 pH 值为 2.0,加入 2 mL 2.00 mg/mL 锶载体溶液,搅拌 10 min。将 10 mL 阳树脂交换柱固定在滴定台上,用 30 mL 0.1 mol/L 的硝酸、1 000 mL 已酸化的样品以 8 mL/min 的流速依次通过阳树脂交换柱。用 25 mL 8 mol/L 的硝酸以 5 mL/min 的流速通过阳树脂交换柱,解析并收集锶等阳离子溶液。

②Sr 的分离:将 Sr 特效树脂柱固定于真空抽滤箱上,分别用 10 mL 8 mol/L 的硝酸和阳离子溶液、10 mL 8 mol/L 硝酸和 0.05 mol/L 草酸混合液以 2 mL/min 流速依次通过 Sr 特效树脂柱,这时只有 Sr 吸附在树脂中。用 12 mL 0.05 mol/L 硝酸溶液以 1 mL/min 流速解析 Sr 特效树脂柱,收集 Sr 解析液。

③Sr 的测量:Sr 解析液加热近干,用 2 mL 0.05 mol/L 硝酸溶液分 2 次溶解,溶解液用 ICP 或 AAS 测量 Sr 离子浓度,计算 Sr 的化学回收率。用低本底液闪谱仪测量获得 β 谱(图 5.6-4)。

④解谱和计算:根据^{89}Sr 和^{90}Sr 实际测量的 β 谱,从 150 道到 850 道^{89}Sr 和^{90}Sr 及其子体^{90}Y 三个核素的 β 谱重叠在一起,形成一个依次有 2 个或 3 个峰值出现的连续 β 能谱分布。从 150 道到^{90}Sr 的 β 能谱截止点 700 道的区间称为^{90}Sr 道或低能道,700 道至 850 道的

区间称为高能道。^{90}Y 是^{90}Sr 的衰变子体,经锶树脂分离后立即进行测量,可忽略其影响。

对核电厂液态流出物中的^{55}Fe、^{63}Ni、^{51}Cr、^{65}Zn、^{58}Co、^{60}Co 等 β 核素的去污因子均大于 1 000。样品体积为 1 000 mL,锶的化学回收率为 85%,探测下限为 0.05 Bq/L。

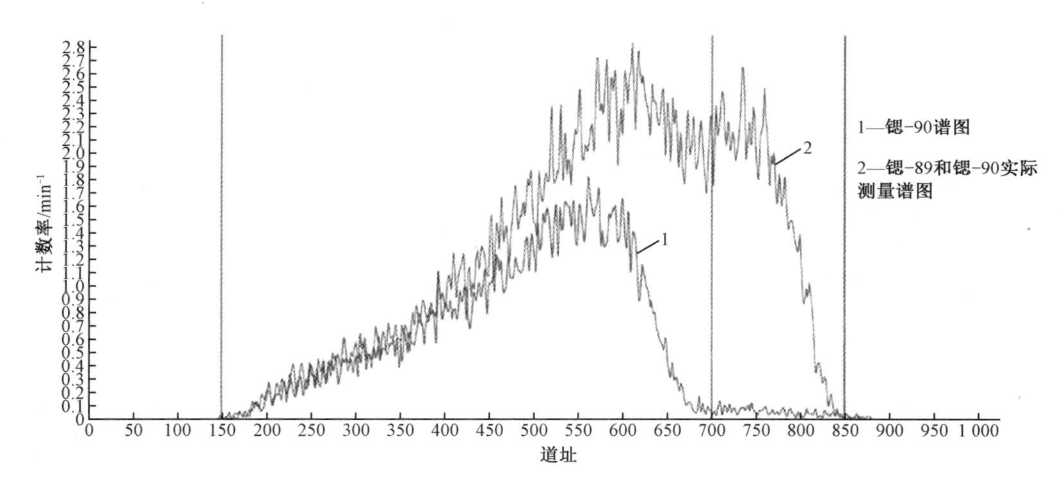

图 5.6-4 ^{89}Sr 和^{90}Sr 实际测量谱图

四、流出物中^{55}Fe 的测量

铁是一回路不锈钢和镍基合金的主要成分,天然铁元素中^{54}Fe 的丰度为 5.85%,^{56}Fe 的丰度为 91.75%,均为 Fe 的稳定同位素。产生^{55}Fe 中子活化反应主要为^{54}Fe(n,γ)^{55}Fe 和^{56}Fe(n,2n)^{55}Fe,前者的中子活化反应截面要高得多,热中子反应截面达 2.25 b,后者的反应主要为快中子反应(反应阈 11.197 MeV),对 18 MeV 的快中子截面为 0.70 b。^{59}Fe 也是由中子活化产生的,^{58}Fe(n,γ)^{59}Fe,发射 β 和 γ 射线,^{59}Fe 的最大 β 射线能量为 465.7 keV,大于^{55}Fe 的能量 (5.9 keV)。由于 β 射线谱为连续谱,^{59}Fe 的存在将会对^{55}Fe 的测量产生干扰。

^{55}Fe 是一种低能纯 β 放射性核素,半衰期为 2.73 a,衰变方式为轨道电子俘获(EC)。伴随 EC 衰变,发射出一系列能量极低的 X 射线和俄歇电子,其中能量最大的 X 射线为 5.898 75 keV 的 $K_{\alpha1}$ 射线(发射几率 16.2%)和能量为 5.887 65 keV 的 $K_{\alpha2}$ 射线(发射几率 8.2%),这两条 X 射线能量非常接近,按 5.9 keV 平均,其分支比约为 25%。^{55}Fe 衰变放出 $K_{\alpha1}$ 和 $K_{\alpha2}$ 的 X 射线相应的俄歇电子能量为 5.19 keV(发射几率 60%)。

^{55}Fe 是核电厂液态流出物中排放的重要放射性核素,属于中毒组核素,在液态流出物核素组分中排第一至第四位,美国核电厂向 USNRC 提交的流出物监测年报中,需要就不同类别的固体废物进行核素监测,以 DC Cook 核电厂为例,2017 年 a 类固体废物(包括废树脂、废过滤器、淤泥、蒸汽发生器残渣等)裂变和活化产物中^{55}Fe 占比为 10%,在 b 类固体废物(包括干的可压缩废物、受污染的设备)中的占比为 35.5%;美国压水堆核电厂液态流出物中^{55}Fe 排放量处于非常宽的统计范围,经归一化处理后为 $4.2\times10^{-9}\sim7.0\times10^{-4}$ GBq/GW · h,历年来液态流出物中检出的主要放射性核素包括^{58}Co、^{55}Fe、^{63}Ni、^{60}Co、^{125}Sb 等 5 种核素,在

液态流出物排放量中的占比在75%以上,其中^{55}Fe的占比范围为12%~24%。根据估算,一座百万千瓦级的压水堆核电厂通过液态流出物排放的^{55}Fe约0.107 GBq,平均浓度在1.07×10^{4} Bq/m^{3}(10.7 Bq/L)的水平,在液态流出物中排放量的占比均在12%以上。

关于气态流出物排放的^{55}Fe,仅有两座核电厂在部分年份检出了^{55}Fe,整体上液态流出物中^{55}Fe排放量远大于气态流出物。

1.测量方法

^{55}Fe的衰变特性决定了该核素的监测难以采用常规方法,需要经过较复杂的放化分离将其他干扰核素完全分离,才能采用液体闪烁计数。

不少欧美国家已建立了^{55}Fe的分析方法或标准,国际标准化组织也正在起草^{55}Fe的分析标准,按照ISO标准起草和发布的程序,目前已进入国际标准草案阶段(DraftInternational Standard,ISO/DIS22515)。

(1)氢氧化物沉淀配合阴离子交换分离

Standard Test Method for Determination of Radioactive Iron in Water(ASTMD 4922—2009)推荐采用氢氧化物沉淀配合阴离子交换分离纯化Fe。氢氧化物沉淀后^{60}Co、^{63}Ni、$^{55}Fe+^{59}Fe$等核素被沉淀浓集,经过阴离子交换柱将Fe从Mn、Zr、Nb、Cs等干扰阳离子中分离出来。分离后的试样中γ核素已基本分离,该程序对γ核素的去污因子在10^{3}以上。

美国能源部(DOE)和美国环境测量实验室(EML)测定^{55}Fe的方法为:通过两次阴离子交换将^{55}Fe从其他裂变产物中分离出来,然后用稀盐酸溶液洗提,接着加入$(NH_4)_2HPO_4$试剂形成磷酸铁沉淀制源后测量。该方法使用^{59}Fe作为示踪剂计算Fe的化学回收率。

法国标准协会(AFNOR)的《核能-核燃料循环技术-废弃物-优先化学分离后用液体闪烁法测定污水和废弃物中铁55的放射性》(NFM60-322—2005)标准的主要原理为液液萃取,推荐了两种方法:即离子交换树脂法和甲基异丁酮(MIBK)萃取法。离子交换树脂法采用树脂柱进行过滤,采用N-亚硝基N-苯基羟胺溶液进行萃取,适于Fe含量范围为数个mg/L至7 g/L的样品;甲基异丁酮萃取法适用于Fe含量20~700 mg/L的样品(且Cr和Pu的含量不超过20 mg/L)。

德国环境部(MU)的*Procedure for the determination of iron-55 in waste water*(H-Fe-55-AWASS-01)中的分离程序如下:

①采用硫酸和硝酸酸化;

②消解、稀释和过滤,采用ICP测量非活性Fe含量;

③氢氧化物沉淀,氨水调节pH值,离心,洗提,采用盐酸溶解;

④采用六氯铁络合物吸附;

⑤采用EDTA滴定等分样品测量化学回收率;

⑥采用氨水进行沉淀,采用氢氟酸进行溶解制源。

(2)TRU固相萃取树脂分离

TRU固相萃取树脂是将CMPO萃取剂(酰胺甲基氧化膦类萃取剂)和TBP萃取剂(三丁基磷)共同包覆在惰性支持体(聚乙烯或丙烯酸酯)上制备得到的。Eichrom公司“水中^{55}Fe”操作规程中使用8 M的硝酸溶液将蒸干的残渣溶解,以8 M的硝酸溶液介质上TRU

萃取树脂柱,然后用 2 M 的硝酸溶液洗提,得到纯化后的含 Fe 溶液。该方法使用^{59}Fe作为示踪剂测量 Fe 的化学回收率。典型探测限范围为 0.03~0.12 Bq/L,液闪计数时间为 2~3 h,样品量 0.5~1.5 L。相应的探测限水平远低于估算的液态流出物^{55}Fe排放的浓度(10.7 Bq/L)。

ISO/DIS22515 草案提出的分析流程如下:

(1)加入载体和反载体(包括 Fe 载体和 Sb、Cs、Ca、Cr、Co、Mn 等元素的反载体);

(2)氨水调节,沉淀,离心,洗提;

(3)硝酸溶解,进行 Fe 的分离纯化;4)加入 Na_2HPO_4 溶液和氨水后生成磷酸铁沉淀,洗提和溶解后制源。

标准草案推荐了两种分离纯化方法,包括采用阴离子交换树脂(如 AG1-X8)分离和固相萃取树脂(如 TEVA、TRU、UTEVA)的分离方法。《液态流出物及固体废物中铁-55 活度浓度的测定》(EJ/T 20268—2021)采用化学分离液闪测定法,《水中铁-59 的分析方法》(GB/T 15220—1994)提出了共沉淀浓集-离子交换-电沉积法分析水中^{59}Fe,满足核电厂液态流出物^{55}Fe和^{59}Fe监测的需求。

2. 流出物实验室常用的分析方法

液体流出物样品为混合样品,保存在聚乙烯桶中。由于Fe^{3+}难溶于水,^{55}Fe的容易沉积或吸附在采样桶内壁或附着在悬浮物上,在样品分析前要充分混合摇匀,最好先加入硝酸加热溶解,制备好样品后应尽快进行分析测定。

向液态流出物样品中加入铁载体并用氢氧化物沉淀富集铁-55,通过 TRU 树脂交换完成铁-55 的分离,最后用 0.1 mol/L 的硝酸解析,解析液蒸干后定容,取少量用于电感耦合等离子体发射光谱仪(ICP-OES)或使用原子吸收光谱仪测量铁的回收率,剩余溶液用液闪计数器测量得到样品中铁-55 的比活度。^{55}Fe的能量区间取 0~5.9 keV,^{59}Fe的能量区间取 0~500 keV,由于纯化过程无法分离^{55}Fe和^{59}Fe,可通过^{59}Fe放射源的效率刻度和加标样实验扣除,绘制^{59}Fe的峰形图,计算^{59}Fe在 0~5.9 keV 中的净计数率与 5.9~500 keV 中的净计数率的占比,进行计算和修正。

测量步骤如下。

(1)消解:液态流出物样品 1.0 L,加入 1.00 mL 铁载体,消解。

(2)沉淀:用氢氧化钠调节 pH 值为 9.0,沉淀金属核素;用 0.45 μm 微孔滤膜抽滤,除盐水洗涤沉淀并烘干(除去^{3}H等在碱性环境不沉淀的核素)。

(3)溶解金属核素:使用 8 M 的硝酸溶液将蒸干的沉淀溶解,体积控制在 20 mL 左右,得到样品富集液。

(4)萃取树脂吸附 Fe:样品富集液、20 mL 8 mol/L 硝酸顺序以 2 mL/min 流速通过固相萃取树脂柱,Fe 保留在萃取树脂中。

(5)解析:用 20 mL 的 2 M 硝酸溶液再生 TRU 固相萃取树脂柱,得到纯化后的 Fe 溶液。

(6)测量:液闪法测^{55}Fe+^{59}Fe,计数时间 120 min,能量区间 0~6 keV;用 ICP 或 AAS 等分析铁离子浓度,计算回收率。

(7)解谱和计算:根据峰形图计算液体流出物的^{55}Fe比活度。

(8)该方法对液体流出物中^{55}Fe的典型探测限为 0.10 Bq/L。

五、流出物中^{63}Ni的测量

核电厂一回路冷却剂系统大量使用镍基合金，铁和镍作为金属材料被广泛用于反应堆各种构件中，反应堆含镍构件和堆外镍基合金腐蚀产生的金属镍（^{62}Ni）在堆芯中通过中子活化反应^{62}Ni(n,γ)^{63}Ni产生^{63}Ni；另外，铜经过中子活化反应^{63}Cu(n,p)^{63}Ni也会产生^{63}Ni。反应堆含镍构件经中子活化不仅产生^{63}Ni，同时还会通过中子活化反应^{58}Ni(n,γ)^{59}Ni、^{60}Ni(n,2n)^{59}Ni、^{60}Ni(γ,n)^{59}Ni产生^{59}Ni。

^{63}Ni为纯β辐射体，其最大衰变能量为66.95 keV，半衰期为100.1 a；^{59}Ni为纯β辐射体，能量极低（X射线能量6.92 keV（10%）、6.93 keV（19.8%）），发射能量为65.87 keV的β射线后成为^{63}Cu，在反应堆中^{63}Ni和^{59}Ni产生的丰度比约为100∶1。

^{63}Ni属于中毒性放射性核素，近年来液态流出物中^{63}Ni的监测已受到越来越多的关注，是核电厂重点关注的核素之一。法国压水堆电厂液态流出物中排放量占比达到17%，德国核电标准（KTA 1504）要求^{63}Ni的探测下限为2 Bq/L。据报道德国超过50%的核电厂的液态流出物中^{63}Ni的活度浓度超过10 Bq/L，最高达50 Bq/L；^{63}Ni在法国压水堆核电厂液态流出物中排放量占比达到17%。美国核电厂在美国核管理委员会（NRC）监管下也越来越关注液态流出物中^{63}Ni的监测，^{63}Ni有相当一部分进入固体废物，2015年美国DC Cook核电厂a类固体废物（包括废树脂、废过滤器、污泥、蒸汽发生器残渣等）中的^{63}Ni占比达55%。

1. 测量方法

液体流出物中^{63}Ni主要以胶体形态存在，并与其他物质共沉淀，分析前应进行预处理。由于^{63}Ni所发射的射线能量较低，有着严重的自吸收，测定之前必须与其他干扰核素完全分离，化学分离程序的要求较高，选择适宜的预处理流程，有效去除各种干扰核素是^{63}Ni测定的关键。

《水中镍-63分析方法》（GB/T 14502—1993）提供了一种地表水、地下水、饮用水及核设施排放废水中^{63}Ni的测定方法，对于非液体介质的样品，通过预处理并将样品处理成液体。该方法基本原理为：在水样中加人镍载体并氢氧化物沉淀浓集，使用三正辛胺-甲苯进行萃取，再使用丁二酮肟（DMG）与样品中的镍形成络合物，使^{63}Ni与^{60}Co、^{58}Co、^{55}Fe、^{65}Zn等活化产物及钙、镁等非放离子分离，然后用高氯酸破坏剩余的丁二酮肟将样品中的镍分离出来，通过液体闪烁计数法测定^{63}Ni的计数率。该标准测定^{63}Ni的范围为0.041~20 Bq/L，分离流程长、耗时多，一个样品的典型操作流程需3~4天。

法国核能标准《核能-核燃料技术-废料-在初步化学萃取后用液体闪烁法对排放物和废料中镍63的测定》（NFM 60-317—2001）根据样品中镍含量提出两种分离方法，方法基本原理如下：

（1）镍含量在1~10 mg/L的样品，采用沉淀法分离：向样品中加入酒石酸和氨水，加热后加入丁二酮肟沉淀镍，过滤并用硝酸溶解，加热至干后用去离子水溶解残渣，加入闪烁液后在液闪谱仪上测量；

（2）镍含量在10 μg/L~5 mg/L的样品，采用萃取法：样品中加入氨水和柠檬酸三钠，采用丁二酮肟络合和三氯甲烷萃采样品中的镍，盐酸反萃后转入液闪计数瓶，加入闪烁液后在液闪谱仪上测量。

美国能源部下属辐射与环境科学实验室(RWSL)发布的规程 *Ni-63 in Water by Liquid Scintillation Counting*(CHEM-TP-Ni.1)《水中^{63}Ni 液闪计数法》,方法基本原理是采用沉淀法:浓硫酸酸化浓缩后加入浓硝酸分解有机物质,加入 Fe 载体共沉淀镍,离心分离后加入丁二酮肟沉淀分离镍,用柠檬酸铵和双氧水洗涤沉淀,硝酸溶解后转至计数瓶中再加热至干,用高氯酸氧化分解有机质,盐酸溶解后加入闪烁液并在液闪谱仪上测量。

为实现核电厂液态流出物中^{63}Ni 的快速分析,国外开发了对镍具有选择性的镍特效树脂,将固体废物消解制成溶液后,采用氢氧化物沉淀法和阴离子交换法分离铁和镍,再通过镍特效树脂进一步纯化得到^{63}Ni。该分离流程可获得 90%以上的回收率,对干扰核素的去污因子达到 10^5。美国能源部的方法纲要手册(DOE,1993)使用镍特效树脂分离纯化水中的^{63}Ni,对干扰核素的去污因子均可达到 10^4~10^5,化学回收率和放化回收率大于 90%,探测限低于 80m Bq/L。

镍特效树脂的原理是在聚乙烯或丙烯酸酯惰性树脂上浸渍丁二酮肟萃取剂,利用镍与丁二酮肟形成稳定的络合物来实现分离纯化。法国 Eichrome 公司提供的镍特效树脂粒径 100~150 μm,工作交换容量为 4 mg/g。

由于^{59}Ni 低丰度和低能量,^{59}Ni 对^{63}Ni 的测量干扰非常小,在采用液闪谱仪进行测量时,通过选择合适的窗口可完全消除^{59}Ni 的干扰。

目前我国核电厂对液态流出物中^{63}Ni 的排放监测还没有普及,在统计核电厂排放时存在重大缺项,将低估核电厂液态排放对公众造成的辐射影响。

2. 流出物实验室常用的分析方法

液体流出物样品为混合样品,保存在聚乙烯桶中。^{63}Ni 容易沉积或吸附在采样桶内壁或附着在悬浮物上,在样品分析前要充分混合摇匀,最好先加入硝酸后加热溶解,制备好样品后应尽快进行分析测定。

向液态流出物样品中加入镍载体并以氢氧化物形式沉淀富集^{63}Ni,通过镍树脂交换完成^{63}Ni 的分离,最后用 3 mol/L 的盐酸解吸,解吸液蒸干后定容,取少量用于电感耦合等离子体发射光谱仪或使用原子吸收光谱仪测量镍的回收率,剩余溶液用液体闪烁计数法测量样品中^{63}Ni 的比活度。

镍特效树脂测量液态流出物中^{63}Ni 的步骤:

(1)阴树脂柱:粒径 0.1~0.2 mm 的苯乙烯强碱型阴树脂,OH 型,交换容量约 1.0 meq/mL;

(2)镍树脂柱:粒径 0.1~0.2 mm 的 Ni-B50-A 镍特效树脂,法国 Triskem 公司;

(3)样品预处理:量取液体流出物样品 0.1~1 L 于烧杯中,消解,依次加入 2~10 mg 的 Ni、Fe、Co、Sr、Cs、Zn 载体;

(4)沉淀法去除可溶性核素(如^{3}H、^{65}Zn、^{24}Na、^{137}Cs 等):用 2 mol/L 的 NaOH 溶液调节样品的 pH 值为 9 左右,然后将溶液离心,离心后弃去上清液;用 pH 值为 9 的 NaOH 溶液洗涤 2~3 次沉淀,继续离心并弃去上清液;

(5)阴树脂柱吸附阴离子核素(如^{14}C、^{131}I 等):用 9 mol/L 的 HCl 溶解沉淀,转入阴离子交换柱中,收集流出液以及淋洗液;

(6)镍特效树脂络合 Ni,与其他金属核素的分离:将流出液与淋洗液蒸至近干,加入 1 mol/L 的 HCl 溶解残渣,再加入 1 mol/L 的柠檬酸铵,用氨水调节溶液 pH 值至 9,将溶液

转入镍树脂柱中,弃去流出液与淋洗液;

(7)解析镍特效树脂上的Ni:用3 mol/L的HNO_3溶液淋洗镍树脂,收集解析液;

(8)浓缩和定容:将解吸液蒸至近干,然后用0.5 mol/L的HCl溶解残渣,得到待测样品溶液,用同浓度的HCl将待测样品溶液定容于10 mL容量瓶中;

(9)测量:取5 mL用于液闪测量,计数时间120 min,能量区间0~25 keV;用原子吸收或ICP分析载体的浓度计算回收率和去污因子。

本方法对干扰核素的去污因子为10^2~10^3,化学回收率为(93.2±3.6)%,放化回收率为(92.1±2.8)%,探测限为0.1 Bq/L。

第六节　国外核电厂流出物监测核素

核电厂流出物主要以气态和液态两种方式排放,其中气载流出物通过烟囱排放,液态流出物则采取槽式排放。流出物监测是防止计划外排放,确保总量控制和浓度控制的重要手段,对流出物的现场监测和监督性监测是保护环境的一项有效途径,根据监测方式的不同,流出物监测可以分为在线监测和离线监测两大类。因此,建立完整的流出物监测监管体系非常重要。流出物监测数据是评估核电厂排放放射性物质对环境和公众造成辐射影响的主要数据,也是判断核电厂排放是否满足国家规定标准限值的主要依据。

对于不同堆型的核电厂,放射性流出物监测项目会有一定的差异,以美国和法国为主导的国外核能先进国家,多年来在核电厂流出物监测方面积累了丰富的经验,其流出物监测数据已在一定程度上实现了信息公开。欧洲国家根据欧洲原子能共同体(Euratom)建议书2004/2/Euratom要求,建立了统一的数据库(RADD),收集各核电厂的流出物监测数据。

一、IAEA建议监测的放射性核素

国际原子能机构在“安全及相关标准”中给出了不同堆型核电厂在正常运行状态下流出物放射性监测项目的通用要求,并推荐给世界各国及其他国际组织在各自的活动中采用。

(1)气态流出物放射性核素监测项目

核电厂正常运行状态下,气态流出物放射性核素主要有:惰性气体,如^{41}Ar、Kr同位素(^{85}Kr、^{85m}Kr、^{87}Kr、^{88}Kr、^{89}Kr)和Xe同位素(^{131m}Xe、^{133}Xe、^{133m}Xe、^{135}Xe、^{135m}Xe、^{137}Xe、^{138}Xe);气溶胶中的裂变和活化产物,如β/γ核素:^{51}Cr、^{54}Mn、^{57}Co、^{58}Co、^{60}Co、^{59}Fe、^{65}Zn、^{95}Zr、^{95}Nb、^{103}Ru、^{106}Ru、^{110m}Ag、^{124}Sb、^{134}Cs、^{137}Cs、^{140}Ba、^{140}La、^{141}Ce和^{144}Ce;纯β放射性核素:^{89}Sr、^{55}Fe、^{90}Sr和^{63}Ni;α放射性核素:^{238}Pu、^{239}Pu、^{240}Pu、^{241}Am、^{242}Cm和^{244}Cm;碘同位素;^{3}H和^{14}C等挥发性化合物。

(2)液态流出物放射性核素监测项目

核电厂液态流出物中含有大量裂变和活化产物,需要关注的γ放射性核素与气态放射性流出物相同;对于β放射性核素,如^{89}Sr、^{55}Fe、^{90}Sr和^{63}Ni,如果不能做到在线连续监测,应每季度对混合样品进行测量和分析;对于α放射性核素,如钚、镅和锔的同位素,应每季度对混合样品进行分析;^{14}C在重水堆液态流出物中排放量较大,而在其他堆型核电厂液态流出物中则并非必要的监测项目；^{3}H 是核电厂液态流出物中的重要放射性核素，对于重水堆核电厂 ^{3}H 的测量则尤为重要。

二、美国核电厂的流出物监测核素

美国核电厂流出物监测遵循美国核管会发布的技术导则 RG1.21 *Measuring, Evaluating, and Reporting Radioactive Material in Liquid and Gaseous Effluents and Solid Waste*，对于压水堆核电厂，流出物监测还应满足导则 NUREG1301 *Standard Radiological Effluent Controls for Pressurized Water Reactors-Generic Letter89-01, Supplement No. 1* 的要求。

对于气态流出物排放，美国压水堆核电厂一般按裂变产物和活化产物（主要是惰性气体）、放射性碘、颗粒物、^{3}H 和 ^{14}C 进行监测和统计。NUREG1301 提出了惰性气体监测需要关注的核素包括 ^{87}Kr、^{88}Kr、^{133}Xe、^{133m}Xe、^{135}Xe、^{138}Xe；碘和气溶胶中需要关注的核素包括 ^{54}Mn、^{59}Fe、^{58}Co、^{60}Co、^{65}Zn、^{99}Mo、^{131}I、^{134}Cs、^{137}Cs、^{144}Ce，同时还特别提出应开展 ^{89}Sr 和 ^{90}Sr 的监测。

针对液态流出物排放，美国压水堆核电厂一般按裂变产物和活化产物（不含惰性气体）、^{3}H、溶解和夹带的惰性气体、总 α，以及排放的体积进行报告。NUREG1301 推荐的液态流出物排放的裂变产物和活化产物包括 ^{54}Mn、^{59}Fe、^{58}Co、^{60}Co、^{65}Zn、^{99}Mo、^{134}Cs、^{137}Cs、^{141}Ce、^{144}Ce 等 γ 核素，以及特别要求需要监测的 ^{89}Sr、^{90}Sr 和 ^{55}Fe。

尽管 NUREG1301 规定了各监测项目需要达到的探测限，但随着技术的发展，各核电厂采用的流出物监测实际探测限比 NUREG1301 导则要求的探测限低得多。

三、法国核电厂的流出物监测核素

法国核电厂流出物监测遵循法国核安全局（ASN）的相关规定。ASN 对每座核电厂发布流出物排放统计和控制要求，监测和统计的项目一般包括气态流出物中的 ^{3}H、^{14}C、惰性气体、放射性碘、其他裂变产物和活化的 β、γ 核素，以及液态流出物中的 ^{3}H、^{14}C、碘，其他裂变产物或活化的 β、γ 核素。

根据 ASN 发布的 2013-DC-0360 决议第 3.2.8 条，核电厂营运单位需要建立每一类流出物监测的参考谱并进行系统统计，该谱中应包括必须测量的放射性核素（不需要考虑这些放射性核素的量是否大于判断阈）。液态排放参考谱的核素包括 ^{3}H、^{14}C、^{131}I 和其他裂变产物和活化产物（^{54}Mn、^{58}Co、^{60}Co、^{63}Ni、^{110m}Ag、^{123m}Te、^{124}Sb、^{125}Sb、^{134}Cs、^{137}Cs）；气态排放参考谱的核素包括 ^{3}H、^{14}C、放射性碘（^{131}I、^{133}I）、其他裂变产物和活化产物（^{58}Co、^{60}Co、^{134}Cs、^{137}Cs）、惰性气体（包括烟囱排放的 ^{133}Xe、^{135}Xe，衰变罐排放的 ^{85}Kr、^{131m}Xe、^{133}Xe，以及反应堆厂房扫气排放的 ^{41}Ar、^{133}Xe、^{135}Xe）。除参考谱中的核素外，常监测到的其他核素也需要统计，包括液态流出物中的 ^{51}Cr、^{59}Fe 等，以及气态流出物中的 ^{54}Mn、^{59}Fe、^{95}Nb 等，这些核素在判断阈以上时才进行排放统计。法国核电厂参考谱中的核素范围，根据监测的经验反馈需要不断调整。

四、欧洲原子能共同体的核电厂流出物监测核素

欧洲所有核电厂流出物监测需要满足《欧洲原子能共同体条约》（*Euratom Treaty*）第 37

章的相关要求（*European Union. The Euratom treaty consolidated version*）。气态流出物监测项目一般包括^{3}H、^{14}C、碘、总 β+γ 核素、惰性气体。其中总 β+γ 核素相当于气溶胶放射性，部分核电厂还开展了总 α 及 α 核素的监测和统计。各核电厂还需要单独监测统计^{131}I。对液态流出物，其监测项目一般包括^{3}H、^{14}C 和总 β+γ 核素，少部分核电厂还对总 α 及具体的 α 核素进行了监测和统计。

欧洲原子能共同体《欧盟委员会关于常规操作动力反应器和核燃料再处理厂时的放射性气态和液态排放标准信息的意见》（2004/2/Euratom—2003）给出了流出物监测和统计标准化的建议，各成员国根据各自情况确定是否接受相应的建议。

第六章　应 急 监 测

与常规监测不同,应急监测是在核与辐射事故应急情况下,为发现和查明放射性污染水平和人员受照情况而进行的辐射监测。《国家核应急预案》中明确规定,核事故发生后各级核应急组织应“开展事故现场和周边环境(包括空中、陆地、水体、大气、农作物、食品和饮水等)放射性监测,以及应急工作人员和公众受照剂量的监测等。”当事态发展应急响应等级提高时,场外应急状态下“核设施营运单位组织工程抢险,缓解、控制事故,开展事故工况诊断、应急辐射监测;标识污染区,实施场区警戒,对出入场区人员、车辆等进行放射性污染监测。”

第一节　应急监测概述

作为一种非常规监测,在围绕应急监测进行核应急准备工作时主要遵循实用性、适用性和兼顾常规监测与应急监测“平战结合”的适度兼容原则。一旦进入应急状态,应急监测组织应针对具体事故情况,根据预先制定的环境监测应急预案或应急监测实施程序展开应急监测工作,对核电厂周围环境介质通过采样、实时监测、实验室分析等方式进行辐射环境监测,并及时向有关部门提供辐射污染状况和环境介质中放射性核素浓度的实测数据,为判定事故性质和等级、查明事故源项、评价事故影响后果、基于操作干预水平(OILs)决定应急防护行动和干预、协助阻止放射性扩散、制定处置方案和采取恢复措施等工作提供技术依据。

一、应急监测目的和基本要求

应急监测的基本目的是,尽可能及时地提供核与辐射事故可能对环境及公众带来放射性影响的辐射环境监测数据,以便为剂量评价和防护行动决策提供技术依据。在事故的不同阶段,时间的紧迫程度以及照射途径等发生变化,应急监测的目标和任务也不尽相同。在事故早期,主要目标是尽可能多地获取关于烟羽放射性特性(放射性烟云漂移的方向、高度、核素组成及其分布)以及地面上的辐射水平(地表、空气中的浓度)等方面数据;在事故中后期,主要目标是获取关于地面上的辐射水平(地表、空气中的浓度),以及与食物链(特别是饮用水和食物)污染相关的资料。

1. 应急监测的具体目的

(1)为事故分级提供判定依据;

(2)为决策者根据操作干预水平采取防护行动和进行干预决策提供依据;

(3)为防止污染扩散提供帮助;

(4)为应急工作人员的防护提供数据支持;

(5)及时准确地确定放射性污染的水平、范围、持续时间,以及物理和化学特性;

(6)验证补救措施(诸如去污程序等)的效能。

2. 应急监测注意要求

相较于常规监测,应急监测应该注意以下三方面要求:

(1)要有足够快的测量速度和足够宽的测量量程。

应急监测对速度的要求很高,特别是在事故早期,应在保证必要监测速度的前提下考虑采样代表性和测量精度的要求。此外,事故情况下,放射性物质可能发生大规模泄漏,造成周围环境辐射水平大大超出常规监测水平,因此,应急监测的仪表仪器需要配备宽的量程以满足事故释放条件下的测量需求。

(2)应急监测点位设计要尽可能反映时空分布和释放源相关性。

事故情况下放射性污染在环境中的时空分布变化很大,因此测量点位在设计时要尽可能反映测量值的时空分布,以及与释放源的相关性。此外,应保证仪器设备具备在恶劣环境下正常工作的功能。

(3)应尽量与常规监测网络系统积极兼容,满足监测点位要求并具有较低的能耗。

这样做不仅可以节约运行成本,更重要的是可以保证应急监测系统始终处于良好的待命状态,这对于保持应急监测功能是至关重要的。

为判断和确定事故的严重性,在放射性物质释放后或疑似放射性物质释放后,应将应急监测的结果与天然本底辐射水平和释放前实施的辐射环境监测结果进行比较。

二、应急监测主要任务与内容

核与辐射应急监测的主要任务与内容不同于常规监测,应依据事故类型、级别、事故阶段、气象和环境等具体条件确定。例如,对于涉及如源的丢失、小型运输事故、少量放射性物质泄漏的小规模事故,应急监测可能只需要几个熟练掌握辐射监测技术的人员,佩备基本的辐射监测设备和通信设备,开展必要的辐射监测,解释监测结果并提出处理建议;对于一次中到大规模的放射性大气释放事故,将需要若干个应急监测组,通过测定烟羽中的空气浓度及地面烟羽沉积来评价事故危害。应急监测组需要测量由烟云照射、地表照射或直接来自源照射的周围剂量率。应急监测组应当在事故早期就开展工作,以确保最大限度保护公众和环境,同时,还要充分考虑应急监测组工作人员的生命安全。

在获取事故的基本情况和采取适当的紧急行动后,就需要制定采样计划并根据采样监测结果来决策是否需要对人员(动物)采取临时性避迁或隐蔽等防护措施,以及换用不受污染的食物(饲料)。蔬菜和其他当地生长的作物、饮用水源和由当地饲料喂养奶牛的牛奶等都需加以检测,并与操作干预水平作比较。这类采样计划需根据放射性物质释放的范围、规模、当地的农业实践,以及居民分布等人口统计资料制定。

1. 小规模事故应急监测

(1)及早判断放射性物质是否已经泄漏,放射源是否丢失;

(2)确定地表和空气的污染水平和范围,为污染区的划分提供依据;

(3)测量相关人员的污染和可能受照程度,为必要的医疗救治提供资料;

(4)配合补救措施开展所需的辐射监测。

2. 中到大规模事故应急监测

(1)事故早期

为评估放射性物质吸入危害和重新计算 OIL1、OIL2 提供必要的数据,包括:

①烟羽特性,即方向、高度、放射性浓度和核素组成随时间和空间的变化;

②来自烟羽和地面的β-γ和γ外照射剂量率;

③空气中放射性气体、易挥发污染物和微尘的浓度,以及其中主要的放射性核素组成。

(2)事故中期

进入事故中期以后,烟羽已经弥散和沉降,环境监测应当在早期应急监测的基础上对以下两个方面加以扩展:

①对于早期可能已经开始的地面剂量沉积,以及污染水平巡测,应当从地域上和详细程度上加以扩展,特别是用来给出地面沉积数据的土壤采样,以便为重新计算 OIL4、OIL6、OIL7 提供数据;

②开展饮食物的采样和监测,主要是确定奶、水和食物中的污染水平和范围。

(3)事故后期

在早中期已完成的大量监测基础上,进行必要的补充测量,以便为恢复期行动的决策和残存污染物的长期照射影响评价提供依据。

在监测核素种类方面,事故中期,除放射性碘以外,还应关注铯和锶的监测;事故后期,关注钚等超铀核素的监测。

事故中后期的主要监测内容有:

①食入途径(包括土壤)监测;

②β-γ 剂量监测;

③空气污染监测;

④地表污染监测。

以上主要是进行公众防护决策最急需的应急监测测量内容,可能作为饮用水源的内陆水体已包括在内;用于出入口控制或环境恢复等目的的监测可能涉及海域,需另外考虑。

三、应急监测组织与人员配置

为使应急监测工作得以有效准备和实施,在常规监测组织的基础上,建立统一领导的应急监测组织。应急监测组织是应急响应组织的一个重要组成部分,其功能要求和规模,应根据可能遇到的事故类型、级别和具体条件来确定,在工作中需要根据实际情况进行调整。一个监测组可能会同时承担多项工作任务;一支监测队伍可能由多个组织组成,不同组织间的任务也可能出现交叉或重叠。在部署应急工作时,重要的是要知道这些组织并能够了解它们在设备和合格人员方面的资源,且能获得他们的支持。如条件允许,所有可能参与应急响应的部门均应定期进行演习演练,为应对可能的核与辐射事故做好准备。

1. 应急监测组织的一般设置

在核与辐射应急准备中,根据《核电厂应急计划与准备准则 第 6 部分:场内应急响应职能与组织机构》(GB/T 17680. 6—2003)《核电厂应急计划与准备准则 第 2 部分:场外应急职能与组织》(GB/T 17680. 2—1999),应急监测组织通常被设置为环境辐射监测与评价专业组,应急时在统一指挥和既定规程下实施空气采样测量、环境剂量率测量、就地γ能谱测量、人员监测和去污、饮食物和土壤测量、同位素分析(实验室)等应急监测功能。

2. 应急监测人员的一般要求

应急监测人员应技术熟练且经验丰富,对常规监测设备、样品采集和制备程序,以及样品分析是熟悉的,并接受过非常规的应急监测和采样方面的专门培训。由于应急情况下可能会遇到更高的仪表读数,在样品操作中需要更加小心。特别要注意的是,在应急监测中使用缺乏经验的人员和采用未经验证的技术是不适当的,因为这样可能导致不适当的和/或有误的判断,或不恰当地分配本来就不充足的资源。

进行现场监测的人员可能会遇到高水平的外照射、吸入危害和表面污染问题,因此,这些人员应当经过很好的培训并配备有恰当的个人防护装备,且知晓个人累积剂量达到回撤剂量指导水平时不宜继续工作,必须从污染区域中撤出。作为培训和应急准备的一部分,必须定期进行比对性演练,以全程检验监测队伍的响应能力,并对采样、测量和其他程序进行检验。

此外,若事故有可能持续较长时间,应当安排现场监测人员轮班。

第二节　应急监测特殊要求与实践

一、应急监测的特殊要求

常规监测是指与连续运行有关的监测。按预定计划、内容、顺序、频度进行,目的在于验证人员受照情况和工作条件满足常规监管要求。应急监测是指在应急情况下,针对核与辐射事故开展的监测,目的在于尽快获取有关辐射水平及其分布的信息,以便为应急决策和响应行动提供支持。

对于较大规模释放事故,一般具有情况超常或易变、时间紧迫、辐射水平可能很高、人员心态和工作氛围紧张等基本特点。基于这些特点,从根本上对应急监测工作提出了一些必须关注的特殊要求,其中的一些特殊要求还必须从设施的选址和设计阶段就要开始关注。当然,这些特殊要求会随事故的性质、规模、阶段等因素的不同而有所不同。在制定应急监测方案时,要从可能的最坏情况出发对它们进行认真考虑和准备。

1. 冗余、有备

不能像常规监测那样按预先规定的同一路线、序列开展监测,而要根据具体的应急情况"对的放矢",突出"针对性",并在应急监测方案制定中要对超常情况进行准备,在内容和数量上保持"冗余、有备",作到"有备无患"。

(1)基于事故当下的具体情况确定监测重点与序列

应急监测(特别是早期)的主要任务是,在确保监测人员安全的条件下尽快查明环境辐射水平及其大致分布,以便为应急防护行动决策提供支持。应该在应急监测方案规定的指导原则下,根据当时的事故工况(可能的释放源项)和气象(风向、风速、降水)等条件,以及应急响应行动的需要来确定当时监测的重点方位、序列和内容。对于核设施厂址内部及其附近区域,监测顺序中最优先者应当是处在释放源附近及其下风向上的设施及区域,以及会直接影响人员可居留性和厂内应急防护措施实施的区域,例如应急管理用的设施内部及附近、厂内人员应急撤离路线、应急集结点等区域;对厂址以外环境,监测顺序中最优先者应当是当时的下风向、烟羽途径降水区等可能存在高辐射的地区,以及会直接影响公众应急防护措施实施的地区,例如应急撤离路线、应急集结点等,还要特别关注附近居民点(特别是敏感人群)一类地区。

作为基础,当然可以利用评价软件/程序,在应急准备阶段就事先根据各种可能的事故工况和气象、环境状况,以及应急响应措施等条件建立可适用于不同情况的"应急监测预案库",使用时只需根据当时情况选用。然而,由于风向的多变和气象测量条件的限制,软件/程序的评价结果有时会出现较大误差,因此须在应用前进行必要的测量验证。

(2)基于事故当下的具体情况派遣现场巡测分队

根据应急时可能受事故影响的实际情况,向重点地区派遣一个或多个现场巡测分队开展现场监测。监测分队出发前,应向队员简单介绍待测区域当时的可能辐射水平;根据当时的情况提出主要测量任务与注意事项;快速完成对所需测量仪器和防护用具性能检查;设置好个人剂量计上"回撤剂量控制值"。为防污染,应用塑料薄膜对测量仪器进行包裹。

(3)保持方案"冗余、有备"以应对超常情况

要树立远虑意识,在监测设备的设计和配置上,要根据可能的事故情景,在"响应时间""测量对象或内容""测量量程""测量地点的可达性""备用电源保障",以及"环境条件异常"等方面应能应对可能出现的超常情况与要求,并在能力上保有充分的机动性和冗余性。考虑可能出现的采样和测量工作量异常增大、样品大量堆积、多种响应资源严重超负荷的应对情况,以及人员和技术力量严重短缺而需要支援的情况,事先制定好相关程序。

2. 快捷性

为了满足应急决策的迫切需要,一般都必须尽快得出监测结果,此时监测的"精度"和"速度"相比,"速度"更加重要。另外,假如发生了真实的事故释放,环境中的辐射水平就会明显高于正常水平,这就为改用速度更快但较不灵敏的监测方法提供了客观条件。可见应急时强调测量的"快捷性"不仅是必需的,而且是可能的。

进行快速测量的几种主要途径可以有:

(1)根据具体情况和相关程序,选定监测内容并减少样品的采样量和测量量

在监测内容及其顺序安排上,也不能像常规监测那样不太注意先后顺序和速度,监测内容一概求全。应急情况下,为了节约时间,应根据情况选定当时优先的和必要的监测内容,一般来讲,空气吸收剂量率、空气中气溶胶浓度、表面污染水平等应是首选。再根据情况(包括事故阶段、主要释放途径等)的不同,决定如何开展食物链、水体及其他相关介质、设备等的监测及其顺序安排。

除了监测内容以外,还应根据相关程序的要求改用适于应急情况的采样方法,以便适当简化采样过程和减少样品的采样量和测量量。由于环境样品的预处理(如灰化、熔化等)常常占据监测过程相当部分的时间,而样品的处理时间直接取决于样品量的大小,因此根据所需探测水平的升高可以相应减少样品量从而明显缩短处理时间。当然,为了保证采样的代表性以及留作以后验证的需要,还是需要保持必要的原始采样量,例如对蔬菜、粮食类为 1 kg 鲜样以上。

(2)不经化学分离,直接进行辐射测量

主要是指采用γ能谱法直接确定γ放射性核素的含量。大多数核素都有γ辐射,虽然对于常规测量而言,由于探测限的限制,γ能谱直接测量法不一定适用,但对活度浓度高于正常水平的应急情况,采用γ能谱法直接测量是十分有效而快速的方法。另外,也可利用某些易测核素的测量来确定相关核素含量。例如:对于$^{89}Sr/^{90}Sr$混合物,可以利用比活度较高的^{89}Sr的切伦科夫法测量,以及有关两者比例的数据确定^{90}Sr含量;对$^{241}Am/^{239}Pu$混合物,可直接测定^{241}Am和两者的比例确定^{239}Pu含量。切尔诺贝利事故后,欧共体对^{241}Am或^{239}Pu直接测量的探测限作过评估,结果表明对镅的探测灵敏度大大高于钚,因此可以用它作为确定^{239}Pu含量的基础。

(3)节省测量时间

“筛测分类”,采用便携式仪表对到来的环境样品先进行一次筛选式粗测,并按其活度的量级大小分类,以便分出轻重缓急:高的先测,很低的以后再测。在实验室测量系统中,设置相应的管理程序,实现“筛测分类”后,再对样品进行“低计数率暂停”和“总计数控停”模式,以节省样品测量时间。

“低计数率暂停”是指在测到计数率低于某一设定数值以下时,说明样品中核素浓度很低、不受关注,可以暂停测量,待以后需要时再测。“总计数控停”是指样品的总计数达到预设的统计精度所需值时即可停止计数,这样可以合理缩短计数时间,防止不必要的计数时间拉长。当然,测量系统应当能对高计数率所引起的计数损失进行自动修正。

自动监测网站的测读、记录和传输等(包括气象参数),如果设有更高频度的应急模式,就应及时按要求转入频度更高的应急模式。

(4)采用快速化学与分离方法

采用经过评审的快速化学分离方法替代常规方法。

3. 严控次生危害

应急情况下的样品活度通常较高,有时可能特别高,样品之间活度水平也可能差别很大,应防止高水平辐射对监测人员、工作环境和测量结果可能带来的危害或干扰,对监测过程进行严格的管控。

(1)与常规监测兼容的中心实验室的选址

选址时应注意和可能的事故释放源保持必要的距离,并尽量离开居民区;在内部设计上要保证能及时实施人流、物流的“分区”和“分道”管理,以及通风模式的变更。

(2)强化操作与样品管理

应急监测的样品管理应更加严格,要求如下:一旦进入应急状态,就应立即对实验室实行“分区”和“分道”管理。应急样品必须经“应急通道”流动,并在划定的“分区”内处理、测量和保存。为此,不仅应事先制定好有关的管理程序,而且更重要的是,要在实验室的设计中就必须保证相关条件的可实现(如建筑物要有两个以上的出入口和楼梯,设置有可供走廊隔断用的密封门,以及对应急情况下通风走向的考虑)。

对采集到的样品,应先用简便仪表进行初步筛选测量,以便按活度量级对它们大致分类,然后采取相应措施进行分类存放,进一步测量和保存。对于高出某一水平的样品,作进一步测量以取得进一步的信息;对于低于某一水平的样品,可暂不测量。

(3)加强对测量人员的保护

应急情况下,辐射水平可能很高,应充分注意对测量人员的保护,必须做到以下方面:

①建立相关的管理程序以对应急监测人员的受照进行控制,对于可能接受较大照射的活动,实行审批制度;

②应配备必要的防护与监测设备,做好剂量监测;

③向应急监测人员提供有关辐射防护的基本培训与行为指导意见;

④执行应急监测人员的“回撤剂量控制值”;

⑤对有碘释放事故,作好甲状腺防护。

4. 关注人员心理健康和强化监测结果校核

为防止监测人员因突发事故产生心理恐慌从而出现工作出错率攀升的情况,要加强监测人员应对突发事件的心理培训,强化对应急情况下监测结果的校核。突发应急情况会对应急人员的情绪和心理产生影响,除了“救灾使命感,从而忽略其自身健康”以外,值得关注的是“因伴有受照和污染的高风险,可能产生健康上的焦虑”“过度劳累产生的疲劳感”,以及“当家人、亲属受到波及,却因肩负救灾责任而无法顾及时,就会产生精神上的负担。此外,应急人员根据其承受的心理冲击和精神负担的不同,可能产生应激障碍、创伤后应激障碍、焦虑、抑郁等多种心理变化”。因此,要注意以下方面:

(1)强化对应急监测结果的校核和复核,防止在突发事件氛围下出错率攀升;

(2)应急监测人员应在指定岗位上定期进行以实战为目标的针对性演练,以检验和提高整个队伍对采样、处理、测量等程序的响应能力,同时应特别注意在突发事件氛围(对高危的恐慌,工作紧张又责任重大,无序和疲劳)下监测人员心理素质的检验和培养;

(3)应注意对工作量的调控和人员安排,防止过度紧张和劳累。

二、应急情况下的环境样品采集

前文已经介绍过的大部分有关环境样品的采集、预处理和管理要求和方法,对于应急情况也是适用的。但是由于时间的紧迫性和后果严重性的差别,应急监测与常规监测的目的和要求是不同的。应急监测主要是为了尽快对事故后果的严重性及其范围作出评价(主要是早期和中期),以便为防护行动决策提供依据;而常规监测则主要是为正常运行状态下的辐射常态水平及其累积趋势作出判断,以便为常态剂量评价和发现异常征兆提供依据。因此,相应地对环境样品采集的目的和要求也就不同。

1. 采样顺序

不能像常规采样那样按步就班,全面铺开;而必须先分出轻重缓急,根据环境后果的可能大小排出顺序。一般来讲首先是要进行空气采样,以便确定烟羽的特性位置和走向及空气的污染程度。其次是对反映污染沉积程度的介质(如沉积盘、地表土等)采样。在事故中后期,主要还必须包括对食物链的采样。

2. 采样点的选择

在采样点的选择上,也必须首先根据事故特征和当时的环境气象条件来确定采样的重点和顺序,作为一般规则,采样点的位置选择首先要考虑以下几种:

(1)沿着核设施的围墙；

(2)具有最大预期地面空气浓度(或沉积)；

(3)10~15 km 以内具有最大预期空气浓度(或沉积)的城镇/社区；

(4)具有最大预期平均地面浓度的场外位置(或几个位置)。

3. 采样手段多样

在应急情况下，由于释放源项与正常情况不同，同时也是为了争取时间获得更多数据，因此除了一些常规采样的手段以外，还常常会更加要求采用如航测、陆地(或水路)巡测、能甄别惰性气体的碘采样等手段。因为事故时的烟羽释放，不仅活度水平可能极大，而且可能包含有平时很少存在的裂变产物和裂变气体。它们构成了事故后果的主要来源。烟羽会短时间内消散，必须尽快采用更多手段获得数据，事故时会大量涌现的裂变气体又会对碘的监测构成严重干扰，因此采用能大范围快速测定放射性污染水平及其分布的航空和汽车巡测法，以及对裂变气体收集效率很低的银沸石碘采样器是有很大优点的，在有条件的地方，应当尽量采用。

4. 采样速度

在应急期间，(主要是事故早期)在对采样的速度和精度之间作权衡时更加强调速度。其理由有以下三个方面：

(1)尽早获得数据，供紧急防护行动决策之用；在应急情况下是头等重要的因素；

(2)事故期间的污染浓度高，可以获得更好的统计精确度，因此可以相应减少采样量和缩短采样时间；

(3)事故期间环境中的辐射水平可能很高，可能对采样人员构成较大照射，因此应视情况尽量控制在现场的滞留时间。

5. 注意对采样人员的防护

由于事故后的环境辐射水平可能威胁到采样人员的安全，因此应急情况下的采样必须充分作好人员防护工作。所有去现场的人员必须严格按相关执行程序开展工作。总的来讲，在事故情况下进行环境采样的人员，应注意以下几点：

(1)要始终知道你所去现场可能遇到的危险，并必须作好相应准备；

(2)在没有合适安全设备情况下，不要企图进行现场采样，并应知道如何使用这些安全设备；

(3)所有采样，都应在确保所受照射保持在尽实际可能低的水平下进行；

(4)进入污染现场之前，要充分做好计划，并且应知道应急人员的撤回剂量水平是多大；

(5)不要在剂量率水平为 1 mSv/h 或更大的区域里停留；

(6)在剂量率大于 10 mSv/h 的区域里工作要十分小心；

(7)除非接到专门的指令，否则禁止进入剂量率水平大于 100 mSv/h 的区域；

(8)要充分利用时间、距离和屏蔽来保护自己。

6. 加强样品的管理

应急情情况下采集的样品的活度水平往往比较高，有时还会是特别高，样品之间活度水平也可以差别很大。因此应急情况下的样品管理必须更加严格。主要有几下几点：

(1)必须特别注意样品对环境、测量设备、实验室、人员的污染,特别注意防止样品之间的交叉污染。首先,必须对实验室进行分区,应急样品必须在划定的应急监测区内处理、测量和保存。其次必须通过初步监测,先对采集到的样品进行活度量级分类,然后采取相应措施进行分类存放、测量和保存。

(2)特别注意某些样品之间时间与空间上的相关性(如:同一地点的空气浓度与地表土壤浓度之间)和紧通性顺序。必须精心计划和组织。另外,在一次较大的事故之后,可能会在较短的时间内有大批的样品需要采集和测量,对各个环境往往会对各个环节造成巨大的压力。因此如何作好计划和安排是十分重要的。

(3)随着事故进程的变化,采样和测量的目的和任务也会发生变化,在事故早期,把尽早提供测量数据为紧急防护行动决策服务作为主要目的;到后期逐渐过渡到主要是为评价剩余放射性水平及其范围,为恢复措施提供依据为主要目的。因而对采样的要求和方法也应逐渐作出调整。

第七章　数据处理

测量的目的,不单是想要得到被测物理量量值的大小,还希望知道其测量误差的大小(即不确定度的范围),以及在这个误差范围内测量数据的可信程度(也叫置信度)。一切测量结果都有误差。误差又都不能完全确知,只能合理地减少、有效地估计并给以准确描述。误差中总是有随机变化的成分。对待含有随机误差的数据的处理,只能应用以随机变量的定量规律为基础的、由局部观察估计总体的数理统计方法。实验(测量)都是试验一个因素(待测量),将其他相关因素(影响量)保持不变,它的有效性在于控制各种相关因素保持不变的能力。实验无法使这些相关因素(包括来自仪器、环境条件、人员操作等)保持绝对的不变;而大多数情况下它们是处于一个很小范围内的自由变化(近似独立、随机性变化等);这样被大量无法控制的随机变化的相关因素干扰的实验数据,可借助统计方法有效地提取出来,进行科学分析、解释和推断,所以数理统计是数据处理中必要的重要手段。

第一节　数据统计基础知识

人们对某物理量进行测量,是希望得到被测量的真值。然而真值只是无法得到的理想概念。在数理统计中经常就用数学期望值来代替真值。数学期望值是无限多次测量数据的平均值,又称为约定真值,它可以充分地接近真值。但在实际工作中,测量次数再多也还是属于有限次的测量。因此,通常就用多次测量结果的平均值来代替被测物理量的真值。

一、平均值

在日常分析工作中,总是对某试样平行测定数次,取其算术平均值作为分析结果,若以 $x_1, x_2, \cdots, x_i$ 代表各次的测定值,n 代表平行测定的次数,$\bar{x}$ 代表平均值,则

$$\bar{x} = \frac{\sum_{i=1}^{n} x_i}{n} \tag{7.1-1}$$

当 $n \to \infty$ 时,其算术平均值就为该测量值的数学期望值。通常用测量值的数学期望值来代替其真值。在正态分布中,n 次测量值的算术平均值 $\bar{x}$ 是真值的无偏估计。

二、测量误差

1.绝对误差

绝对误差是测量结果减去被测量的真值。由于真值不能确定,实际上用的是约定真值;当与相对误差相区别时,也称为绝对误差,通常用 ξ 表示:

$$\xi = x - \mu \tag{7.1-2}$$

式中,ξ、x 及 μ 分别表示某量值的误差、该量的给出值及客观真值。

2. 测量误差

测量误差是测量值与平均值(代替被测量真值)之间的偏差,有的又称为残差,通常用 d_i 来表示:

$$d_i = x_i - \bar{x}, \quad i = 1, 2, \cdots, k \tag{7.1-3}$$

式中 x_i——在 k 次测量中第 i 次的测量值;

$\bar{x}$——k 次测量的平均值。

测量误差 d_i 通常是一个具有和被测量相同量纲和正、负符号的量值。

3. 相对误差

相对误差是以百分数表示的测量误差与平均值的比值,多用符号 η_i 表示:

$$\eta_i = \frac{d_i}{\bar{x}} = \frac{x_i - \bar{x}}{\bar{x}} \tag{7.1-4}$$

4. 系统误差

在完全相同条件下重复测量,其在每次测量中的偏离大小和符号固定不变或随主要条件变化而有规律地变化,这种顽固地出现在每次测量中,使各次测量结果相关而不能通过大量重复测量来减小的误差,称为此测量条件下的系统误差。系统误差通常是由测量方法、测量设备的不完善等因素造成的。一般只有通过对几种不同测量方法测量结果的比较或虽然是同一种方法,但使用的是不同的测量设备,将其测量结果进行比较,才能发现系统误差的存在。系统误差是应在测量中仔细考虑,并尽量避免和减少的,对已知原因的系统误差大多是可以估计并应予以修正的。产生系统误差的原因有,仪器的刻度不准、测量原理或近似计算的条件与测量的实际条件不符、仪器的使用条件与规定的正确使用条件不一致等。系统误差不能靠在相同条件下重复多次测量来发现,只能通过改变测量条件来发现。

5. 偶然误差

在完全相同条件下重复进行测量,每次测量值间均有一定差异,但是这些测量值都相当于是在一个共同的固定值上加上一个或大或小、可正可负的偏离量,而大量重复测量的平均值趋于这个固定值,这个在每次测量中或大或小、可正可负地偏离(固定值)的偏离量称作偶然误差。偶然误差是随机量,其在一次测量中的大小是随机而不确定的,而它出现在某个范围内的概率是可以确定的,因为大量重复测量中偶然误差服从一定的分布(大量的偶然误差均服从或近似服从正态分布)。

但系统误差与偶然误差不同,它不能通过增加测量次数的办法使其减小。一旦找到了系统误差,就必须对测量结果进行修正。

三、误差传递

研究误差传递是为了解决如何由直接测量的误差传递给间接测量误差的问题。

1. 函数统计误差

这里,首先讲一讲一般函数统计误差的计算。

假设 $x_1, x_2, \cdots, x_k$ 是 k 个相互独立的变量,$f(x_1, x_2, \cdots, x_k)$ 是这些独立变量的多元函数。

如果这些独立变量各自的标准误差 σ_{xi} 都很小,就可以不再考虑各个变量之间的相关项。这样,该函数的统计误差为

$$\sigma_f=\left[\left(\frac{\partial f}{\partial x_1}\right)^2\sigma_{x_1}^2+\left(\frac{\partial f}{\partial x_2}\right)^2\sigma_{x_2}^2+\cdots+\left(\frac{\partial f}{\partial x_k}\right)^2\sigma_{x_k}^2\right]^{1/2} \tag{7.1-5}$$

式中,$\sigma_{x_1},\sigma_{x_2},\cdots,\sigma_{x_k}$ 分别是独立变量 $x_1,x_2,\cdots,x_k$ 的标准误差。

2. 各变量相互独立条件下的误差传递公式

(1)两个数相加减

对于 $y=x_1\pm x_2$ 的情况,其标准误差为

$$\sigma_y=\sqrt{\sigma_{x_1}^2+\sigma_{x_2}^2} \tag{7.1-6}$$

(2)两个数相乘

对于 $y=x_1\cdot x_2$ 的情况,其标准误差 σ_y 为

$$\sigma_y=x_1\cdot x_2\left[\left(\frac{\sigma_{x_1}}{x_1}\right)^2+\left(\frac{\sigma_{x_2}}{x_2}\right)^2\right]^{1/2} \tag{7.1-7}$$

(3)两个数相除

对于 $y=x_1/x_2$ 的情况,其标准误差 σ_y 为

$$\sigma_y=\frac{x_1}{x_2}\left[\left(\frac{\sigma_{x_1}}{x_1}\right)^2+\left(\frac{\sigma_{x_2}}{x_2}\right)^2\right]^{1/2} \tag{7.1-8}$$

(4)乘方与开方

对于 $y=x^m$,m 为常数,其标准误差 σ_y 为

$$\sigma_y=x^m\frac{m\sigma_x}{\bar{x}} \tag{7.1-9}$$

(5)对数

对于 $Y=\ln ax$,a 为常数,其标准偏差 σ_y 为

$$\sigma_Y\approx\sigma_X/\bar{X} \tag{7.1-10}$$

四、标准偏差

标准偏差(均方根误差)、极差和变异系数等都是在一定程度上反映一组样本数据离散程度的特征量,用于评价和估计相应总体中个体与个体间的离散程度,其中应用最广的是标准偏差。标准偏差基本上可分为单次测量标准差(常简称为标准差)和平均值标准差。

1. 概念

所有标准差或标准误差都与由特定条件或概念所定义的总体相对应,并反映这个总体内个体与个体间的离散程度。从这个意义上讲,所有标准误差都可称为标准差。只要说清楚它相应总体的个体是什么。个体,有的是一个样品(单次测量标准差 S_x);有的是容量为 n 的样本,它既可来自简单的随机抽样(n 次测量平均值的标准差 $S_{\bar{x}}$),也可来自分层抽样(按各层样品容量为权的加权均值标准差);样本中每个样品可以是 1 个变量(x),也可以是 1 对变量(x,y)。从这个角度,把均值标准误差、计数率标准误差、回归系数标准误差、加权均值标准误差,分别称为多次测量平均值标准差、某段时间内平均计数率标准差、回归系数

标准差和加权均值的标准差等，不仅是可以的而且是合理的。

实际上不可能进行无限多次的测量，因此，放射性计数的期望值实际上是得不到的。一个样品通常只能进行有限次的测量（有时甚至只测量一次）。人们就用 n 次测量计数的平均值（甚至一次测量的计数）来代替其期望值。

2. 实验标准差

对于有限次的测量，其单次测量值的标准偏差为

$$S_x = \sqrt{\bar{x}} = \sqrt{\frac{1}{n-1}\sum_{i=1}^{n}(x_i - \bar{x})^2} \tag{7.1-11}$$

式中 x_i——第 i 次测量结果；

$\bar{x}$——n 次测量的算术平均值。

当将 n 个测量结果视作分布的样本时，$\bar{x}$ 是该分布的期望值 μ 的无偏估计，S^2 是这一分布方差 σ^2 的无偏估计。

n 次测量平均值的标准偏差可以表示为

$$S_{\bar{x}} = \frac{1}{\sqrt{n}}S_x = \sqrt{\frac{1}{n(n-1)}\sum_{i=1}^{n}(x_i - \bar{x})^2} \tag{7.1-12}$$

综上，表示一组数据的离散程度，用单次测量标准差 S_x；估计总体均值的置信区间或在显著性检验中所用的统计量 t 中，都用多次测量平均值的标准差 $S_{\bar{x}}$。在数据显示中，为了区分 S_x 和 $S_{\bar{x}}$，表示均值和离散程度时，宜分别给出，不用 $\bar{x}\pm S_x$ 形式，而表示置信区间时，采用 $\bar{x}\pm tS_{\bar{x}}$ 的形式。

σ、S、$\sigma_{\bar{X}}$ 所代表的标准差分别说明如下。

（1）总体标准差 σ：衡量总体内个体与个体间的差异情况，对于给定总体来说，σ 是常数，不是随机变量；

（2）样本标准差 S：衡量样本内个体与个体间的差异情况，S 的值随样本而异，所以 S 是随机变量；

（3）样本平均值的标准差 $\sigma_{\bar{X}}$：衡量样本与样本间的差异，即衡量各样本平均值之间的差异，其值取决于 σ 和样本容量 n，对于给定的 n，$\sigma_{\bar{X}}$ 是一个常数，不是随机变量。

进行一次物理测量，其可能得到的观测值不能预知，所以“指标”X 是一个随机变量。进行了 n 次测量相当于抽取了容量为 n 的一个样本，计算出平均值 $\bar{X}$ 和样本标准差 S，并且用 $\bar{X}$ 作为总体平均值 m 的估计值，用 S 作总体标准差 σ 的估计值。

3. 泊松分布的计数统计误差

泊松分布的计数标准差（又称计数统计误差），是定量表示计数统计涨落最常用的一个量。它的总体均值 $E(x)$ 和方差 σ^2 均为 μ，故标准差 $\sigma=\sqrt{\mu}$。在服从泊松分布的测量（如辐射测量）中，如果在 n 分钟内依次测得每分钟的计数为 $x_1, x_2, \cdots, x_n$，则总计数为

$$N = \sum_{i=1}^{n} x_i = x_1 + x_2 + \cdots + x_n \tag{7.1-13}$$

标准差为 $\sigma=\sqrt{N}$，所得总计数的结果将记为 $N\pm\sqrt{N}$。

相对标准差为

$$\frac{\sigma_x}{\bar{x}}=\frac{\sqrt{N}}{N}=\frac{1}{\sqrt{N}} \tag{7.1-14}$$

如先计算每分钟的平均数 $\bar{X}$,然后计算标准差,则可得

$$\bar{X}=\frac{1}{n}(x_1+x_2+\cdots+x_n)=\frac{N}{n} \tag{7.1-15}$$

$$\sigma=\sqrt{m}\cong\sqrt{\bar{X}} \tag{7.1-16}$$

$$\sigma_{\bar{X}}=\frac{\sigma}{\sqrt{n}}=\frac{\sqrt{N}}{n} \tag{7.1-17}$$

计数率记为 $\bar{X}\pm\sigma_{\bar{X}}=\frac{1}{n}(N\pm\sqrt{N})$,计数率的相对百分误差记为

$$\frac{\sigma_{\bar{X}}}{\bar{X}}\times100\%=\frac{\frac{\sqrt{N}}{n}}{\frac{N}{n}}\times100\%=\frac{1}{\sqrt{N}}\times100\% \tag{7.1-18}$$

由此可见,所得到计数率的标准差与总计数率的标准差不同,但计数率的相对误差相同。

第二节　异常数据判断

放射性测量,由于核衰变事件本身的统计性,以及探测器记录粒子的随机性,测量数据本身也服从统计分布规律。各次测量的数据总是围绕着其平均值上下波动(涨落)。当测量次数足够多时,放射性测量的数据,仍然服从高斯(正态)分布。因而数理统计处理主要目的是找出离群值,从而进行质量控制、新规律探索、技术考察等项工作。

离群值:样本中的一个或几个观测值,它们离开其他观测值较远,暗示它们可能来自不同的总体。

剔除水平:为检出离群值是否高度离群而指定的统计检验的显著性水平。

一、离群值按产生原因分类

离群值按产生原因分为两类:

第一类离群值是总体固有变异性的极端表现,这类离群值与样本中其余观测值属于同一总体;第二类离群值是由于试验条件和试验方法的偶然偏离所产生的结果,或产生于观测、记录、计算中的失误,这类离群值与样本中其余观测值不属于同一总体。

对离群值的判定通常可根据技术上或物理上的理由直接进行,例如,试验者已经知道试验偏离了规定的试验方法,或测试仪器发生问题等。

在测量与分析中,经常出现多次测量,计算平均值的情况。但是这些测量数据是否都能参加平均值的计算,是需要判断的。如果在消除了系统误差后,所测得的数据出现显著的极大值或极小值,可称这样的极值为可疑值。在测量过程中,如果知道某测量值是操作

中的过失所造成的,应立即将此数据弃去;如果找不出可疑值出现的原因,不应随意弃去或保留,而应按照异常数据的判断方法来取舍。

二、Grubbs(格拉布斯)检验法

1. 上侧情形

(1)对于观测值 $x_1,x_2,\cdots,x_n$,计算出统计量 G_n 的值:

$$G_n=(x_n-\bar{x})/S \tag{7.2-1}$$

$$S=\sqrt{\frac{\sum_{i=1}^{n}(x_i-\bar{x})^2}{n-1}} \tag{7.2-2}$$

式中,$\bar{x}$ 和 S 分别是样本均值和样本标准差。

(2)确定检出水平 α,在格拉布斯检验法临界值表中查出临界值 $G_{1-\alpha}(n)$。

(3)当 $G_n>G_{1-\alpha}(n)$ 时,判定 $x_{(n)}$ 为离群值,否则判未发现 $x_{(n)}$ 是离群值。

(4)对于检出的离群值 $x_{(n)}$,确定剔除水平 α^*,在格拉布斯检验法临界值表中查出临界值 $G_{1-\alpha^*}(n)$。当 $G_n>G_{1-\alpha^*}(n)$ 时,判定 $x_{(n)}$ 为统计离群值,否则判未发现 $x_{(n)}$ 是统计离群值。

2. 下侧情形

(1)计算出统计量 G'_n 的值:

$$G'_n=(\bar{x}-x_1)/S \tag{7.2-3}$$

式中,$\bar{x}$ 和 s 分别是样本均值和样本标准差。

(2)确定检出水平 α,在格拉布斯检验法临界值表中查出临界值 $G_{1-\alpha}(n)$。

(3)当 $G'_n>G_{1-\alpha}(n)$ 时,判定 $x_{(1)}$ 为离群值,否则判未发现 $x_{(1)}$ 是离群值。

(4)对于检出的离群值 $x_{(1)}$ 确定剔除水平 α^*,在格拉布斯检验法临界值表中查出临界值 $G_{1-\alpha^*}(n)$。当 $G'_n>G_{1-\alpha^*}(n)$ 时,判定 $x_{(1)}$ 为统计离群值,否则判未发现 $x_{(1)}$ 是统计离群值。

3. 双侧情形

(1)计算出统计量 G_n 和 G'_n 的值。

(2)确定检出水平 α,在格拉布斯检验法临界值表中查出临界值 $G_{1-\alpha/2}(n)$。

(3)当 $G_n>G'_n$ 且 $G_n>G_{1-\alpha/2}(n)$ 时,判定 $x_{(n)}$ 为离群值,当 $G'_n>G_n$ 且 $G'_n>G_{1-\alpha/2}(n)$ 时,判定 $x_{(1)}$ 为离群值;否则判未发现离群值。当 $G'_n=G_n$ 时,应重新考虑限定检出离群值的个数。

(4)对于检出的离群 $x_{(1)}$ 或 $x_{(n)}$,确定剔除水平 α^*,在格拉布斯检验法临界值表中查出临界值 $G_{1-\alpha^*/2}(n)$,当 $G'_n>G_{1-\alpha^*/2}(n)$ 时,判定 $x_{(1)}$ 为统计离群值,否则判未发现 $x_{(1)}$ 是统计离群值;当 $G_n>G_{1-\alpha^*/2}(n)$ 时,判定 $x_{(n)}$ 为统计离群值,否则判未发现 $x_{(n)}$ 是统计离群值。

注意:如果可疑值有 2 个以上,而且又都在平均值 $\bar{x}$ 的同一侧,如 x_1、x_2 均属可疑值时,则应先检验最靠近 $\bar{x}$ 的一个数据 x_2,如果 x_2 属于舍弃的数据,则 x_1 自然也应该弃去,在检验 x_2 时,测定次数应按(n-1)次计算;如果可疑值有 2 个或 2 个以上,且又分布在平均值的两侧,如 x_1 和 x_n 均属可疑值,就应该分别先后检验 x_1 和 x_n 是否应该弃去;如果有一个数据决定弃去,再检验另一个数据时,测定次数应减少一次,同时应选择 99%的置信度。

【例 7.2-1】 测得的一组数据为 30.18、30.56、30.23、30.35、30.32,试用 Grubbs 检验

法对可疑值 30.56 进行判断。

解 将测定数据从小到大排列，即：30.18、30.23、30.32、30.35、30.56；

计算 $\bar{x}=30.33$，$S=0.15$；

计算可疑值 30.56 对应的 $G_5=1.53$；

查 Grubbs 检验值表（表 7.2-1），$G_{0.95}(5)=1.672$；

因为 $G_5<G_{0.95}(5)$，所以 30.56 应保留。

表 7.2-1 Grubbs 检验值表

n	90.00%	95.00%	97.50%	99.00%	99.50%
3	1.148	1.153	1.155	1.155	1.155
4	1.425	1.463	1.481	1.492	1.496
5	1.602	1.672	1.715	1.749	1.764
6	1.729	1.822	1.887	1.944	1.973
7	1.828	1.938	2.020	2.097	2.139
8	1.909	2.032	2.126	2.220	2.274
9	1.977	2.110	2.215	2.323	2.387
10	2.036	2.176	2.290	2.410	2.482
11	2.088	2.234	2.355	2.485	2.564
12	2.134	2.285	2.412	2.550	2.636
13	2.175	2.331	2.462	2.607	2.699
14	2.213	2.371	2.507	2.659	2.755

第三节 统计检验

统计检验是根据样本数据算得的统计量值，是落在原假设的否定域还是不落在否定域，来决定拒绝原假设还是接受原假设的程序，是统计推断中的一个重要部分。当原假设仅涉及样本数据分布的参数（如总体均值 μ、方差 σ^2），为对其分布参数作出判断的检验称参数检验；当原假设仅涉及样本数据分布函数，为对其分布律作出判断的检验称分布类型检验，又称吻合度检验。

一、统计检验基本术语

原假设 它是由检验目的提出的统计检验的基本假设，按（统计量值）检验结果拒绝还是接受的假设，记作 H_0。如：为检验两个正态分布总体的期望值 μ 或方差 σ^2 是否存在差异，原假设 H_0 为：$\mu_1=\mu_2$ 或 $\sigma_1^2=\sigma_2^2$。

备择假设 与原假设对立的假设，记作 H_1。如对上述的 H_0 相应的 H_1 为：$\mu_1\neq\mu_2$ 或

$\sigma_1^2 \neq \sigma_2^2$。这种备择假设,相当于与很多可能的参数值相关,即未对参数值作出具体的规定,更有意义的是对参数值作出明确规定的备择假设,如$\mu_1-\mu_2=\delta$。

显著性检验 不考虑备择假设(即备择假设中未对参数值作出具体的规定)的统计检验。

检验统计量 它是样本观察值(随机量)的函数,是概率密度函数已知的随机量,是统计检验的判断工具,记作T。其概率密度函数$f(T)$和分布函数$F(T)$,具有概率论中一般概率密度函数和分布函数的一切特性。正态总体抽样中常用的检验统计量有u、t、χ^2和F等。

否定域、显著性水平和置信水平 将检验统计量T的所有可取值划分为两部分:一部分是原假设H_0成立时统计量T出现概率很小(为α)的区域,称否定域;另一部分是H_0成立时T出现概率为$1-\alpha$的区域,称保留域(否定域或保留域都是对H_0而言的)。α称显著性水平;$(1-\alpha)\times100\%$称置信水平。否定域一般设置在T分布的两侧尾端或一侧尾端,由双侧还是单侧检验而定。

双侧检验和单侧检验 由检验问题的性质(即设定的H_0)而定。如$H_0:\mu_1=\mu_2$,则否定域在T分布曲线的两侧尾端(面积各为$\alpha/2$),称双侧检验;若$H_0:\mu_1\leqslant\mu_2$或$\mu_1\geqslant\mu_2$时,则否定域在T分布曲线的一侧(上侧或下侧)尾端(面积为α),称单侧检验。

二、分布类型检验

已知一些随机变量通常满足某一分布类型(通过理论或对以往测量资料分析),那么分布类型检验可作为判断该组测量数据是否可靠(如是否有系统误差)的一种手段。但这种手段也只是在原假设被否定(即发现有系统误差)时才有较大把握,而当原假设不能否定时,也只能说未发现系统误差,而不能有把握地说无系统误差。

经检验后能认为随机量满足某一可用解析式表达的简单分布时,可以用少数几个参数给出对总体既简单又完整的描述。

一些统计检验公式,只适用于某种分布。在应用这类公式时,需要了解随机量是否服从这种分布。

1. 正态分布检验

正态分布,又名高斯分布,若随机变量X服从一个数学期望为μ、方差为σ^2的正态分布,记为$N(\mu,\sigma^2)$。其概率密度函数为正态分布的期望值μ决定其位置,其标准偏差σ决定了分布的幅度。

若随机变量X服从一个位置参数为μ、尺度参数为σ的概率分布,其概率密度函数为

$$f(x)=\frac{1}{\sigma\sqrt{2\pi}}e^{\frac{-(x-\mu)^2}{2\sigma^2}} \tag{7.3-1}$$

则这个随机变量就称为正态随机变量,正态随机变量服从的分布就称为正态分布,记做$X\sim N(\mu,\sigma^2)$,或X服从正态分布。

当$\mu=0,\sigma=1$的正态分布为标准正态分布时,一般正态分布转化为标准正态分布。

如$X\sim N(\mu,\sigma^2)$,$Y=\frac{X-\mu}{\sigma}\sim N(0,1)$

$$f(x)=\frac{1}{\sqrt{2\pi}}\exp\left(-\frac{x^2}{2}\right) \tag{7.3-2}$$

【例 7.3-1】 试样中某成分含量,经多次测量平均值 15.0ppm,标准差 0.2ppm,测定值在(14.8~15.4)ppm 区间的概率是多大?

解 大于平均值部分 $u_1=(15.4-15)/0.2=2.0$,

查正态分布 u 对应 p 值表,$P_1=47.73\%$;

小于平均值部分 $u_2=(15.0-14.8)/0.2=1.0$;

查正态分布 u 对应 p 值表,$P_2=34.13\%$;

区间的概率为$(47.73+34.13)\%=81.86\%$。

【例 7.3-2】 土壤中^{239}Pu 含量(u_0)4.47 Bq/g,$n=5$ 次测量均值 $x=4.364$ Bq/g,分析是否存在系统误差。取 $\alpha=0.05$。

解 原假设 H_0:"u 是否等于 u_0"双侧检验:

$$u=\frac{|\bar{x}-u_0|}{\dfrac{\sigma}{\sqrt{n}}}=\frac{|4.364-4.47|}{\dfrac{0.108}{\sqrt{5}}}=2.19$$

令 $\alpha=0.05$,查 u 表 $u_{0.05/2}=1.96$ $u=2.19>1.96$,所以否定原假设 H_0。

$u\neq4.47$ Bq/g,该分析中存在系统误差(置信水平 95%)。

【例 7.3-3】 茶叶样Ⅰ、Ⅱ中^{90}Sr 的含量:$X_{\text{I}}=66.64$ Bq/kg,$n_{\text{I}}=4$;$X_{\text{II}}=66.6$ Bq/kg,$n_{\text{II}}=6$。已知两样本标准差都和总体标准差 $\sigma=0.061$ 无显著差别。问:Ⅰ、Ⅱ号茶叶中^{90}Sr 是同一种茶叶分别装在两个瓶里,还是两种不同的茶叶样?($\alpha=0.05$)

解 原假设 $H_0:\mu_1=\mu_2$(双侧检验)

因为 $\sigma_{总体}$已知且不变,所以两平均值差的方差为

$$\sigma_{(x_1-x_2)}=\sqrt{\frac{\sigma^2}{n_1}+\frac{\sigma^2}{n_2}}=0.0394$$

$$u=\frac{|\bar{x}_1-\bar{x}_2|}{\sigma\sqrt{\dfrac{1}{n_1}+\dfrac{1}{n_2}}}=\frac{|66.64-66.68|}{0.0394}=1.02$$

令 $\alpha=0.05$,查 u 表得:$u_{0.05/2}=1.96$。$u<1.96$,故接受原假设。无显著性差别,没有理由认为两样本不是同一种。

所以在分布检验中,最重要、最有意义的也是正态分布检验。

2.χ^2 检验法

(1)计算统计量χ^2 值

可选一个工作日或一个工作单位(如完成一个或一组样品测量所需的时间)为检验的时间区间,在该时间区间内,测量 n 次相同时间间隔的计数。按下式计算统计量χ^2 值:

$$\chi^2=(n-1)S^2/\overline{N}=\sum_{i=1}^{n}(N_i-\overline{N})^2/\overline{N} \tag{7.3-3}$$

式中 χ^2——泊松分布检验的统计量;

n——测量的次数;

S——按贝塞尔公式计算的计数标准差；

N——n 次计数的平均值，也是按泊松分布计算的计数的方差；

N_i——第 i 次计数。

(2)检验方法

使用放射源对低本底测量装置进行泊松分布检验时，建议 n 取 30~60，调节样品计数时间，使得 N 的数值落在 400~600 之间。

将算得的χ^2 与χ^2 分布的 α 显著性水平的分位数$\chi^2_{(1-\alpha/2),df}$ 和$\chi^2_{\alpha/2,df}$[α 为选定的显著性水平，如 $\alpha=0.05$ 或 0.01；df 为χ^2 的自由度，为 $n-1$]进行比较：

如$\chi^2_{(1-\alpha/2),df}\leqslant\chi^2\leqslant\chi^2_{\alpha/2,df}$，则表示可以 $1-\alpha$ 置信区间判断：未发现该装置计数不满足泊松分布，没有理由怀疑该装置工作不正常；

如$\chi^2<\chi^2_{(1-\alpha/2),df}$ 或$\chi^2>\chi^2_{\alpha/2,df}$，则表示可以 $1-\alpha$ 置信水平判断：该装置计数不满足泊松分布，有理由怀疑该装置工作不正常，应进一步检查原因。

χ^2 分布的上侧分位数表如表 7.3-1 所示。

表 7.3-1　χ^2 分布的上侧分位数表

df	α							
	0.995	0.99	0.975	0.95	0.05	0.025	0.01	0.005
1	0.000 04	0.000 16	0.000 98	0.003	3.84	5.02	6.63	7.88
2	0.100	0.020 1	0.050 6	0.103	5.99	7.38	9.21	10.60
3	0.717	0.115	0.216	0.352	7.81	9.35	11.34	12.84
4	0.207	0.297	0.484	0.711	9.49	11.14	13.28	14.86
5	0.412	0.554	0.831	1.145	11.07	12.83	15.09	16.75
6	0.676	0.872	1.237	1.635	12.59	14.45	16.81	18.55
7	0.989	1.239	1.690	2.17	14.07	16.01	18.48	20.3
8	1.344	1.646	2.18	2.73	15.51	17.53	20.1	22.0
9	1.735	2.09	2.70	3.33	16.92	19.02	21.7	23.6

【例 7.3-4】　用 γ 谱仪在同一条件下测量^{137}Cs 点源 20 次，全能峰计数列于表 7.3-2，试评价该仪器工作的可靠性。($\alpha=0.05$)

表 7.3-2　测量^{137}Cs 点源结果

$N_1\sim N_5$	$N_6\sim N_{10}$	$N_{11}\sim N_{15}$	$N_{16}\sim N_{20}$
1 000	980	1 013	1 035
1 010	970	1 055	1 050
1 020	1 040	1 045	950

表 7.3-2(续)

$N_1 \sim N_5$	$N_6 \sim N_{10}$	$N_{11} \sim N_{15}$	$N_{16} \sim N_{20}$
1 030	1 030	1 020	960
990	1 020	1 017	1 025

解 由表 7.3-2 计算

$$\overline{N} = \frac{1}{m}\sum_{i=1}^{m} N_i = 1\ 013 \quad \sum_{i=1}^{m}(N_i - \overline{N})^2 = 16\ 678$$

$$df = m-1 = 19 \quad \chi^2 = 16\ 678/1\ 013 = 16.46$$

对于给定 $\alpha = 0.05$,查 χ^2 分布表得:$\chi^2_{0.05,19} = 30.14$,$\chi^2_{0.95,19} = 10.12$,

结果表明:$\chi^2_{1-\alpha,df} \leqslant \chi^2 \leqslant \chi^2_{\alpha,df}$,则仪器设备工作正常。

第四节　不确定度的概念及评定方法

测量误差与测量不确定度是两个完全不同的概念。测量误差指的是测量结果与被测量真值之差。既然被测量真值是无法得到的,那么测量误差也就是无法准确得到的。通常只是用与多次测量平均值的标准差代替。而测量不确定度是利用可获取信息,表征被测量值分散性的非负参数,是相应于所赋予被测量值的。测量误差与测量不确定度都是客观存在的。两者都是评价测量结果可靠性高低的重要指标,都可以作为判断测量结果可靠性的依据。

从概念而言,测量不确定度表示的是对被测量进行多次测量所得到结果的分散区间,而测量误差是表示测量结果偏离真值的程度。从影响因素而论,对于同一被测量物,不管测量方法是什么、测量条件如何,相同测量结果就有相同的测量误差,但相同测量结果的测量不确定度却因方法和条件的不同而不同;当测量方法和测量条件一致时,对同一被测量物,尽管多次测量值可能是不同的,但却有相同的不确定度。从计算方法来看,总误差是各误差分量的代数和;而在计算不确定度时,若各分量彼此独立,则不确定度为各分量不确定度的方根和,若各分量相关时,还必须加入协方差。

值得注意的是测量不确定度不能用来修正测量值,而测量误差可以用来修正测量值。

一、不确定度的 A 类评定

A 类不确定度用统计分析方法评定,以实验标准差表征。在放射性测量中,特别是对日常工作中产生的大量样品放射性活度的相对测量中,直接测量的量只是样品中某核素特征射线的计数。要得到样品中某核素的放射性活度,尚需要知道该特征射线的分支比及测量仪器对该特征射线的探测效率。在这些因素(分量)中,只有直接测量的样品放射性计数可用统计分析方法进行评定,样品放射性计数的标准差(包括等精度多次重复测量算术平均值的标准差和不等精度测量的加权平均值标准差)即为 A 类不确定度,通常用符号 S 来表示。

对于等精度测量，用于评定A类不确定度的单次测量的实验标准差为

$$S(x_i)=\sqrt{\frac{1}{n-1}\sum_{i=1}^{n}(x_i-\bar{x})^2} \tag{7.4-1}$$

平均值的实验标准差为

$$S(\bar{x})=\frac{1}{\sqrt{n}}S(x_i)=\sqrt{\frac{1}{n(n-1)}\sum_{i=1}^{n}(x_i-\bar{x})^2} \tag{7.4-2}$$

上面式(7.4-1)和式(7.4-2)中，n 代表测量次数。

对于不等精度测量的加权平均值，用于评定A类不确定度的实验标准差为

$$S(\bar{x})=\sqrt{\frac{1}{\left(\sum_i t_i\right)^2}\sum_{i=1}^{n}S_N^2}=\sqrt{\frac{1}{\left(\sum_i t_i\right)^2}\sum_{i=1}^{n}N_i}=\sqrt{\frac{\bar{n}}{\sum_i t_i}} \tag{7.4-3}$$

式中 $\bar{n}$——不等精度测量的加权平均值；

N_i——各次测量的总计数。

对被测量进行独立重复观测，通过所得到的一系列测得值，用统计分析方法获得实验标准偏差 $S(x)$，当用算术平均值 $\bar{x}$ 作为被测量估计值时，被测量估计值的A类标准不确定度按下列公式计算：

$$u_A=u(\bar{x})=S(\bar{x})=\frac{S(x)}{\sqrt{n}} \tag{7.4-4}$$

标准不确定度A类评定的一般流程如图7.4-1所示。

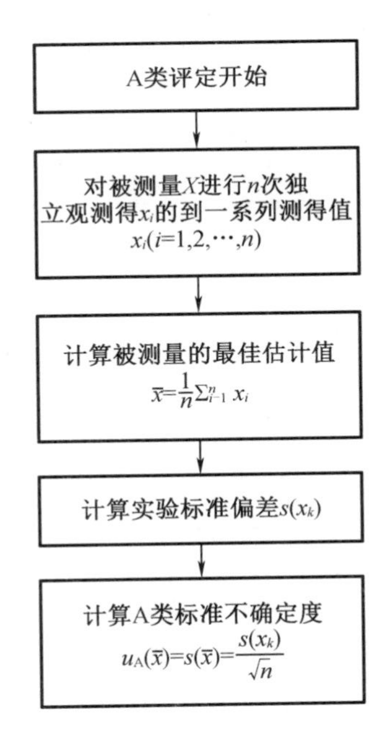

图7.4-1 标准不确定度A类评定流程

二、不确定度的B类评定

当输入量的估计值不由直接重复测量得到时，它们的不确定度的评定根据可能引起输

入量估计值变化的全部有关信息进行评定。信息来源可能包括:以前的测量数据,对有关材料和仪器特性的经验或了解,生产厂提供的计数说明书,校准证书或其他证书提供的数据,手册给出的参考数据的不确定度。B 类不确定度通常用符号 u_j 来表示。

B 类评定的方法是根据有关的信息或经验,判断被测量的可能值区间$[\bar{x}-a,\bar{x}+a]$,假设被测量值的概率分布,根据概率分布和要求的概率 p 确定 k,则 B 类标准不确定度 u_B 为

$$u_B = \frac{a}{k} \tag{7.4-5}$$

式中 a——被测量可能值区间的半宽度;

K——置信因子,当 k 为扩展不确定度的倍乘因子时称包含因子。

标准不确定度 B 类评定的一般流程如图 7.4-2 所示。

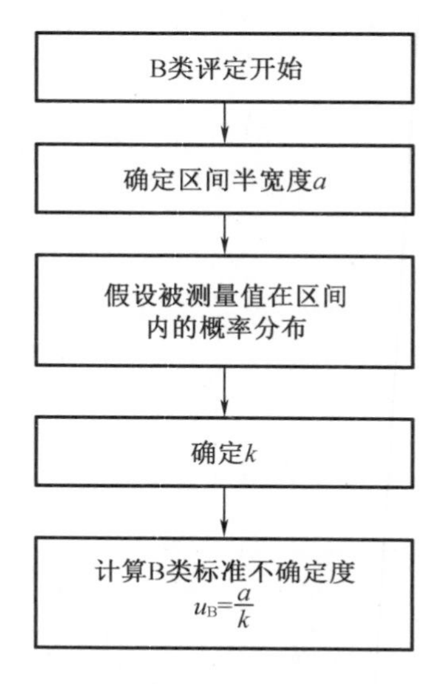

图 7.4-2 标准不确定度的 B 类评定流程图

三、不确定度的合成

测量结果的不确定度分量可按方差求和的方法进行合成,并用标准差的形式来表征测量结果的不确定度,这称为合成不确定度,通常用符号 u_c 表示。将 A、B 两类不确定度分量合成,得到的合成不确定度为

$$u_c = \sqrt{\sum_i a_i^2 s_i^2 + \sum_j b_j^2 u_j^2 + 2\sum \sum_{i<j} \rho_{ij}\sigma_i\sigma_j} \tag{7.4-6}$$

上式中第 1 项中的 a_i 和第 2 项中的 b_j 称为灵敏系数,它们分别是函数对两类不确定度分量的偏导数。第 3 项为任意两个分量之间的协方差项。其中 ρ_{ij} 为两个分量之间的相关系数;σ_i 和 σ_j 是 A 类不确定度分量和/或 B 类不确定度分量中的任意两个分量的标准不确定度。当这两个分量相互独立,完全不相关时,相关系数 $\rho_{ij}=0$,协方差项也为 0。

1. 不确定度传播律

当被测量 Y 由 N 个其他量 $X_1,X_2,\cdots,X_N$ 通过线性测量函数 f 确定时,被测量的估计值

y 为

$$y=f(x_1,x_2,\cdots,x_n) \tag{7.4-7}$$

被测量的估计值 y 的合成标准不确定度 $u_c(y)$ 按下列公式计算，该公式是计算合成标准不确定度的通用公式，当输入量间相关时，需要考虑它们的协方差：

$$u_c(y)=\sqrt{\sum_{i=1}^{N}\left[\frac{\partial f}{\partial_{x_i}}\right]^2 u^2(x_i)+2\sum_{i=1}^{N-1}\sum_{j=i+1}^{N}\frac{\partial f}{\partial x_i}\frac{\partial f}{\partial x_j}r(x_i,x_j)u(x_i)u(x_j)} \tag{7.4-8}$$

式中 y——被测量 Y 的估计值，又称输出量的估计值；

x_i——输入量的估计值，又称第 i 个输入量的估计值；

$\frac{\partial f}{\partial x_i}$——被测量 Y 与有关的输入量 X_1 之间的函数对于输入量 x_i 的偏导数，称灵敏系数；

$u(x_i)$——输入量 x_i 的标准不确定度；

$r(x_i,x_j)$——输入量 x_i 与 x_j 的相关系数，$r(x_i,x_j)u(x_i)u(x_j)=u(x_i,x_j)$；

$u(x_i,x_j)$——输入量 x_i 与 x_j 的协方差。

常用的合成标准不确定度计算流程如图 7.4-3 所示。

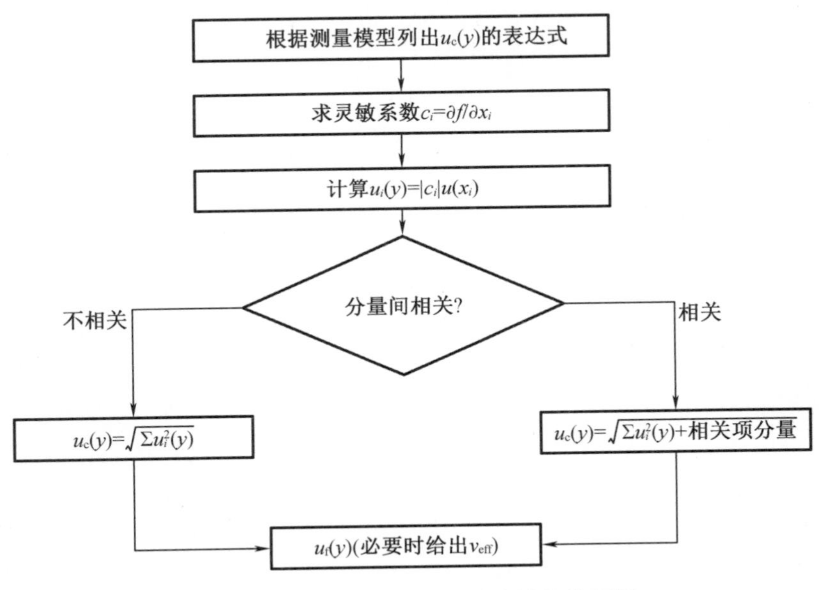

图 7.4-3 合成标准不确定度计算流程图

2. 当输入量间不相关时，合成标准不确定度的计算

对于每一个输入量的标准不确定度 $u(x_i)$，设 $u_i(y)=\frac{\partial f}{\partial x_i}u(x_i)$，$u_i(y)$ 为相应于 $u(x_i)$ 的输出量 y 的不确定度分量。当输入量间不相关，即 $r(x_i,x_j)=0$ 时，有

$$u_c(y)=\sqrt{\sum_{i=1}^{N}u_i^2(y)} \tag{7.4-9}$$

当简单直接测量，测量模型为 $y=x$ 时，应该分析和评定测量时导致测量不确定度的各

分量 u_i，若相互间不相关，则合成标准不确定度按公式(7.4-10)计算：

$$u_c(y)=\sqrt{\sum_{i=1}^{N}u_i^2} \tag{7.4-10}$$

当测量模型为 $Y=A_1X_1+A_2X_2+\cdots+A_NX_N$ 且各输入量间不相关，合成标准不确定度可用公式(7.4-11)计算：

$$u_c(y)=\sqrt{\sum_{i=1}^{N}A_i^2u^2(x_i)} \tag{7.4-11}$$

当测量模型为 $Y=AX_1^{P1}X_2^{P2}\cdots X_N^{PN}$ 且各输入量间不相关时，合成标准不确定度可用公式(7.4-12)计算：

$$u_c(y)/|y|=\sqrt{\sum_{i=1}^{N}[p_iu(x_i)/x_i]^2}=\sqrt{\sum_{i=1}^{N}[p_iu_i(x_i)]^2} \tag{7.4-12}$$

当测量模型 $Y=AX_1X_2\cdots X_N$ 且各输入量间不相关时，上式变换为

$$u_c(y)/|y|=\sqrt{\sum_{i=1}^{N}[u(x_i)/x_i]^2} \tag{7.4-13}$$

3. 扩展不确定度的确定

扩展不确定度是被测量可能值包含区间的半宽度。扩展不确定度分为 U 和 U_p 两种。在给出测量结果时，一般情况下报告扩展不确定度 U。

扩展不确定度 U 由合成标准不确定度 u_c 乘包含因子 k 得到：

$$U=ku_c \tag{7.4-14}$$

测量结果可表示为

$$Y=y\pm U \tag{7.4-15}$$

y 是被测量 Y 的估计值，被测量 Y 的可能值以较高的包含概率落在$[y-U,y+U]$区间内，即 $y-U\leqslant Y\leqslant y+U$。被测量的值落在包含区间内的包含概率取决于所取的包含因子 k 的值，k 值一般取 2 或 3。

当 y 和 $u_c(y)$所表征的概率分布近似正态分布时，且在 $u_c(y)$的有效自由度较大情况下，若 $k=2$，则由 $U=2u_c$ 所确定的区间具有的包含概率约为 95%，若 $k=3$，则由 $U=3u_c$ 所确定的区间具有的包含概率约为 99%。

在通常的测量中，一般取 $k=2$。当取其他值时，应说明其来源。当给出扩展不确定度 U 时，一般应注明所取的 k 值；若未注明 k 值，则指 $k=2$。

四、不确定度的评定和报告

1. 测量不确定度报告

(1)完整的测量结果应报告被测量的估计值及其测量不确定度，以及有关的信息。报告应尽可能详细，以便使用者可以正确地利用测量结果。只有对某些用途，如果认为测量不确定度可以忽略不计，则测量结果可表示为单个测得值，不需要报告其测量不确定度。

(2)除上述规定或有关各方约定采用合成标准不确定度外，通常在报告测量结果时都用扩展不确定度表示。

当涉及工业、商业及健康和安全方面的测量时，如果没有特殊要求，一律报告扩展不确

定度 U,一般取 $k=2$。

(3)测量不确定度报告一般包括以下内容:

①被测量的测量模型;

②不确定度来源;

③输入量的标准不确定度 $u(x_i)$ 的值及其评定方法和评定过程;

④灵敏系数 $c_i=\frac{\partial f}{\partial x_i}$;

⑤输出量的不确定度分量 $u_i(y)=|c_i|u(x_i)$,必要时给出各分量的自由度 v_i;

⑥对所有相关的输入分给出其协方差或相关系数;

⑦合成标准不确定度 u_c 及其计算过程,必要时给出有效自由度 v_{eff};

⑧扩展不确定度 U 或 U_p 及其确定方法;

⑨报告测量结果,包括被测量的估计值及其测量不确定度。

通常测量不确定度报告除文字说明以外,必要时可将上述主要内容和数据列成表格。

(4)当用合成标准不确定度报告测量结果时,应包括以下内容:

①明确说明被测量 Y 的定义;

②给出被测量 Y 的估计值 y、合成标准不确定度 $u_c(y)$ 及其计量单位,必要时给出有效自由度 v_{eff};

③必要时也可给出相对标准不确定度 $u_{crel}(y)$。

(5)使用扩展不确定度 $U=ku_c(y)$ 报告测量结果的不确定度时,应当给出被测量 Y 的定义的充分描述,被测量 Y 的估计值 y 及其合成标准不确定度 $u_c(y)$,y 和 $u_c(y)$ 都应当给出单位。给出获得 U 时所用的 k 值,给出与区间 $y\pm U$ 有关的近似的包含概率,并说明如何确定的。

2. 测量不确定度的表示

(1)合成标准不确定度 $u_c(y)$ 的报告可用以下形式:

【例 7.4-1】 标准砝码的质量为 m,被测量的估计值为 100.021 47 g。合成标准不确定度 $u_c(m)=0.35$ mg,则报告为

$m=100.021\ 47$ g;合成标准不确定度 $u_c(m)=0.35$ mg。

$m=100.021\ 47(35)$ g;括号内的数是合成标准不确定度的值,其末位与前面结果内末位数对齐。该表示常用于公布常数、常量。

$m=100.021\ 47(0.000\ 35)$ g;括号内是合成标准不确定度的值,与前面结果有相同计量单位。

(2)当用扩展不确定度 U 或 U_p 报告测量结果的不确定度时,应包括以下内容:

①明确说明被测量 Y 的定义;

②给出被测量 Y 的估计值 y 及其扩展不确定度 U 或 U_p,包括计量单位;

③必要时也可给出相对扩展不确定度 U_{rel};

④对 U 应给出 k 值,对 U_p 应给出 p 和 v_{eff}。

【例 7.4-2】 标准砝码的质量为 m_s,被测量的估计值为 100.021 47 g,$u_c(y)=0.35$ mg,取包含因子 $k=2$,$U=2\times0.35$ mg$=0.70$ mg,则报告为

m_s = 100.021 47 g, U = 0.70 mg; k = 2。

m_s = (100.021 47±0.000 70) g; k = 2。

m_s = 100.021 47(70) g;括号内为 k=2 的 U 值,其末位与前面结果内末位数对齐。

m_s = 100.021 47(0.000 70) g;括号内为 k=2 时的 U 值,与前面结果有相同计量单位。

第五节 判断限和探测限

环境中所含放射性核素的水平一般很低,通常环境放射性监测不是测量某种核素的浓度,而是测量监测项目的放射性活度浓度。

放射性物质的衰变是一种随机现象,具有一定的统计性,而辐射粒子的探测也是一随机过程。自然环境中存在天然放射性核素及宇宙射线,不管采取何种屏蔽手段,都不能排除本底对放射性测量的影响。所以,受放射性核素衰变的随机性和测量计数的统计涨落及本底的影响,低水平环境放射性监测需要较高的测量能力,判断环境样品是否存在放射性及准确得到测量样品的放射性水平是一项较为困难的工作。

一、判断限

样品没有放射性而测量结果判断其有放射性,是属于第一类错误;样品有放射性而测量结果判断其没有放射性,是属于第二类错误。通常第一类错误的概率用 α 表示,第二类错误的概率用 β 表示。例如,$\alpha=0.05$,表示每 100 次观测中,大约只有 5 次判断错误,而约 95 次判断是对的,也就是说犯第一类错误的概率为 5%。α 就是前面所称的显著性水平,$(1-\alpha)$称为置信度;而把$(1-\beta)$称为实验室的检出力。为了判断样品中有无放射性,引入判断限 L_c(临界限值)。判断限是最小有效放射性活度,即显著超过特定测量方法本底响应的最小信号。当观察到样品的计数等于或大于 L_c 时,就可判定样品中存在放射性,反之否定存在放射性。放射性活度常采用的计数统计分布是:泊松分布、高斯分布和正态分布。假设样品的真实放射性 $\mu=0$,观察到样品的计数为 x,判断限 L_c,那么犯第一类错误的概率为

$$P_{\mu=0}\{x>L_c\}=P_{\mu=0}\{x\geqslant K_\alpha\sigma_0\}=\alpha \tag{7.5-1}$$

比较等式的两边得

$$L_c=K_\alpha\sigma_0 \tag{7.5-2}$$

式中 σ_0——$\mu=0$ 时,测得样品计数的标准差;

K_α——相应于显著性水平为 α 时的常数,其物理意义表示样品计数 $x>K_\alpha\sigma_0$ 的概率等于 α,对于给定的 α 值,相应的 K_α 值可从正态分布函数中查出。

二、探测限

探测限表示最小可探测放射性的活度。

当净信号大于判断限时,为了确保以某种选定的置信度 β 测得其净信号所需的放射性活度水平,在样品中没有放射性被误判为有放射性的概率 α 确定的前提下,探测限是有把握发现样品中存在的最小期望放射性水平,其把握程度是$(1-\beta)$。探测下限是反映一种特定测量(包括方法、仪器、样品特征等)的技术指标,用于评估测量的检测能力,是评价测量

方法合理性的一个重要参数，给出监测方法的探测下限时，一般应给出与其有关的参数，探测下限不是反映测量仪器的技术指标。图 7.5-1 为犯两类错误的示意图。设样品中含有放射性 $\mu=\mu_D$，对样品进行测量的计数值 x 服从正态分布，其概率密度可表示为

$$f_2(x)=\frac{1}{\sigma_D\sqrt{2\pi}}e^{-\frac{(x-L_D)^2}{2\sigma_D^2}} \tag{7.5-3}$$

在此种情况下，我们关心的犯第二类错误的概率，犯第二类错误的概率表示为

$$P_{\mu=L_D}\{x<L_c\}=P_{\mu=L_D}\left\{\frac{x-L_D}{\sigma_D}<-K_\beta\right\}=\int_{-\infty}^{-K_\beta\sigma_D}f_2(x)\,dx \tag{7.5-4}$$

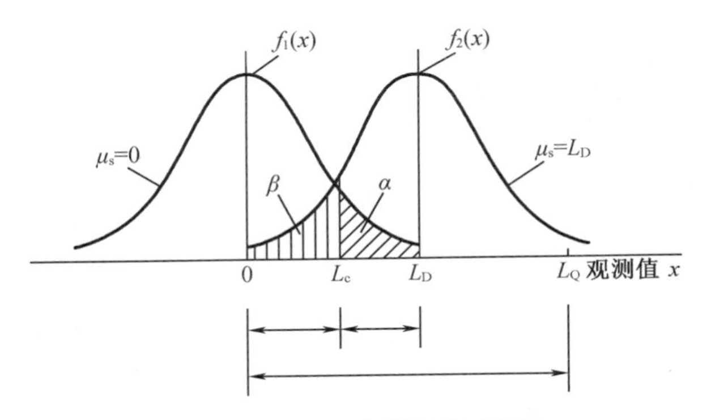

图 7.5-1 犯两类错误的示意图

假设样品的真放射性 $\mu=\mu_D$，观察到样品的计数为 x，那么当犯第二类错误的概率时，探测限为

$$L_D=L_c+K_\beta\sigma_D=K_\alpha\sigma_0+K_\beta\sigma_D \tag{7.5-5}$$

式中 σ_D——$\mu=\mu_D$ 时，测得样品计数的标准差；

K_β——相应于显著性水平为 β 时的常数。

三、样品测量时间估算方法

在样品测量前，应通过预测量，初步掌握样品的活度范围，然后对样品测量时间进行估算。确定样品测量时间时还应考虑探测限的要求。

1. 探测限的要求

(1)探测限计算

探测限不是某一测量装置的技术指标，而是用于评价某一测量(包括方法、仪器和人员的操作等)的技术指标。给出探测限时应同时给出与这一测量有关的参数，如测量效率、测量时间、样品体积或重量、化学回收率、本底及可能存在的干扰成分等。

在泊松分布中，当样品测量时间和本底测量时间相等，置信水平为 95%时，方法的探测限 MDA 一般由以下公式计算：

$$\mathrm{MDA}=\frac{4.65\sqrt{n_b/t_b}}{60\eta\cdot Y\cdot m} \tag{7.5-6}$$

式中　t_b——本底测量时间，min；

N_b——t_b 时间内的平均本底计数率，cpm；

η——仪器探测效率；

Y——回收率；

m——测量用量，L 或 kg 等；

MDA——探测限，Bq/L 或 Bq/kg 等。

测量过程中，如果还有其他参数参与计算，应当参考测量结果的计算公式，在探测限的计算中，考虑这些参数。例如总 α 测量时的自吸收系数，气溶胶样品测量时的过滤效率等。

(2)小于探测限数据的处理

当检测数据小于探测限时，可表示为≤MDA（MDA 为该检测方法对应的探测限数值和单位），如≤2.14×10^{-2} Bq/L。在进行数据统计时，小于探测限的数据一般采用 MDA 的二分之一参与统计。当标准或规定中有特殊要求时，按标准或规定执行。

(3)探测限对测量时间的要求

由探测限的计算公式可知，降低探测限有以下方法：

①提升仪器性能指标，如降低本底、提高效率等；

②增加测量用量；

③提高回收率；

④增加测量时间。

在仪器、方法基本确定的条件下，仪器的性能指标、测量用量、回收率一般来说很难改变，所以增加测量时间是最为常见的降低探测限的方法。但是，在实际工作中，测量一个样品的时间不能过长。主要原因为测量时间受到样品中短寿命放射性核素和探测装置稳定性的限制。例如：用快速法检测样品中的^{90}Sr 时，可通过测量与其平衡的^{90}Y 完成，测量时，增加测量时间能够降低方法探测限，但因^{90}Y 的半衰期为 64 小时，在其他条件一致时，可通过测量实验或探测限的计算来确定最优的测量时间。

【例 7.5-1】　已知土壤样品中总 β 测量参数如下：本底为 120 计数/100 分钟，仪器探测效率为 27.0%，回收率为 98%，测量用量为 0.16 g，如果样品测量时间和本底测量时间相同，在 95%的置信度下，计算该方法的探测限。如果某个监测点土壤中总 β 两次测量结果为 2.18×10^2 Bq/kg、1.96×10^2 Bq/kg，给出该监测点的测量结果。

解

$$\mathrm{MDA}=\frac{4.65\sqrt{\dfrac{120/100}{100}}}{60\times0.27\times0.98\times0.16/1\,000}=2.01\times10^2\ \mathrm{Bq/kg}$$

因为 1.96×10^2 Bq/kg<MDA，以 MDA 的二分之一参与统计：

$$\bar{a}=(2.18\times10^2+1.96\times10^2/2)/2=1.58\times10^2\ \mathrm{Bq/kg}$$

该监测点的测量结果小于等于 2.01×10^2 Bq/kg。

2.样品测量时间的估算

样品和本底的测量时间分别为 t_c、t_b，总时间为 $T=t_c+t_b$，样品测量时间的估算一般可按以下方式进行：

(1)给定总时间 T，使样品测量的相对标准偏差 v_n 最小：

$$\frac{t_c}{t_b}=\sqrt{\frac{n_c}{n_b}} \tag{7.5-7}$$

(2)给定样品测量的相对标准偏差 v_n 时,使总时间 T 最小:

$$t_c=\frac{n_c+\sqrt{n_c\cdot n_b}}{v_n^2\cdot(n_c-n_b)^2} \tag{7.5-8}$$

$$t_b=\frac{n_b+\sqrt{n_c\cdot n_b}}{v_n^2\cdot(n_c-n_b)^2} \tag{7.5-9}$$

【例 7.5-2】 已知土壤样品中总 β 测量的本底为 1.2 cpm,某样品预测为 3.8 cpm,若总测量时间为 200 min,要求相对偏差最小时,试计算样品和本底测量时间;若误差为 10%,试计算样品的本底测量时间。

解 (1) $\frac{t_c}{t_b}=\sqrt{\frac{3.8}{1.2}}=1.78T=t_c+t_b=1.78t_b+t_b=200$

解得 $t_b=72$ min, $t_c=128$ min

(2) $t_c=\frac{3.8+\sqrt{3.8\times1.2}}{0.1^2\times(3.8-1.2)^2}=88$ min

$$t_c=\frac{1.2+\sqrt{3.8\times1.2}}{0.1^2\times(3.8-1.2)^2}=49\text{ min}$$

在不考虑本底的情况下,从前面有关计数率的相对误差可以看到:

$$v_n^2nt=1 \tag{7.5-10}$$

只要给定这 3 个量中的任意两个量,就可以利用此式求得第 3 个量,也即在已知样品计数率的情况下,只要确定了样品测量需要达到的误差,即可计算得到样品需要测量的时间。

第八章　质 量 保 证

质量是辐射监测工作的生命线。20 世纪 80 年代末，国家先后发布《电离辐射监测质量保证一般规定》(GB 8999—1988)和《核设施流出物和环境放射性监测质量保证计划的一般要求》(GB 11216—1989)，对规范电离辐射监测质量保证工作、确保监测质量发挥了重要作用。近年来，国家发布《检测和校准实验室能力的通用要求》(GB/T 27025—2019/ISO IEC 17025—2017)，国家认证认可监督管理委员会发布《检验检测机构资质认定能力评价检验检测机构通用要求》(RB/T 214—2017)，对检测机构的基本条件、技术能力、质量管理等提出了更加全面的要求。

2017 年 9 月，中共中央办公厅、国务院办公厅印发了《关于深化环境监测改革提高环境监测数据质量的意见》，要求健全环境监测质量管理制度，确保环境监测数据全面、准确、客观、真实，对辐射监测工作也提出更高要求，必须进一步加强质量保证工作。原标准 GB 8999—1988、GB 11216—1989 已不能满足电离辐射监测质量保证和资质认定工作的需要，2021 年 8 月 1 日生态环境部会同国家市场监督管理总局联合发布实施《电离辐射监测质量保证通用要求》(GB 8999—2021)，对 GB 8999—1988、GB 11216—1989 合并修订。

第一节　质量保证的一般规定及目的

质量保证是质量管理的一部分，致力于提供质量要求会得到满足的信任。即为了提供足够的信任表明监测机构能够满足质量要求，而在质量管理体系中实施并根据需要进行证实的全部有计划和有系统的活动。

一、质量管理体系

辐射监测机构为实施质量管理，实现和达到质量方针和质量目标，需建立由组织机构、程序、过程和资源构成，且具有一定活动规律的质量管理体系。建立质量管理体系时应参照《质量管理体系 要求》(GB/T 19001—2016)，并遵循相关法规，结合机构自身特点和质量管理七项原则。质量管理七项原则详见(GB/T 19001—2016)。

质量管理体系应覆盖辐射监测活动所涉及的全部场所，包括固定场所、离开固定设施的现场、临时场所、可移动场所。

质量管理体系主要包含组织、文件控制、监测的分包、人员、设施和环境条件、设备、计量溯源性、服务和供给品采购、服务客户、投诉、不符合监测工作的控制、纠正措施和风险管控、改进、内部审核、管理评审、合同评审、监测方法及方法的验证和确认、抽样、监测样品的处置、记录控制、监测结果的有效性、结果报告、数据控制和信息管理等要素。应建立质量管理体系文件，主要包括质量手册、程序文件、作业指导书、记录表格等文件。

辐射监测机构应当定期进行内部审核、管理评审，不断完善质量管理体系，保证其基本条件和技能力能够持续符合《检测和校准实验室能力的通用要求》(GB/T 27025—2019)或

《检验检测机构资质认定评审准则》(RB/T 214—2017)的相关规定和本单位质量保证要求，并确保质量管理体系有效运行。

二、质量保证计划

针对某项监测项目编制质量保证计划时应满足本单位质量管理体系的要求,应将质量保证贯穿于从监测方案制定到监测结果评价的全过程。

应根据监测类型和监测对象制订质量保证计划。质量保证计划应当对与质量保证有关的各种因素明确规定控制方法。在制订质量保证计划时,一般包括以下方面:

(1)建立健全的辐射监测和质量保证机构,明确其职责;

(2)对监测(包括采样)依据的技术性文件和有关资料进行控制,以确保所使用的文件资料均为现行有效;

(3)人员的选择、培训、监督、能力持续监控;

(4)监测仪器、试剂、标准物质和消耗性材料等的采购、验收、贮存和管理,以及对监测工作质量有影响的支持服务的控制;

(5)仪器和装备的质量及其维护和校准的频率;

(6)标准方法、标准器具和标准物质的应用与保持;

(7)监测过程中的质量保证措施;

(8)对监测过程中出现的不符合工作进行识别、评价、控制和改进的程序;

(9)必须证明监测结果与客观实际符合的程度已经达到和保持所要求的质量。

三、组织机构和人员

针对辐射监测特点,建立组织机构,明确本单位质量管理体系建立、运行、维护和持续改进方面的责任、权力和工作程序。

在设置机构和规定职责时,必须考虑到以下方面:

(1)辐射监测质量保证工作需覆盖监测过程中每个环节、所有工作人员;

(2)必须对监测机构或人员在贯彻执行质量保证计划时承担的责任和义务作明确规定;

(3)当某项监测任务涉及到多个部门或单位、个人时,必须明确规定各方的责任和义务,并形成文件;

(4)现场监测应不少于 2 名监测人员共同开展。

应对从事辐射监测和质量管理的人员培训、资格确认、任用、授权和能力等进行规范管理,确保这些工作人员达到并保持与其承担的工作相适应的水平。

四、计量器具

必须采用与监测目标要求相适应的测量仪器和设备。

应对电离辐射监测计量器具定期实行检定或校准。

放射性标准物质应是一种均匀、稳定、具有放射性计量特性的物质,其基体应与样品基体相同或相近,其放射性活度应与待测样品中的活度相近。

各种计量器具需进行定期维护、期间核查和(或)稳定性控制,使其计量学特性维持在规定限度内。

自动监测站的监测设备、采样设备、气象设备按要求进行期间核查。使用自动监测设备进行监测时,自动监测设备应具备数据保存功能。

检验仪器工作状态的检验源应具有良好的长期稳定性,对流出物直接连续测量系统的定期检验尽可能使用遥控检验源。

定期对各类低本底计数装置进行泊松分布检验,该类装置的计数须满足泊松分布。泊松分布检验可与期间核查相结合。

用低本底测量装置的本底计数率和(或)标准物质的计数效率按《控制图 第2部分:常规控制图》(GB/T 17989.2—2020)的要求绘制质量控制图,检验分析测量装置性能的长期稳定性。

五、样品的质量控制

采集样品时应满足相应的规范要求。依据相关技术规范和标准制定采样计划,包括选择合适的采样地点和位置,避开一些有干扰的、代表性差的地点,选择合理的采样时间、采样频率和采样方式。

采样计划和程序主要是要保证采集到具有代表性的样品并保持样品稳定。对于水样,只有分析方法中有明确规定时,才能向清液或过滤后的样品中按《水质 样品的保存和管理技术规定》(HJ 493—2009)的规定加入化学稳定剂。对于流出物样品,除在物理、化学特性上要与所排放的流出物相同以外,在数量上也要正比于流出物中放射性的含量,即使在特殊释放条件下,也要保证样品的代表性。

必须制定和严格遵守各类样品的采样、包装、运输、交接、验收、贮存和领用的详细操作程序。该程序除了规定技术方法、要求以外,还应包括具体的操作步骤、记录内容、格式、标签设置等。样品在采集和运输过程中应防止样品被污染或样品对环境造成污染。运输中应采取必要的防震、防漏、防雨、防尘、防爆等措施,以保证人员和样品的安全。采取预防措施,避免样品中放射性物质通过化学、物理或生物作用产生损失或沾污等。

采样装置应以文件形式说明其对放射性物质的收集效率。一般应根据使用的实际条件通过实验测定收集效率,如果使用条件与采样装置的生产厂家的测定条件相同或相近,也可采用厂家给出的数据。

采集的样品量应满足测量的需求,包括质量控制样品和留样。

只要样品可获得,应采集不少于每批次样品总数10%的平行双样。当样品总数少于10个时,至少取1个样品的平行双样。

应有一定比例的留样备查,实验室应明确规定不同类型留样的保存期。

当样品是指一次观测或者是一个定性或定量的观测值时,如现场监测、γ辐射连续测量等,布点应严格遵循相关的标准和规范的要求。测量设备应具备良好的抗干扰能力和稳定性,防止恶劣环境对连续监测系统的破坏和干扰。

六、分析测量中的质量控制

样品的预处理和分析测量方法必须有完备的程序文件。样品的预处理和分析测量方法应采用标准方法,或者经过验证过的其他方法。如有必要,可制定相应的作业指导书,任何操作人员均不得擅自修改。

在分析测量操作过程中应该注意防止样品之间交叉污染。分析测量实验室和仪器设备应按样品中放射性核素种类及活度浓度大小分级使用。

为评定分析测量过程中产生的不确定度,了解测量结果的分散性,在条件许可的情况下应多分析测量质量控制样品。

为确定分析测量的精密度,应分析测量平行样品,平行样品由尽可能均匀的样品来制备。

为确定分析测量的准确度,应使用与待测样品相同的操作程序分析测量相应的基准物质或加标样品。分析测量中已确定的系统误差必须进行修正。

为发现和度量样品在预处理、分析过程中的沾污以及提供适当扣除本底的资料,应分析测量空白样品。空白样品与待测样品同时进行预处理和化学分析。

分析测量的每种质量控制样品数不低于分析测量总样品数的5%,而且应该均匀地分布在每批样品之中。若测量方法没有规定,监测机构应根据样品中放射性核素特性、水平等确定本监测机构平行样品测量的相对偏差控制值和加标回收率控制值,平行样品测量的相对平均偏差一般应控制在40%以内,

加标回收率一般应在80%~120%,已知参考值质量控制样品测量值归一化偏差En的绝对值应不大于1。

准确配制载体和标准溶液,并根据其稳定性确定使用期限。在采购、领用试剂时,要注意检查质量,不合格者一律不得使用。

监测机构应参加能力验证或实验室之间分析测量比对活动,对存疑和不满意结果应该分析、查明原因并采取纠正措施。

对分析测量装置的性能定期进行核查,操作步骤应严格按作业指导书实施,分析测量装置性能稳定性检验的结果应予以记录。

对流出物开展现场放射性活度连续测量的,还应定期从流出物中采样,在实验室里进行分析测量,并以此来验证流出物连续测量系统的测量结果。

七、原始记录

原始记录应满足记录控制程序的要求。应确保所有质量活动和监测过程的技术活动记录信息的完整性、充分性和可追溯性,包括合同评审、监测方案和质量控制计划的编审、质量监督、监测点位地理信息、环境条件、样品描述、监测的方法依据、测量仪器、监测人员等必要信息。纸质记录和电子记录应安全储存。

每个样品从采样、预处理到分析测量、结果计算全过程中的每一步均需清晰、详细、准确记录,对每个操作步骤的记录内容和格式、记录的修改都应有明确、具体的规定。每个样品上都应贴上相应的不易脱落或不易损坏的标签或标记。为了追踪和控制每个样品的流

动情况,还应该有随样品一起转移的样品转移记录单,记录每个操作步骤的有关情况,有关工作人员也应在记录单上签名。海洋监测的样品采样、运输、贮存记录按《海洋监测规范 第3部分:样品采集、贮存与运输》(GB 17378.3—2007)要求执行。

采用计算机或自动设备对监测数据进行采集、处理时,对于手抄数据,应加以核查;对于光敏、热敏纸打印的数据,应复印后作为原始记录保存和管理;对于保存在仪器中的数据记录,需定期备份至另外的数据储存设备中安全保存,对备份的完整性应当进行检查。

记录需由记录人和复核人签字确认。

记录保存和使用:应分类建立监测资料档案和保管、使用等制度。对不同类型监测的原始记录以及监测结果,应规定保存期限。常规监测和应急监测的原始记录应永久保存,核查报告等质量保证记录应至少保存6年。重要纸质数据和资料应复制分地保存,重要数字信息应当采用双机备份技术保存。

八、数据处理和监测报告

监测人员应正确理解监测方法中的计算公式,保证监测数据的计算和转换不出差错。计算结果应进行校核。如果监测结果用回收率进行校准,应在原始记录的结果中明确说明并记录校准公式。

数字修约应遵守《数值修约规则与极限数值的表示和判定》(GB/T 8170—2008)的规定。监测结果的有效位数应与监测方法中的规定相符,计算中间所得数据的有效位数应多保留一位。小于探测下限数值的处理方法应编制文件进行规定。

监测结果应使用法定计量单位。

对数据处理,其计算中的假设、计算方法、原始数据、计算结果的合理性、一致性和准确性必须进行复核。对计算结果的复核,可以由两人独立地进行计算或者由未参加计算的人员进行核算。

采用计算机或自动化设备进行监测数据的采集、处理、记录、结果打印、储存、检索时,应建立和执行计算机数据控制程序,在数据的采集、转换、输入、输出、储存等过程中,保证信息的完整性、数据处理过程的可溯性。数据处理的软件在投入使用前或修改后继续使用前需进行测试验证或检查,确认满足使用要求后方可使用。

向社会出具具有证明作用的数据和结果的,监测机构应当在其资质认定证书规定的监测能力范围内出具监测数据、结果。需给出测量不确定度时,应按《测量不确定度评定和表示》(GB/T 27418—2017)评定测量不确定度。依据的测量标准或者技术规范中对监测报告有格式、内容要求时应予满足。

九、质量保证核查

应以文件规定内部和外部核查制度,定期检查质量管理体系运行情况、质量保证计划执行情况,以便更好地实现质量管理"计划、执行、检查、处理"的PDCA循环。这种核查可以是有计划地进行,也可以是随机抽查;可以是本监测机构组织的内部核查,也可以是行业主管部门或客户组织的外部核查;可以是对质量管理体系运行情况的全面核查,也可以是针对某一特定项目、特定领域的核查。

内部核查时，可参照《检测和校准实验室能力的通用要求》（GB/T 27025—2019）或《检验检测机构资质认定评审准则》有关内部审核的相关规定制定并实施内部核查程序，这种内部核查不同于资质认定的内部审核，它主要是由内部资深人员通过过程方法来提高监测数据的质量，查找监测过程中存在的不符合项并给出核查报告。选择核查人员时需考虑下列几方面：

（1）所核查领域内的专业知识、技术水平和工作经验；

（2）有关法规、标准、工作程序和监测过程等方面的知识；

（3）与所核查的监测工作没有直接关系。

接受外部核查时，应要求核查人员给出书面核查报告。

针对内外部核查报告中的问题开展原因分析，采取整改措施，及时落实，并确认整改的有效性。

第二节　质量保证内容及要求

质量保证分为内部质量保证和外部质量保证。内部质量保证主要向管理者提供信任；外部质量保证主要向客户或公众提供信任，使其确信结果是准确可靠的。对于辐射环境监测来说，质量保证的目的是把监测的误差降低到可接受的程度，保证监测结果真实反映采样和监测时的环境放射性水平。

一、质量保证内容

1. 严密的组织

组织机构分工明确，有管理人员、技术人员，赋予其相应权力，确保其行使权力时必需的资源，并对监测人员有充分的监督。作为一个辐射环境监测机构，完整的组织结构包括管理层、技术负责人、质量负责人、授权签字人、监测人员、质量监督人员、样品管理员、设备管理员等，并对各层次人员赋予相应的权力和资源。

2. 文件化管理

文件包括质量要求文件和质量证明文件。

质量要求文件主要由管理体系文件组成，包括质量手册、程序文件、作业指导书、记录表格，以及外来文件等。它是辐射环境监测的质量立法，是将行之有效的质量管理手段和方法规范化，使各项质量活动有法可依，有章可循。

质量证明文件是依据质量要求文件内容完成的活动及其结果提供客观证据的文件，是辐射环境监测获得的质量水平和质量体系中各项活动结果的客观反映，分为质量记录和技术记录，包括人员培训考核记录、仪器设备检定/校准证书、监测过程质量控制记录、样品分析测量结果报告及原始记录等。

3. 规范化操作

全部监测活动都应有程序文件加以规定，并严格遵照执行。所有用于辐射环境监测的方法均应参照现行有效的相关标准，包括采样、分析测量、数据处理与报告等，所参照标准在操作中不够详细或个别条款不适合的，应建立对应的作业指导书，相关人员应熟练掌握，严格遵照执行。

4. 有效的控制

有效的控制是使监测过程处于受控状态，以达到质量要求所采取的作业技术活动。在辐射环境监测中，其作用是识别从采样、制样，到分析测量、数据处理、结果报告的全过程中造成缺陷的一些操作，以便采取有效措施。在控制技术中，统计技术是识别、分析和控制异常变化的重要手段。

5. 质量保证计划

在制定辐射环境监测方案的同时，应制定相应的质量保证计划，质量保证计划通常需覆盖监测的全过程。一般来说，制定质量保证计划应满足：

(1) 明确单位的组织架构、职责、权力层次和对应管理接口，以及工作内容和能力；解决所有的管理措施，包括规划、调度和资源。

(2) 建立并宣贯工作流程和程序。

(3) 满足辐射环境监测的监管要求。

(4) 使用合适的采样和测量方法，选择合适的设备及其文件记录，包括对设备和仪器进行恰当的维护、测试和校准，保证其能正常运行。

(5) 选择合适的环境介质采样和测量的地点及采样频度。

(6) 使用的校准标准可追溯至国家标准或国际标准。

(7) 有审查和评估监测方案整体效能的质量控制机制和程序（任何偏离正常程序的行为均应记录），必要时进行不确定度分析。

(8) 参加能力验证或实验室间比对。

(9) 满足记录及存档的规定要求。

(10) 培训从事特定设备操作的人员，使其拥有相应的资格（根据管理需要）。

质量保证计划须满足监管部门为辐射环境监测质量保证所规定的作为最低限度的基本通用要求。另一方面，监管部门应定期对辐射环境监测机构进行独立审查，如实验室认可或资质认定，但通过认可或认定并不等同于监测机构具备充分的质量保证工作。

二、监测方案的质量保证要求

应对监测任务制定监测方案，监测方案一般包括：监测目的和要求、监测点位、监测项目和频次、样品采集方法和要求、监测分析方法和依据、质量保证要求、监测结果评价标准、监测计划安排、提交报告时间等。对于常规、简单和例行的监测任务，监测方案可简化。

对监测方案实施质量保证的目的是为保证监测结果反映环境真实水平的可靠性提供客观依据。由于监测结果被各种条件和因素影响，使得某一地区、某一时间采集的样品获得的监测结果未必反映当地当时的环境真实水平。因此，在制订辐射环境监测方案时，要求同时制订质量保证计划（方案），应有涉及监测活动全过程的质量保证措施。

三、监测人员素质要求

监测机构应保证人员数量及其专业技术背景、工作经历、监测能力等与所开展的监测活动相匹配，中级及以上专业技术职称或同等能力的人员数量应不少于监测人员总数的15%。

监测人员应具备良好的敬业精神和职业操守，认真执行国家生态环境和其他有关法规标准。坚持实事求是、探索求真的科学态度和踏实诚信的工作作风。

从事辐射环境监测人员应接受相应的教育和培训，具备与其承担工作相适应的能力，掌握辐射防护基本知识，掌握辐射环境监测操作技术和质量控制程序，掌握数理统计方法。

从事辐射环境监测人员应具备一定的专业技术水平，持证上岗。

四、计量器具的检定/校准和核查

所有监测仪器应在国家计量部门或其授权的校准机构检定/校准或定期自行检定/校准，并确保在有效期内使用；校准因子应准确使用；仪器检修后需重新检定/校准。计量器具的检定/校准周期应按检定规程/校准规范执行，性能长期稳定的仪器经验证后，在实际使用中可适当延长校准周期。

为保证监测数据的准确可靠，计量器具应定期核查，核查周期的长短取决于其可靠程度、故障率等因素。核查方法可自行确定，可选取个别关键指标进行核查，操作应方便快捷，核查结果应能确定仪器是否适用，但不宜用于修正仪器的校准因子，除非监测方法另有规定。如核查误差超过 15%时（监测方法规定了误差要求的，以监测方法规定为准），仪器应停用，检查原因，重新检定/校准。

仪器设备应实行标识管理。

第三节　实验室分析测量的质量控制

实验室建立并严格执行的规章制度应包括但不限于：监测人员岗位责任制；实验室安全防护制度；仪器管理使用制度；放射性物质管理使用制度；原始数据、记录、资料管理制度等。实验室应保持整洁、安全的操作环境，应有正确收集和处置放射性“三废”的措施，严防交叉污染。

实验室应设有操作开放型放射性物质的基本设施和辐射防护的基本设备。

一、放射性标准物质及其使用

1. 放射性标准物质

（1）经国家计量主管部门发放或认定的放射性标准物质。

（2）具备相应能力的标准物质生产者提供并声明计量溯源至国际标准（SI）的放射性标准物质。

（3）某些天然放射性核素标准物质可通过高纯度化学物质制备。如总 β 或 γ 能谱仪测量的 ^{40}K 标准物质可用优级纯氯化钾制备。

2. 放射性标准物质的使用

使用标准溶液配制工作溶液时，应记录详细，制备的工作溶液形态和化学组成应与待测样品相同或相近。使用高活度标准溶液时，应防止其对低本底实验室的沾污。

3. 放射性标准物质的期间核查

标准物质在使用期间应按计划定期开展期间核查，如果在核查中发现标准物质发生特性改变，应立即停止使用，并追溯对之前监测结果的影响。核查方式包括检测质控样品、与上一级或同级的标准物质比对、送检定/校准机构确认、实验室间比对、测量能力验证样品、质控图趋势检查等。

二、放射性测量装置的性能检验

应按仪器使用要求对放射性测量系统的工作参数（本底、探测效率、分辨率和能量响应等）进行检验，测量系统发生某些可能影响工作参数的改变，作了某些调整或长期闲置后，必须进行性能检验。当发现某参数超出预定的控制值时，应进行适当的校正或调整。

1. 对低本底测量装置的检验

放射性计数装置的计数满足泊松分布是其工作正常的必要条件，应定期进行泊松分布检验。泊松分布检验的频次不低于 1 次/年。新仪器使用前或仪器检修后首次使用前应作泊松分布检验。

2. 长期可靠性检验

收集正常工作条件下一定时间内（如 1 年）等时间间隔测量的 20 个以上本底或效率测量值，计算平均值和标准差，绘制质控图。之后每收到一个相同测量条件下的新数据，将其点在图上，如果它落在中心线（平均值）附近、上下警告线（平均值±2 倍标准差）之内，表示测量装置工作正常，如果它落在上下警告线和上下控制线（平均值±3 倍标准差）之间，表示测量装置工作虽正常，但有失控可能，应引起重视，如果它落在控制线之外，表示装置可能出了一些故障，但不是绝对的，此时需要立即进行一系列重复测量，予以判断和处理，如果大多数点子落在中心线的同一侧，表明计数器的特性出现了缓慢的漂移，需对仪器状态进行调整，重新绘制质控图。

三、分析过程的质量控制

实验室内质量控制通过质量控制样品实施，质量控制样品一般包括平行样、加标样和空白样。质量控制样品的组成应尽量与所测量分析的环境样品相同，其待测组分浓度尽量与待测的环境样品相近，且波动不大。

1. 空白实验值

一次至少平行测定两个空白实验值，平行测量的相对偏差一般不得>50%，空白实验值一般应低于方法探测下限。

2. 平行双样

有质量控制样并绘有质控图的项目，应根据分析方法和测定仪器的精度、样品的具体情况以及分析人员的水平，随机抽取 10%～20%的样品进行平行双样测定。当同批样品数量较少时，应适当增加双样测定率。将质量控制样的测定结果点入质量控制图中进行判断。无质量控制样和质控图的监测项目，应对全部样品进行平行双样测定。环境样品平行双样相对偏差不得大于标准分析方法规定的 2 倍，若标准分析方法无此规定或规定的指标不适合时，环境样品平行双样相对偏差应按照表 8.3-1 所列控制指标执行。若平行双样的相对偏差在允许范围内，测定结果取其均值；若平行双样的相对偏差超出允许范围，在样品允许的保存期内，加测一次，取符合相对偏差质控指标的平行双样均值作为测定结果。若加测的平行双样相对偏差仍超出允许范围,则该批次监测数据失控,应予以重测。

表 8.3-1 平行样和留样复测相对偏差控制指标

质控措施	监测项目	分析方法	监测对象	样品活度浓度	相对偏差控制指标①/%
平行双样	总 α	放化分析	水	≤0.1 Bq/L	40
				>0.1 Bq/L	30
		放化分析	气溶胶	≤0.1 mBq/m^3	30
				>0.1 mBq/m^3	20
		放化分析	沉降物	≤0.3 $Bq/(m^2 \cdot d)$	30
				>0.3 $Bq/(m^2 \cdot d)$	20
平行双样	总 β	放化分析	水	≤0.15 Bq/L	30
				>0.15 Bq/L	20
		放化分析	气溶胶	—	20
		放化分析	沉降物	—	20
	U	放化分析	水	≤0.5 μg/L	30
				>0.5 μg/L	20
		放化分析	气溶胶	—	20
		放化分析	土壤	—	20
	Th	放化分析	水	—	30
	^{226}Ra	放化分析	水	—	30
	^{90}Sr	放化分析	水	≤2.0 mBq/L	40
				>2.0 mBq/L	30
		放化分析	土壤	≤0.5 Bq/kg	40
				>0.5 Bq/kg	30
		放化分析	气溶胶	≤1 $\mu Bq/m^3$	40
				>1 $\mu Bq/m^3$	30
		放化分析	沉降物	—	30
	^{137}Cs	放化分析	水	—	40
		放化分析	气溶胶	≤1 $\mu Bq/m^3$	40
				>1 $\mu Bq/m^3$	30
		放化分析	沉降物	—	30

表 8.3-1(续)

质控措施	监测项目	分析方法	监测对象	样品活度浓度	相对偏差控制指标[①]/%
平行双样	^{3}H	放化分析	水、水蒸气、生物(组织自由水)	—	30
	^{14}C	放化分析	空气、生物	—	30
	^{210}Po	放化分析	水	≤5 mBq/L	30
				>5 mBq/L	20
		放化分析	气溶胶	—	20
	^{210}Pb	放化分析	水	≤5 mBq/L	40
				>5 mBq/L	30
		放化分析	气溶胶	—	20
	^{238}U	γ能谱分析	土壤	≤50 Bq/kg	40
				>50 Bq/kg	30
	^{137}Cs	γ能谱分析	土壤	≤2 Bq/kg	40
				>2 Bq/kg	30
	^{40}K	γ能谱分析	土壤	—	20
	^{228}Ra	γ能谱分析	土壤	—	20
留样复测	^{7}Be	γ能谱分析	气溶胶	≤0.5 mBq/m³	15
				>0.5 mBq/m³	10
		γ能谱分析	沉降物	—	18
	^{210}Pb	γ能谱分析	气溶胶	≤1 mBq/m³	30
				>1 mBq/m³	20
	^{40}K	γ能谱分析	生物	—	10

注:①相对偏差% = $\left|\frac{C_A-C_B}{C_A+C_B}\right|$,式中,$C_A$、$C_B$ 分别为两次测定结果;该控制指标仅适用于测值高于探测下限的样品。

3. 加标回收率

根据分析方法、测定仪器、样品情况和操作水平,随机抽取 10%~20%的样品进行加标回收率测定,加标量一般为样品活度的 1~3 倍。加标回收率应满足下列条件:

(1)监测项目具备准确度控制图的,应结合控制图判断测定结果;无此质控图者其测定结果不得超出监测分析方法中规定的加标回收率范围。

(2)监测分析方法无规定或规定的指标不适合时,则环境样品加标回收率一般控制在 80%~120%。

4. 密码样分析

由质控人员使用标准样品/标准物质作为密码质量控制样品,或在随机抽取的常规样品中加入适量标准样品/标准物质制成密码加标样，交付分析测量人员进行测定。如果质量控制样品的测定结果在给定的不确定度范围内，则说明该批次样品测定结果受控。反之，该批次样品测定结果作废，查找原因，纠正后重新测定。

5. 留样复测

采用合适的方法保存稳定性较好的已测样品用于留样复测，两次测量结果比较，以评价该样品测定结果的可靠性。常见留样复测相对偏差控制指标见上表。

6. 方法比对或仪器比对

用不同的方法或仪器对同一样品或同一测量对象进行比对测量分析，以检验测量结果的一致性。

四、实验室间的质量控制

实验室间质量控制的目的是为了检查各实验室是否存在系统误差，确定误差来源，提高实验室的监测分析水平。辐射环境监测机构应通过资质认定和(或)实验室认可，并按照国家资质认定管理部门的要求参加能力验证活动，除此之外还可通过以下方式加强质量控制。

1. 统一分析方法

为减少各实验室的系统误差，使监测数据具有可比性，实施环境监测及质量控制时，推荐使用统一的分析方法。

对各实验室，应以统一方法中规定的探测下限、精密度和准确度为依据，控制和评价实验室间的分析质量。

2. 实验室质量考核

由国家生态环境主管部门指定的实验室负责实验室质量考核，根据考核项目的具体情况和有关内容制定实施方案，考核方案一般应包括考核范围、考核项目、时间计划、考核要求以及结果评定方法。各监测项目每 3~5 年应至少通过一次权威机构组织的实验室间比对、能力验证或其他形式的考核。考核结果不合格时，应及时整改并实施纠正措施。

3. 实验室间比对

为检查实验室间是否存在系统误差，还可不定期组织有关实验室进行比对或参加权威机构的能力验证，要对比对或能力验证的结果进行评估，结果不满意时，应及时整改并实施纠正措施。

五、数据处理中的质量控制

1. 数据记录

样品从采样、运输、预处理、分析测量到结果计算的全过程，必须按规定的格式和内容，清楚、详细、准确地记录，不得随意涂改。

2. 数据校核

进行分析数据之前，应对原始数据进行必要的整理和校核。由校核人员逐一校核原始记录是否符合相关规范的要求，若有计算或记录错误，应反复核算后予以订正。

3. 数据审核

审核人员应对数据的准确性、逻辑性、可比性和合理性进行审核。审核由二人独立进行或由未参与分析测量的人员进行核算。

4. 数据保存

监测任务合同(委托书/任务单)、原始记录、报告审核记录、监测报告、质量保证计划及其核查等资料应归档保存。辐射监测的资料应长期保存。

在保证安全性、完整性和可追溯的前提下,可使用电子介质存储的报告和记录代替纸质文档归档保存。

参考文献

[1] 《环境放射性监测方法》编写组. 环境放射性监测方法[M]. 北京：原子能出版社，1977.

[2] BSI. Water quality. Sampling. Guidance on the design of sampling programmes and sampling techniques：EN ISO 5667-1—2023[S]. London：BSI,2023.

[3] HARLEY J H. EML procedures manual：HASL-300-6[R]. New York：Environmental Measurements Laboratory，1978.

[4] IAEA. Technical safety review（TSR）service guidelines Ⅱ，IAEA Services Series No. 41 [M]. Vienna：IAEA，2019.

[5] IAEA. Reference methods for marine radioactivity studies Ⅱ，Technical Reports Series No. 169[M]. Vienna：IAEA，1975.

[6] IEC. Radiation protection instrumentation-Equipment for sampling and monitoring radioactive noble gases：IEC 62302—2007[S]. Geneva：International Electrotechnical Commission，2007.

[7] IAEA. Environmental and source monitoring for purposes of radiation protection，IAEA Safety Standards Series No. RS-G-1. 8[R]. Vienna：IAEA，2005.

[8] THORNE M C . Actions to protect the public in an emergency due to severe conditions at a light water reactor：Emergency Preparedness and Response Report [J]. Journal of Radiological Protection，2013,33(3):709-710.

[9] IAEA. Generic assessment procedures for determining protective actions during a reactor accident：IAEA-TECDOC-955 [R]. Vienna：IAEA，1997.

[10] IAEA. Generic procedures for monitoring in a nuclear or radiological emergency：IAEA-TECDOC-1092[R]. Vienna：IAEA，1999.

[11] IAEA. Operational intervention levels for reactor emergencies and methodology for their derivation[R]. Vienna：IAEA，2017.

[12] IAEA. Preparedness and response for a nuclear or radiological emergency：IAEA-GSR Part7 [R]. Vienna：IAEA，2016.

[13] IAEA. Safety standards for protecting people and the environment. Criteria for use in preparedness and response for a nuclear or radiological emergency. General safety guide No. GSG-2[R]. Vienna：IAEA，2011.

[14] 国务院环境保护委员会办公室. 环境放射性监测规定[M]. 北京：环境科学出版社，1984.

[15] 冯师颜. 误差理论与实验数据处理[M]. 北京：科学出版社，1964.

[16] 复旦大学，清华大学，北京大学. 原子核物理实验方法[M]. 北京：原子能出版社，1997.

[17] 高玉堂. 环境监测常用统计方法[M]. 北京：原子能出版社，1981.

[18] 国防科工委科技与质量司. 计量技术基础[M]. 北京：原子能出版社，2002.

[19] ISO. Water quality - Carbon 14 - test method using liquid scintillation counting：ISO 13162—2021[S]. Geneva：ISO, 2021.

[20] 国家核安全局，国家环境保护局，卫生部. 地方政府对核动力厂的应急准备：HAD 002/02[S]. 北京：国家核安全局，1990.

[21] 国家核安全局. 核电厂流出物监测技术规范（试行）[S]. 北京：国家核安全局，2020.

[22] 国家市场监督管理总局，国家标准化管理委员会. 核电厂应急操作干预水平：GB/T 41577—2022[S]. 北京：中国标准出版社，2022.

[23] 韩奎初，丁声耀. 实用电离辐射计量学[M]. 北京：原子能出版社，1996.

[24] 河北省市场监督管理局. 环境气溶胶总 α、总 β 放射性浓度的测定：DB13/T 5646—2022[S]. 石家庄：河北省市场监督管理局，2022.

[25] 黄彦君，上官志洪，曾帆，等. 中美核电厂流出物监测与排放管理要求对比分析[J]. 辐射防护，2017，37(5)：418-424.

[26] 李锦，柳加成，张艳霞，等. 我国辐射环境监测标准体系研究[J]. 核电子学与探测技术，2015，35(1)：50-54.

[27] 李星洪. 辐射防护基础[M]. 北京：原子能出版社，1982.

[28] 联合国原子辐射效应科学委员会(UNSCEAR). 电离辐射源与效应[M]. 中国核工业总公司安防环保卫生局，中国辐射防护学会，译. 北京：原子能出版社，1996.

[29] 刘书田，夏益华. 环境污染监测实用手册[M]. 北京：原子能出版社，1997.

[30] 刘新华. 核电厂一回路源项和排放源项[M]. 北京：科学出版社，2019.

[31] 潘自强，程建平，等. 电离辐射防护和辐射源安全[M]. 北京：原子能出版社，2007.

[32] 潘自强. 电离辐射环境监测与评价[M]. 北京：原子能出版社，2007.

[33] 潘自强. 辐射安全手册[M]. 北京：科学出版社，2011.

[34] 沙定国. 实用误差理论与数据处理[M]. 北京：北京理工大学出版社，1993.

[35] 生态环境部. 核电厂质量保证安全规定：HAF 003—1991[S]. 北京：中国环境科学出版社，1991.

[36] 孙瑜，李磊，刘洪涛，等. 核电厂气载放射性排出流监测设备设计要求探讨[J]. 核科学与工程，2012(S2)：185-189.

[37] 唐培家. 放射性测量方法[M]. 北京：中国原子能出版社，2012.

[38] 王彦春. 测量不确定度评定与表示(上)[J]. 铁道技术监督，2001(4)：33-36.

[39] 王亦兵. 统计学初步知识及其在放射性测量中的应用[J]. 核防护，1977，(Z2)：1-61.

[40] 吴学超，冯正永. 核物理实验数据处理[M]. 北京：原子能出版社，1988.

[41] 夏益华. 高等电离辐射防护教程[M]. 哈尔滨：哈尔滨工程大学出版社，2010.

[42] 夏益华，王绍林. 关注应急监测的特殊要求[J]. 辐射防护，2017，37(6)：438-444.

[43] 袁之伦，赵善桂. 关于核设施流出物监测和环境监测中存在问题的探讨[J]. 核安全，2010(3)：42-45.

[44] 中国环境监测总站，《环境水质监测质量保证手册》编写组. 环境水质监测质量保证手册[M]. 北京：化学工业出版社，1984.

[45] 国家质量监督检验检疫总局，中国国家标准化管理委员会. 测量不确定度评定和表示：GB/T 27418—2017[S]. 北京：中国标准出版社，2018.

[46] 国家环境保护局. 大气降水采样和分析方法总则：GB 13580. 1—1992[S]. 北京：中国标准出版社，1992.

[47] 中国环境监测总站. 大气降水样品的采集与保存：GB/T 13580. 2-1992[S]. 北京：中国标准出版社，1992.

[48] 国家质量监督检验检疫总局. 电离辐射防护与辐射源安全基本标准：GB 18871—2002[S]. 北京：中国标准出版社，2004.

[49] 中华人民共和国生态环境部，国家市场监督管理总局. 电离辐射监测质量保证通用要求：GB 8999—2021[S]. 北京：中国环境科学出版社，2021.

[50] 国家质量监督检验检疫总局，中国国家标准化管理委员会. 海洋监测规范 第 3 部分：样品采集、贮存与运输：GB 17378. 3—2007[S]. 北京：中国标准出版社，2008.

[51] 环境保护部，国家质量监督检验检疫总局. 核动力厂环境辐射防护规定：GB 6249—2011[S]. 北京：中国标准出版社，2011.

[52] 中华人民共和国生态环境部，国家市场监督管理总局. 电离辐射监测质量保证通用要求：GB 8999—2021[S]. 北京：中国环境科学出版社，2021.

[53] 国家市场监督管理总局，国家标准化管理委员会. 环境及生物样品中放射性核素的 γ 能谱分析方法：GB/T 16145—2022[S]. 北京：中国标准出版社，2022.

[54] 国家技术监督局. 空气中碘-131 的取样与测定：GB/T 14584—1993[S]. 北京：中国标准出版社，1993.

[55] 国家环境保护局. 水质 采样方案设计技术规定：GB 12997—1991[S]. 北京：中国标准出版社，1991.

[56] 环境保护部. 水质 采样技术指导：HTJ 494—2009[S]. 北京：中国环境科学出版社，2009.

[57] 环境保护部. 水质采样 样品的保存和管理技术规定：HTJ 493—2009[S]. 北京：中国环境科学出版社,2009.

[58] 国家质量监督检验检疫总局，中国国家标准化管理委员会. 海洋沉积物中放射性核素的测定 γ 能谱法：GB/T 30738—2014[S]. 北京：中国标准出版社，2014.

[59] 国家环境保护局，国家技术监督局. 环境地表 γ 辐射剂量率测定规范：GB/T 14583—1993[S]. 北京：中国标准出版社，1993.

[60] 国家市场监督管理总局，国家标准化管理委员会. 生物样品中 ^{14}C 的分析方法 氧弹燃烧法：GB/T 37865—2019[S]. 北京：中国标准出版社，2019.

[61] 中华人民共和国国家卫生和计划生育委员会. 食品安全国家标准 食品中放射性物质碘-131 的测定：GB 14883. 9—2016[S]. 北京：中国标准出版社，2017.

[62] 国家环境保护局. 水中氚的分析方法：GB 12375—1990[S]. 北京：中国标准出版社，1990.

[63] 中国核工业总公司. 电离辐射工作场所监测的一般规定：EJ 381-89[S]. 北京：中国核工业出版社，1989.

[64] 国家质量监督检验检疫总局. 测量不确定度评定与表示：JJF 1059. 1—2012[S]. 北

京：中国标准出版社，2013.
[65] 中华人民共和国国家卫生健康委员会. 核与放射卫生应急准备与响应通用标准：WS/T 827—2023[S]. 北京：中国标准出版社，2023.
[66] 中华人民共和国国家卫生健康委员会. 职业性外照射个人监测规范：GBZ 128—2019[S]. 北京：中国标准出版社，2019.
[67] 国家质量技术监督局. 核电厂应急计划与准备准则 场外应急计划与执行程序：GB/T 17680. 4—1999[S]. 北京：中国标准出版社，2004.
[68] 国家质量技术监督局. 核电厂应急计划与准备准则 场外应急设施功能与特性：GB/T 17680. 3—1999[S]. 北京：中国标准出版社，2004. 77.
[69] 国家质量监督检验检疫总局. 核电厂应急计划与准备准则 核电厂营运单位应急野外辐射监测、取样与分析准则：GB/T 17680. 10—2003[S]. 北京：中国标准出版社，2003.
[70] 中华人民共和国核工业标准. 放射性气溶胶采样器：EJ/T 631-1992[S]. 北京：中国核工业出版社，1992.
[71] 中国核工业总公司. 环境辐射监测中生物采样的基本规定：EJ 527-90[S]. 北京：中国核工业出版社，1990.
[73] 中国核工业总公司. 环境核辐射监测中土壤样品采集与制备的一般规定：EJ/T 428-1989[S]. 北京：中国核工业出版社，1989.
[73] 中国核工业总公司. 空气中^{14}C 的取样与测定方法：EJ/T 1008-1996[S]. 北京：中国核工业出版社，1996.
[74] 中国核工业总公司. 水中总 α 放射性浓度的测定厚源法：EJ/T 1075-1998[S]. 北京：中国核工业出版社，1998.
[75] 中国核工业总公司. 水中总 β 放射性测定 蒸发法：EJ/T 900-1994[S]. 北京：中国核工业出版社，1994.
[76] 中华人民共和国生态环境部. 辐射事故应急监测技术规范：HJ 1155—2020[S]. 北京：中国环境科学出版社，2020.
[77] 中华人民共和国生态环境部. 辐射环境监测技术规范：HJ 61—2021[S]. 北京：中国环境科学出版社，2021.
[78] 中华人民共和国生态环境部. 核动力厂核事故环境应急监测技术规范：HJ 1128—2020[S]. 北京：中国环境科学出版社，2020.
[79] 生态环境部. 核动力厂运行前辐射环境本底调查技术规范：HJ 969—2018[S]. 北京：中国环境科学出版社，2018.
[80] 中华人民共和国生态环境部. 环境 γ 辐射剂量率测量技术规范：HJ 1157—2021[S]. 北京：中国环境科学出版社，2021.
[81] 中华人民共和国生态环境部. 环境空气 气溶胶中 γ 放射性核素的测定 滤膜压片/γ 能谱法：HJ 1149—2020[S]. 北京：中国环境科学出版社，2020.
[82] 国家环境保护局. 气载放射性物质取样一般规定：HJ/T 22—1998[S]. 北京：中国环境科学出版社，1998.
[83] 中华人民共和国生态环境部. 生物中氚和碳-14 的分析方法 管式燃烧法：HJ

1324—2023[S]. 北京：中国环境科学出版社，2023.

[84] 中华人民共和国环境保护部. 水、牛奶、植物、动物甲状腺中碘-131 的分析方法：HJ 841—2017[S]. 北京：中国环境出版社，2017.

[85] 中华人民共和国环境保护部. 水和生物样品灰中锶-90 的放射化学分析方法：HJ 815—2016[S]. 北京：中国环境科学出版社，2016.

[86] 中华人民共和国环境保护部. 水和土壤样品中钚的放射化学分析方法：HJ 814—2016[S]. 北京：中国环境科学出版社，2016.

[87] 中华人民共和国环境保护部. 水质 总 α 放射性的测定 厚源法：HJ 898—2017[S]. 北京：中国环境科学出版社，2017.

[88] 中华人民共和国生态环境部. 水中氚的分析方法：HJ 1126—2020[S]. 北京：中国环境科学出版社，2020.

[89] 中国环境监测总站. 土壤环境监测技术规范：HJ/T 166—2004[S]. 北京：国家环境保护总局，2004.

[90] 周程，张起虹，朱晓翔，等. 核电厂放射性流出物监督性监测工作的一些探讨[J]. 辐射防护，2012，32(3)：186-192.

[91] 朱永生. 实验物理中的概率和统计[M]. 北京：科学出版社，1991.

[92] 国际原子能机构. 国际原子能机构《安全标准丛书》第 GSR Part3 号 国际辐射防护和辐射源安全基本安全标准 一般安全要求[M]. 维也纳：国际原子能机构,2014.

[93] 国际原子能机构. 国际原子能机构《安全标准丛书》第 GSG-8 号 公众和环境的辐射防护 一般安全导则[M]. 维也纳：国际原子能机构,2022.

[94] 国际原子能机构. 国际原子能机构《安全标准丛书》第 GSG-10 号 设施和活动的预期放射性环境影响评定 一般安全导则[M]. 维也纳:国际原子能机构,2022.

[95] IAEA. IAEA Safety standards series No. RS-G-1. 8 Environmental and Source Monitoring for Purposes of Radiation Protection Safety guide[M]. Vienna：IAEA，2005.

[96] 上海市辐射环境监督站. 国内外辐射环境监测体系对比研究[M]. 上海:上海科学技术文献出版社,2019.

[97] 潘自强. 核与辐射安全(中国环境百科全书选编本)[M]. 北京:中国环境出版社,2015.